Your Brain Is a Time Machine

The Neuroscience and Physics of Time

神経科学と物理学で解き明かす〔**時間**〕の謎

ディーン・ブオノマーノ 著
Dean Buonomano
村上郁也 訳

森北出版

●本書のサポート情報を当社Webサイトに掲載する場合があります．下記のURLにアクセスし，サポートの案内をご覧ください．

https://www.morikita.co.jp/support/

●本書の内容に関するご質問は，森北出版 出版部「(書名を明記)」係宛に書面にて，もしくは下記のe-mailアドレスまでお願いします．なお，電話でのご質問には応じかねますので，あらかじめご了承ください．

editor@morikita.co.jp

●本書により得られた情報の使用から生じるいかなる損害についても，当社および本書の著者は責任を負わないものとします．

アナに

目次

第Ⅱ部　物理の時間の本質と心の時間の本質

※凡例

・〔　〕は訳者による補足。

・［1］などは原註。

第 I 部

脳の時間

1:00 時間の特色

真に我々に属するものといえばそれすなわち時間である。他に何ら有しない者もそれを有する。

——バルタザール・グラシアン

time
person
year
way
day

このリストの単語に共通のものは？

わからずとも無理はないが、これらは英語の最頻出名詞の上位五個だ[1]。単語「time」が第一位なのと、ほかにも二語が時間の単位であるのは、時間というものが人間生活に占める圧倒的な重要性ゆえのことだ。「asking for the time（時間を聞く）」はおろか、口を開けば「saving time（時間を節約する）」だの「killing time（時間をつぶす）」だの「serving time（罪の重さの時間ぶんお務めする）」だの「keeping time（時間が合っている）」だの「not having time（時間がない）」だの「tracking time（時間をたどる）」だの「bedtime（就寝時間）」だの「time outs（休止時間）」だの「buying time（時間を稼ぐ）」だの「good times（楽しい時間）」だの「time travel（時間旅行）」だの「overtime（超過時間）」だの「free time（自由時間）」だの、そして個人的に好きな言葉としては「lunchtime（昼食時間）」だのと言っている。

科学者や哲学者にしてみても、「subjective time（主観的時間）」とか「objective time（客観的時間）」とか「proper time（固有時）」とか「coordinate time（座標時）」とか「sidereal time（恒星時）」とか「emergent time（創発的時間）」とか「time perception（時間知覚）」とか「encoding time（時間符号化）」とか「relativistic time（相対論的時間）」とか「time cells（時間細胞）」とか「time dilation（時間伸長）」とか「reaction time（反応時間）」とか「spacetime（時空）」とか、はたまた冗長な表現ながら「Zeitgeber time（時間同調因子時間）」などについて語っている。

変な話だが、「time」が再頻出名詞なのにもかかわらず、時間をどう定義するかについては見解の一致を見ていない。そもそも、時間というものを定義しようとすることに内在する難しさについては、千六百年以上前にキリスト教の哲学者である聖アウグスティヌスが看破している。「それでは、時間とはなんであるか。だれもわたしに問わなければ、わたしは知っている。しかし、だれか問う者に説明しようとすると、わたしは知らないのである」（聖アウグスティヌス 著、服部英次郎 訳『告白（下）』（一九七六）岩波書店 より引用）。

時間に関する問いほど厄介で深遠なものはそうはない。哲学者は熟考する。時間とは何物であるか、それは単一の瞬間なのか開けた次元であるのか。物理学者は奮闘する。なぜ時間が一方向にのみ流れているように感じるのか、時間旅行は可能か、時間なるものはそもそも存在するのか。かたや、神経科学者や心理学者は解明に躍起になる。時間の流れを「感じる」とはどのような意味か、脳にはどうやって時間がわかるのか、なぜヒトのみが心的に未来へ飛んでいく能力をもつのか。そして時間は自由意思の問題の核心でもある。未来とは未確定の道のりなのか、過去によって宿命づけられているのか？

本書の目指すところは、こうした問題に探りを入れ、可能な範囲で、答えていくことだ。だがまず初めに認めておくべきは、時間に関する問いに人間がどれだけ答えられるかは、そうした問いを発する器官の性質に制約されるということだ。頭蓋内部に詰まった脳細胞一千億個の柔組織は我々の知る宇宙における最も洗練された装置ではあれど、時間の性質について理解するために「設計」されたわけではない。ノートPCが自らのソフトウェアを書くように設計されたわけではないように。したがって、時間に関する問題に探りを入れる中で思い知ることになるが、時間についての我々の直観や理論は時間の性質をあらわにしつつ、それと同じくらい、我々自身の脳の構造原理や限界もあらわにするのだ。

時間の発見

時間は複雑である。**空間**以上に。

確かに、空間は時間より次元数が多い。空間内のある場所を特定するには三個の値（たとえば、緯度と経度と高度）が必要だが、時間内のある一瞬を示すには一個の数値があれば足りる。だからある意味では**空間**の方がより複雑だが、ここで言いたいのは、ヒト脳にとって**空間**より**時間**のことを理解する方がはるかに大変だということだ。

似通った神経ハードウェアを共有する存在として、我々の仲間の脊椎動物を見てみよう。脊椎動物は空間内のナビゲーションができ、周囲環境の内的地図が作れて、ある意味では、空間の概念を「理解」することができる。動物は、空間内のどの方向に向かっているのかという明確な目標をもって長距離の渡りや回遊をするし、自分が食物を貯蔵した場所を記憶しているし、子犬でさえ、おやつがソファの後ろに落ちたなら左や右、下、上などとソファを避けて到達する術を知っている。哺乳類の脳には空間のごく精緻な内的地図があることが知られている。神経科学の分野では、海馬のいわゆる**場所細胞**からの記録がもう四〇年以上も行われているのだ。場所細胞とは、動物が部屋の特定の場所——すなわち、空間内のどこか一点——に位置しているときに発火、「スイッチオン」するニューロンのことだ。こうした細胞群は総体としてネットワークを形成し、外界の空間地図を作っている。GPSシステムみたいな感じだが、といってもはるかにフレキシブルだ。たとえば、部屋の境目が移動したり物体の位置が動かされたりしたら、我々のもつ内的な空間地図は瞬時に更新されるらしい。

動物は空間内のナビゲーションができるだけでなく、空間を「見る」こともできる[2]。山頂に立てば、上方には空が、下方には森が、また曲がりくねって海へと流れゆく川が——どれも空間内の固有の場所に見える。空間を「聞く」こともできる——すなわち、音がどこからやって来るかという空間内の点がわかる。触覚(体性感覚)は物体の位置と形だけでなく、我々のいちばん大事な所有物である、四肢の空間内の位置も教えてくれる。

時間はそうではない。動物は、当然ながら、時間の中を物理的にナビゲーションすることはできない。

時間は、分岐も交差点も出口もUターン地点もない一本道だ。このことがあってか、時間については空間ほどきちんと動物が地図を作ったり表現したり理解したりする進化的選択圧はそうはなかった。後述するように、動物には確かに時間がわかり、出来事がいつ生じるかを予期しはするが、ヒトの近縁である他の脊椎動物の脳でもって、上下左右の違いがわかるのと同じように過去と現在と未来の違いを理解していると言えるかというと、難しそうだ。感覚器官は時間の流れを直接検出しはしない[3]。カート・ヴォネガットの小説『スローターハウス5』に出てくる架空のトラルファマドール星人とは違い、過去と現在と未来にわたり時間を一目で見渡すことなど我々にはできない。

ヒトを含めすべての動物の脳は、時間よりも空間に関して、ナビゲーションをし、検知し、表現し、理解するのに都合よくできている。実際、ヒトがいかに時間の概念を理解するようになったかに関する理論に、空間を表現し理解するためにすでにあった回路を脳が流用したのだとする説がある（第10章）。後述するように、このせいか、あらゆる文化で時間の話をする際に空間のメタファーを用いるようだ（**長い**一日だった、日食が見られる日はもう目の**前**ですね、**振り返って**みればあのことは声高に言うべきではなかった）。

時間が空間よりも複雑なのは科学者にとっても同様だ。科学の分野も、人間と同じように発達段階を経ていき、成長に従い成熟し変化する。そして多くの分野において、この成熟過程のしるしとして、時間というものの受け止め方の進歩がある。

真の近代科学と呼べるものの草分けとなった分野は、紀元前三世紀にエウクレイデス（ユークリッド）によって定式化された幾何学であったと思われる。幾何学のよくある定義はこうだ。「数学の一分野であって、点、線、面、立体の性質と関係を扱うもの」[4]。ユークリッド幾何学の特筆すべき点は、科学史における最もエレガントで革新的な理論であったことと、時間というものを完璧に無視しながらそこまでの高みに至ったことだ。幾何学を指す英語は「geometry（土地測量学）」だが、これは「spaceometry（空間測量学）」と言ってもよかったかもしれない。時間的にフリーズし一切変化することのない物事の学問。幾何学が真の近代科学分野の草分けのひとつであったのにはわけがある。時間を無視して済ませられれば、科学はやたら簡単になるのだ。

ギリシア時代の哲学者や科学者が使えた数学は、物事が時間変化する様子について研究するのにあまり適していなかった。それに古代では、時間よりも距離の計測の方がはるかにたやすかった。今日では正反対であって、空間よりも時間の方がはるかに精密に計測可能である（第7章）。数学や物理学の中に時間を本格的に取り入れ始めるまでに、エウクレイデス以降二千年近くかかった。この方向で重要な一歩があったのは一六世紀後半である。出自の疑わしい話ではあるが、ガリレオ＝ガリレイが退屈して何げなく見上げたところ、ピサ大聖堂の釣り下げ照明が一周期振動するのにかかる時間が振り子運動の振幅によらず一定——すなわち、振れの大小を問わず、ひと振れにかかる時間は同じ——だということに気づいた（実は振幅とともにわずかに時間が増加することが後に実証されたのだが）[5]。物体位置が時間変化する様子、すなわち運動というものを研究することで、ガリレオは力学分野の誕生に先鞭をつけた。ただ、ギリシア時代と同じくガリレオの時代にも、力や運動や速度や加速度の相互関係を数学的に定義する道具立てがなかった。ニュートンとライプニッツが現れてようやく、物事が時間変化する様子をとらえる究極の数学的道具立てが発明された。**微積分学**である[6]。微積分を用いることでニュートンは、落下するリンゴやら周回軌道する惑星やらの運動を支配する法則を記述することができたのである。

ニュートンは絶対時間、すなわち「それ自身の性質がゆえに外的な何物にも左右されることなく等しく流れる」時間の存在を信じていた。空間内のあらゆる点にまったく同じく通用する真の共通の時間があるという見方である。ニュートン的世界観は決定論的なものだったようだ。つまり、過去も未来も時間に関することすべて、原理的に現在だけから決定されうるというものだ。けれども、多くのさらなる科学的進歩が待ち受けていた。本書にとって特に重要なものはふたつ。まず、仮にニュートンの美しい法則に完全に従う世界であったとしても、未来を予測する（あるいは過去を遡測、後ろ向きに予測する）ことは**実際的**には不可能であるという、（人によっては）心が折れる事実に徐々に科学者が気づいていったということ。フランスの数学者アンリ・ポアンカレやアメリカの気象学者エドワード・ローレンツをはじめ多くの研究者により、ある系の状態のわずかな違いがとてつもなく異なる未来の帰結につながりうることが示された（その最好例は気象予測における**バタフライ効果**）。これは**カオス**と呼ばれ、後述するように、我々の知りうる最も複雑な力学系――脳――を研究する際に立ちはだかる問題だ（第6章）。もうひとつの進歩とは、アルベルト・アインシュタインがニュートンの言う絶対的で共通の時間なる考え方を払拭したことだ。あらゆる直観に反し、アインシュタインは時間というものが相対的であると立証した（第9章）。この内容については後に詳述するが、ここでの重要点は、物理学分野の成熟につれて、時間に関する問題が徐々に浸透し重要視されてきたということだ。ただ、これも程度問題。皮肉にも、折りに触れて物理学から時間というものをまるごと排除して静的な幾何学的世界観に戻そうという勢力も現れる[7]。物理学者ジュリアン・バーバーの呼ぶところの**プラトニア**――幾何学的形状のイデアが無時間的な領域に実在するものだとしたプラトンの考えにちなんで名づけられた世界観だ。

時間と神経科学

他の多くの科学分野も同様な成熟プロセスを進んだ。たとえば、現代生物学は一八世紀におおむね記述的かつ静的な生物形態の分類学として始まったものの、その進歩とともに進化と生体力学の形で時間の概念を取り入れることとなった。ダーウィンがガリレオの役どころを果たしたわけだ。ダーウィンは、地球上の動物種は常に「運動」状態にあるとした。変異し、消滅し、進化すると。

神経科学と心理学の分野も時間の問題を徐々に取り入れるべく進化していった。骨相学が似非科学とそしられるのは致し方ないが、少なくとも骨相学者は人間が時間を感知することの重要性を説いてはいた。骨相学者が時間の感知の座だとしたのは、都合のいいことに「楽曲」と「空間」（「局所性」）の間に位置している前頭葉のとある領域だった（図1・1）。ある骨相学のテキストによれば、「本機能の任務は時間の流れや持続時間や物事同士の前後関係をしるしづけることである。また、日付を記憶し、音楽や舞踊で正しく時間を刻み、従事する作業の完遂における正確性を期すことである」[8]。

現代心理学の父のひとりとされるウィリアム・ジェームズも、心を理解するにあたっての時間の重要性を認識していた。その証拠に、代表作『心理学の根本問題』（一八九〇年刊行）の一章分を時間知覚に当てている。不思議なことに、それ以降、心理学や神経科学の代表書でそうしたことはほとんどされていない[9]。事実、二〇世紀の大部分にわたり、時間の問題はやや脇に追いやられ、教科書からおおむ

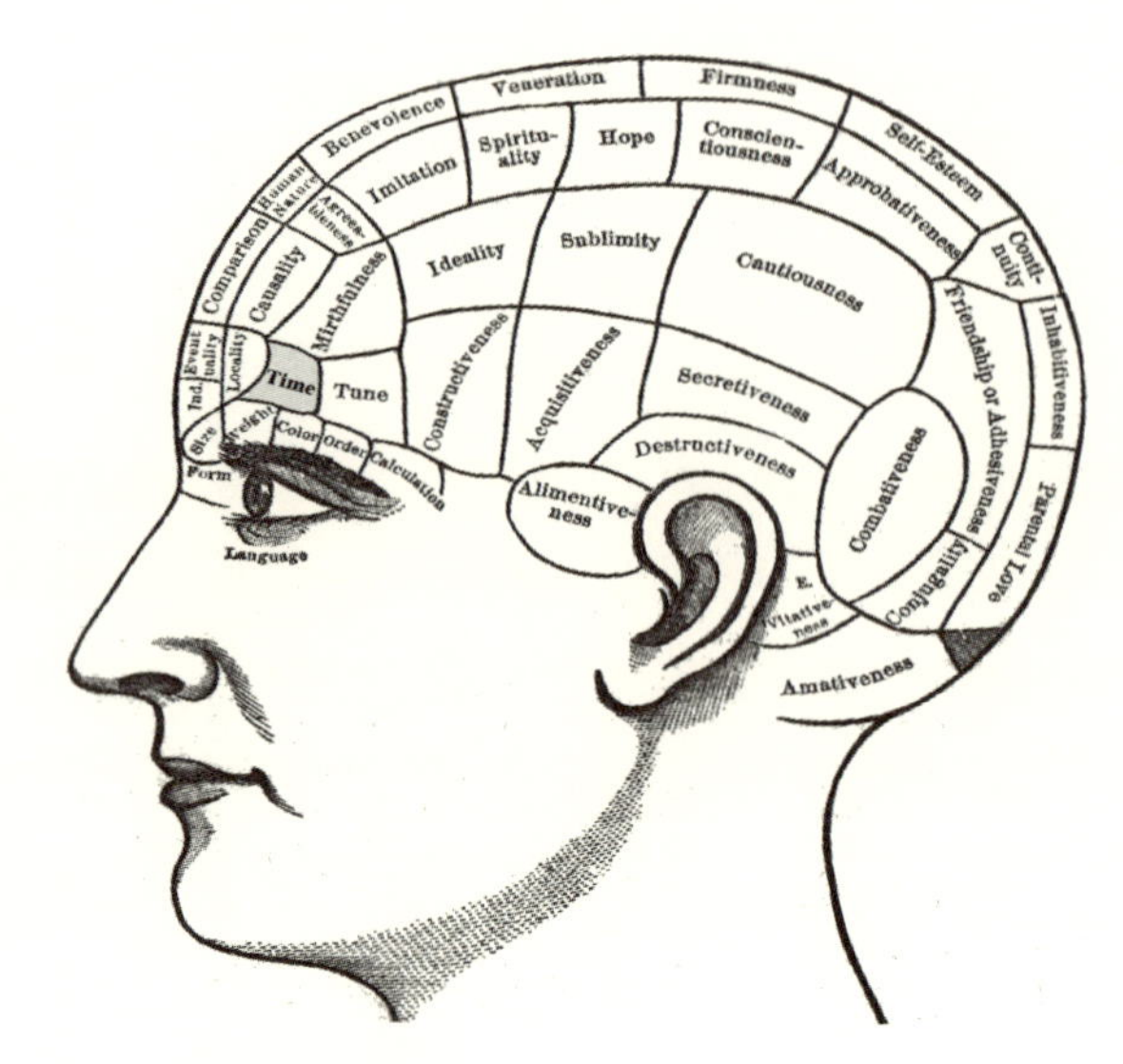

図 1.1　19 世紀の骨相図。

ね割愛されていた。

少し話を単純化し過ぎてはいる。第一に、神経科学や心理学における時間の問題とは単一の問題ではなく、いかにして脳に時間がわかり、複雑な時間パターンを生成し、時間の流れの意識上の知覚をし、過去を思い出し、未来のことを考えるか、に関する相互に関連する問題群なのである。第二に、時間の心理学と神経科学に関係する多くの下位分野で重要な進歩があった。たとえば、睡眠覚醒周期をはじめとする生体リズムの研究領域である**時間生物学**の分野が、二〇世紀全般にわたり全盛した（第3章）。それに、その同じ時期全般にわたって数多くの先駆者たちが、脳にどうやって時間がわかり、時間の知覚がなされるかの解明に先鞭をつけた。それでも相対的に言って、時間関連の問題は見過ごされてきた。現代神経科学のバイブルである『カンデル神経科学』という教科書に当たり、先ほどの英語の最頻出名詞第一位を索引で探すと――見当たらない。「space（空間）」を探せば、複数の見出し語に載っているというのに[10]。

心理学と神経科学は誕生間もない科学分野であって、時間と力学の重要性をようやく本格的に把握し始めたところだ。カリフォルニア大学バークレー校の心理学者リチャード・アイヴリーは二〇〇八年に書いている。「一世代前は、計時に関する研究と言えば、時間的規則性を特徴とする行動の研究ばかりに注目が行っていた。ようやく最近になって、時間知覚の研究にルネッサンスが訪れ、幅広い範囲の時間現象が研究対象になってきた」[11]。

この変化の一例として、心理学と神経科学の究極問題のひとつを考えてみよう。「脳はどうやって記憶を保持するのか?」記憶は過去経験に関するものであることからして、記憶は時間と本質的に組み合わさっている。しかしここでも、記憶の問題を正しい時間的文脈に置くということは研究上無視されがちだった。二一世紀になってようやく、「過去についての情報が有益なのは、ただ未来に何が起こりそうかの予期に使えるからである」という事実が科学者たちに本格的に受け入れられ始めている[12]。記憶が進化したのは、過去の思い出にひたれるためではない。記憶の進化的機能とは、何が起こるだろうか、それはいつ起こるだろうか、それが起こったときにはどう反応するのが最善か、を動物が予測できるようにするためにほかならない。こうして考え方が変化しつつあることと、幾多の方法論的進歩のおかげで、神経科学と心理学において時間にますます注目が集まりつつある。そして、大事なことだが、脳にどうやって時間がわかるか、時間の知覚に至るか、時間を表現しているか、の解明なくしてはヒトの心を理解するのは不可能だ、ということがますます認識されつつある。

現在主義と永遠主義

本書は時間の神経科学と心理学に主な重点を置くが、時間の物理学に関連する問題も掘り下げていく。その目標とするところは、時間の本質について物理学がもたらす根源的洞察のいくばくかを理解することだけでなく、時間の神経科学と物理学が交わる場所——というより**衝突する**場所と言うべきか——を探ることでもある（第8、9章）。この目標に向かうにあたって、時間の本質についてのふたつの最重要な哲学理論を紹介することが重要だろう。**現在主義**と**永遠主義**である。

現在主義は、その名の通り、現在のみが実在するとする。現在主義の立場では、過去とはかつて存在した宇宙の形態であり、未来とは何らかの未確定な形態を指す。これとまさに対照的に、永遠主義では、過去と未来が現在と同等に実在するとする。現在だけに特有のことはまったく何もない。永遠主義の立場では、時間で言う「今」とは空間で言う「ここ」のこと。自分が今、空間内の一点に位置していると知りながら、空間内に多くの別の点も存在していることも承知している——多くの別の部屋、街、惑星、銀河——すべて、そこに自分が位置したとしてもよい場所だ。同様に、「今」なる言葉で指す時間内の一点に自分が位置していると認識しても、時間内の過去や未来の無数の瞬間がやはり存在し、自分以外のものも、今より前の自分、今より後の自分も、そこここの瞬間に存在する（図1・2）。

現在主義と永遠主義との違いをつかむいちばん簡単な方法は、時間旅行の話題で考えてみることだろう[13]。現在主義の立場では、真の時間旅行（過去と未来の間を一足飛びに行き来すること）ははなから無理である。タイムマシンを作り上げることは可能かとか物理法則がそれを許すかなど、技術的な話をする

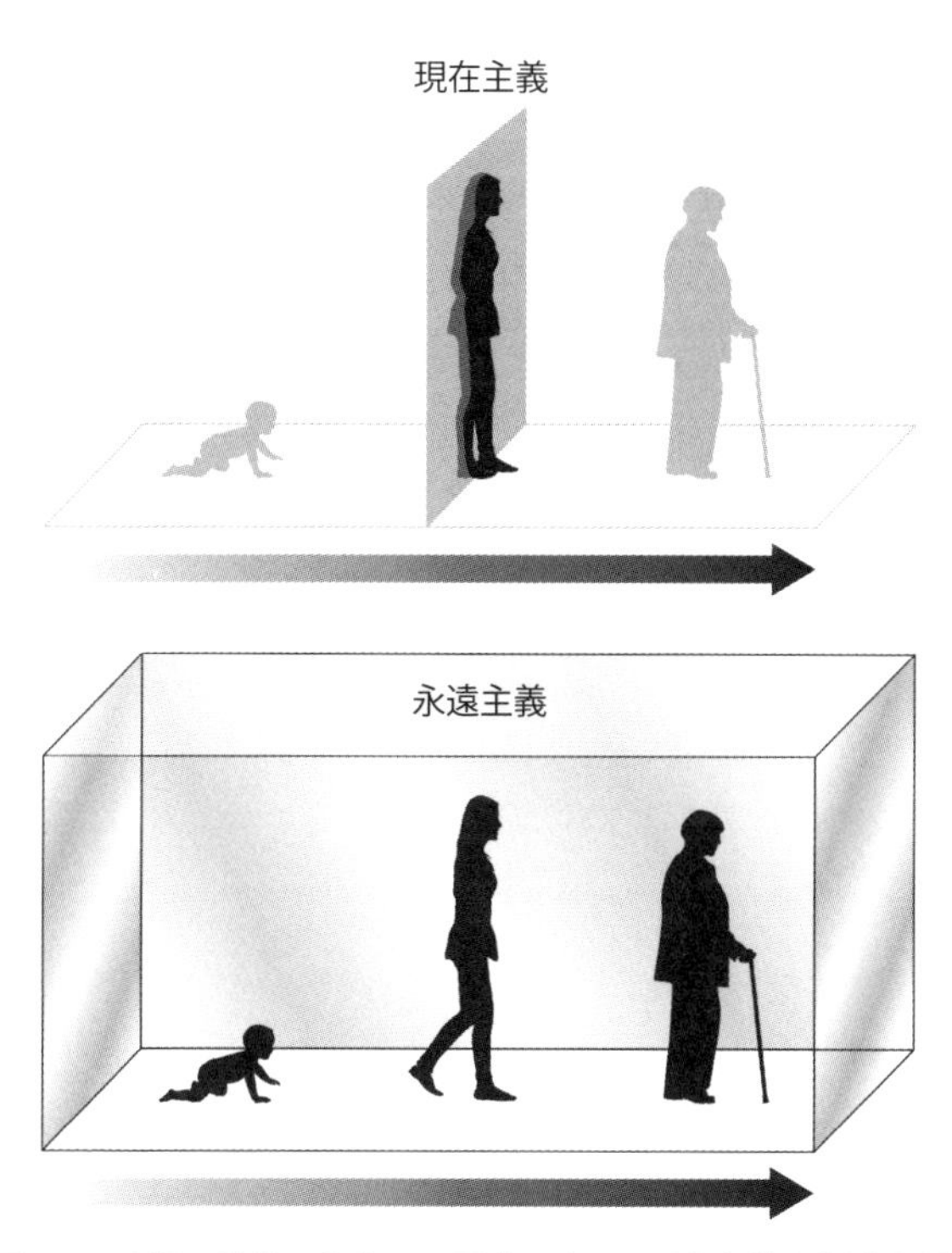

図 1.2　時間の性質のふたつの見方である、現在主義と永遠主義。

までもない。ただ単に、存在しない時間へと出かけることはできない。存在しない場所へと出かけることができないように。永遠主義の立場では、時間は空間とほぼ同じく（厳密には違うが）ひとつの次元だから、宇宙は四次元の「ブロック」――過去と未来が、自分の北と南の場所と同じく実在するブロック――である。永遠主義は時間旅行が実現可能か否かについては云々しないが、出かける先の「場所」（瞬間）が存在するというのだから、時間旅行問題を論じること自体は許される。

　現在主義は確かに、日常の

あれこれが過去の瞬間に移ったや否や消え去ってしまうという直観には合致する。その瞬間が我々の記憶に刻み込まれるか否かはともかく、その瞬間自体は存在しなくなる。現在主義なら、未確定な未来のありようを自分の意思決定やアクションが決めていくのだという、我々がもつコントロール感にも説明がつく。神経科学では、現在主義対永遠主義のような話題を真剣に扱わないといけない状況はほとんどない。だが事実上、神経科学者は暗黙裏に現在主義をとっている。神経科学では過去、現在、未来は本質的に異なるものだとみなされる。脳は現在において意思決定し、それは過去の記憶に基づいていて、未来の安寧のためになされる、といった具合。だが直観的な魅力に反し、現在主義は物理学と哲学においては分が悪い理論である。

永遠主義に数えられる理論は、少なくとも二千五百年前のギリシア哲学者パルメニデスにまで遡る。パルメニデスの考えでは、変化のない無時間の世界に我々は暮らしている。今日では、もっともな理由から大方の物理学者や哲学者は、ブロック宇宙内部にすべての時間はある意味で「すでに」広がって置かれているという永遠主義の立場を受け入れている。時間を第四次元目とみなすのは、それが単に簡便な数学的抽象であるから――グラフの x 軸に時間をとるとわかりやすいなど――ではなくて、過去と現在と未来が真に対等の立場であるからである。

ここにきて、神経科学と物理学が衝突する。もしも時間のすべての瞬間が等しく実在し、過去や未来の全事象がブロック宇宙内部に永遠に埋め込まれているとしたら、**時間の流れ**の知覚は錯覚であるに違いない（第9章）。別の言い方をすると、もしすべての時間がすでに「そこにある」のなら、普通に用いる言葉の意味合いで時間が「流れていく」とか「過ぎていく」ことはない。哲学者ジャック・スマートの言にあったように、「時間の流れや意識の進み方などという言葉遣いは危険なメタファーであって、言葉通りに捉えてはならない」[14]。ということは、最も明白で万人の共有する意識的体験のひとつ——時間が過ぎていくこと——は心の意識上のある種の見せかけごときになってしまう。でもこれは実は有力な説なのだ。たとえば、著書『時間の矢の不思議とアルキメデスの目』で哲学者ヒュー・プライスは書いている。「こうした問題について哲学者は、これまでふたつのグループに分かれる傾向にあった。一方は、時間の流れや現在というものを世界の客観的要素としてとらえるグループ〔現在主義〕、他方は、そうしたものはわれわれが世界を見るときの主観的な見方の産物に過ぎないとするグループである〔永遠主義〕〔……〕わたしは後者の立場をとる」〔ヒュー・プライス 著、遠山峻征・久志本克己 訳『時間の矢の不思議とアルキメデスの目』（二〇〇一）講談社 より引用〕。

数学者にして物理学者であるヘルマン・ワイルが、時間知覚と標準的なブロック宇宙理論の間の衝突をうまくとらえた有名な言葉がある。「客観的世界は端的に**在る**ので、それは**起る**のではない。私の身体の生涯線に沿って上方に向って移動する私の意識の凝視の前にだけ、この世界の一断面は空間的な、時間に関しては連続的に変ずる、過ぎ去り行く像として蘇る」[15]〔ヘルマン・ワイル 著、菅原正夫・下村寅太郎・森繁雄 訳『数学と自然科学の哲学』（一九五九）岩波書店 より引用〕。

時間の複数形

時間の議論が、神経科学でも哲学でも物理学でも必然的にこんがらがるのは、「時間」という言葉が多くの異なるものを指すからだ。単語「time」が英語の最頻出名詞である理由のひとつは、実は複数の語であるからなのだ。そればかりか、「時間」という言葉の異なる用法には言語による差異だってある。英語では「speed is distance divided by time（速さは距離を時間で割ったもの）」と言い、「what time is it?（今何時？）」と聞く。ポルトガル語ではこれらの文脈ごとにふたつの異なる単語がある。速さを定義するには「tempo」（時間）を使い、時刻を知りたいときは「que horas são（何の／時／それは）」と聞く。ただ英語と違って、ポルトガル語では「tempo」という単語を使って「天気」の質問もしたりする。

　人は日常生活で「時間」という単語のこうした異なる意味を分別なく用い、そんな無分別では時間に関する謎解きの邪魔になって仕方がない。だから、この言葉のこうした異なる意味のいくらかでも、定義するのは無理としても、少なくとも制約する方が都合がいいだろう。以下の文がいい例だ。「Minkowski's talk on the nature of time ended on time, but it seemed to drag on for a long time.（時間の性質についてのミンコフスキーの講演は時間通りに終わったが、長い時間だらだら続いた感じがした。）」

　この作為的な一文は、我々の目標にとって重要になる「時間」の三つの意味をこめようとしたものだ。順番に、**本質的時間**、**時計的時間**、**主観的時間**と言うことにする。

　直観的には、時間とはその中で我々の暮らしが展開する媒体であると理解できる。**本質的時間**（「時間の本質」という言い方にあるように）という用語で、この媒体あるいは「次元」としての時間概念を指すこととする。本質的時間とは、現在主義対永遠主義の論争の中核をなしていた意味での時間のことである。実際問題としては、大方の科学者にとって本質的時間に関連する問いは無視しうるものだが、自分自身の無数の「バージョン」がブロック宇宙の時間次元上に広がって置かれているのか否かを知ることや、時間の流れの意識というものは単に脳のおかげで心の上に授かった多くの錯覚のうちのひとつに過ぎないのか否かを解明することは、根源的には最重要問題だろう。

実用上では、「時間」とは「時計が示すもの」と定義されることもある。循環論法のように思えても、この定義は非常に重要なものである。しかしこれは、必然的に、以下の問いにつながる。「そもそも時計とは何か？」最も一般的な意味においては、時計とは何らかの再現可能な様式で変化を来す仕掛けであり、そうした変化を定量化する方法を提供するものである。変化の表現はさまざまにありえて、振り子の往復運動、水晶振動子（クオーツ）の振動、はたまた化石標本における炭素の放射性同位元素の量だったりする。**時計的時間**は、科学分野において最もよく使われる「時間」という語の意味だ。けれども、アインシュタインは以下のように力説した。「そのような定義で十分なのは、もっぱら時計が位置している場所での時間というものを定義すればいいときのみである。しかし、異なる場所で生じる一連の事象を時間的につなげないといけなくなれば、もはやこれではうまくいかない」[16]。**時計的時間**とは変化の局所的な測定値であって、絶対的なものでも共通なものでもない。それはそうだが、時計的時間とは結局のところ我々の暮らしを律する基準となっている。いつ起床し、労働し、就寝するかを示してくれるだけでなく、身体そのものがある種の時計であることから、時計的時間は我々がいつ歳を取って事切れるかを定めてもいる。

主観的時間とは、我々が意識的に感じる時間を指す。時間の流れや、**どれだけの時間**が経ったのかの主観的な感じのことだ。あらゆる主観的体験の例に漏れず、主観的時間は脳によって作り出された構成概念である――頭蓋領域の外には存在しないのだ。色の主観的な知覚のおかげで可視光線（波長）の物理的性質のことを体験としてもてるように、意識的に感じる時間とは、**本質的時間**と**時計的時間**の両方を、ある意味で「感じられる」ようにする心的構成概念なのである。

哲学者や科学者は幾千年もの間、時間の謎について熟考してきた。それでもなお、聖アウグスティヌスが時間を定義する困難さを告白してから千六百年経つというのに、過去と現在と未来が同等に実在するのか、時間の流れの知覚が錯覚なのかといった根源的な問いへの答えを我々は知らない。

そうした問いに完全に答える前に、神経科学分野はさらに成熟し、脳でどのように時間がわかり、表現し、概念化するかを記述することなしにヒトの心を理解するのは不可能だという事実を受け入れなくてはならないだろう。その理由は、次章で見ていくように、脳はタイムマシンだからだ。時間がわかり未来を予測する機械であるだけでなく、心的に時間的前方に飛んでいけるようにする機械でもあるのだ。実にたやすく見過ごされがちな事実だが、未来へと心的に旅行する能力なくしては、人類種は黒曜石を道具に加工することなどしなかったろうし、今日に種を蒔けば未来の生存が確かなものになると悟ることもなかっただろう。

時間の概念を把握し遠い未来を垣間見るというヒトに固有の能力は、ありがたくもあり呪わしくもある。進化の過程で、人類は予測不可能で気まぐれな自然に従うことから脱却し、母なる自然そのものを支配するようになった。だが、予知の能力のせいで、自分自身の時間が有限ではかないものだと必然的に悟るようにもなった。ありがたくあれ呪わしくあれ、我々は今や素晴らしくも込み入った謎に直面している。時間とは何か？

2:00

タイムマシンとして最高の逸品

形あるものはすべて四つの方向に広がりを持っているはずだ。縦、横、高さ……、それに、持続だよ。ところが、生身の悲しさで、人はとかくこのことを見落としがちなのだね。生身の限界についてはまたあとで説明するけれども、今言ったものの広がりがすなわち次元であって、次元は確固として四つある。われわれのいる空間は、上下、左右、前後と、三つの方向に広がっている。これがつまり、空間は三次元であるということの意味だ。加えてここに、第四の次元、時間がある。

——H・G・ウェルズ、一八九五〔ウェルズ 著、池央耿 訳『タイムマシン』(二〇一二) 光文社 より引用〕

ハリウッドのおかげで、時間旅行というコンセプトはもうおなじみだ。『ターミネーター』、『恋はデジャ・ブ』、『バック・トゥ・ザ・フューチャー』、『きみがぼくを見つけた日』、『LOOPER／ルーパー』、『ミッドナイト・イン・パリ』、『インターステラー』、それに『スタートレック』シリーズの結構な本数など、いくつか代表例が挙げられるが、こうした映画から、時間を行ったり来たりすることから起こる頭の痛いパラドックス——たとえば、時間を遡り誤って祖父殺しに及んでしまうとか——が世に知られるようになった。

今でこそ映画や書籍やテレビで定番であって、物理学研究での真面目な話題でさえあるのだが、時間旅行のコンセプトは不思議なことに人類の歴史の大半で存在をみていない。聖書はじめ宗教的テキストや伝承民話などには、言葉をしゃべる動物たち、神々、その他の超自然的存在の物語がたっぷりある。動物と人間の間の転身とか、膨大な距離を行く旅行記とか、数百年生き長らえるメトセラ〔旧約聖書に登場する九六九歳まで生きたとされる人〕的な人物とか、魔法とか、復活とか。ところが奇妙なことに、時間旅行はほぼゼロ。ほぼすべての現代映画の構想と展開を先取りしてしまっていたとされるシェークスピアでさえ、時間旅行のテーマには一切触れなかった。何事にも例外はあって、たとえば、紀元前八百年前後の古代ヒンドゥーの詩『マハーバーラタ』にある物語では、王様とその娘が似合いの婿を求めてブラフマン神のところへ出向いた。その後、この訪問中に地上では何世代もが経ってしまい、王の領地財宝も失われてしまっていたと知る。このように、リップ・ヴァン・ウィンクル〔日本で言えば浦島太郎〕的な、時間が異なる進み方をするという相対性理論ばりの物語はあるのだが、ある時刻と別の時刻を行ったり来たりするという物語は皆無である。一九世紀中頃に書かれたチャールズ・ディケンズの『クリスマス・キャロル』が時間旅行の話の先駆けだ。作中、エベネーザ・スクルージは幽霊に連れられて過去と未来のクリスマスに連れていかれる。ただし、この道のりは夢のような受動的なもので——異なる時刻の人物と関わり合いになることは一切ない。一九世紀後期になってようやく、真の時間旅行の発想が姿を現した。その著名な作品であるH・G・ウェルズの『タイムマシン』では、主人公が未来に旅行し、虚弱化した人類の末裔（まつえい）と交流し、主人公の現在時間へと戻る[1]。

なぜ一九世紀の終わりになるまで、フィクションの世界に真の時間旅行がなかったのか？　ひょっとしたら、ヒトが生来の現在主義者であるからかもしれない。過去というものが取り戻しようもなく失われもはや変えることが叶わないこと、未来がいまだ存在しないということほど、当たり前な事実はそうはない。ひょっとしたら、過去と未来が現在と同じく実在して旅行先になりうるという考えなど、あまりに直観に反する空想でフィクションに組み込むべくもなかったのかもしれない。だとすると、一九世紀後半に何が変わったために、人の想像力の中で時間旅行への扉が開かれたのか？　この問いに答えるのは難しいが、科学の革命が起ころうとしていた時代なのは確かだ。

この革命の鍵となった最大の契機は、一九〇五年にアインシュタインの特殊相対性理論が著されたことである。これにより、時間の本質についての我々の直観が永遠に崩れ去った。アインシュタインは、移動速度に依存して時計が異なる速さで時を刻むという理論を樹立した。その二年後、アインシュタインにかつて数学を教えていたヘルマン・ミンコフスキー教授が、数学的にはアインシュタインの理論は四次元宇宙の枠組みですっきりとらえられることを示した――すなわち、空間と同様、時間が文字通り第四の次元であるような宇宙である。

四次元ブロック宇宙が物理学でどう受容されていったかについては第9章で見ていくことにするが、現時点で重要なのは、二〇世紀において徐々に、時間旅行というものが物理学の研究テーマとして受け入れられていったことだ。過去や未来への真の時間旅行が実際に可能だと物理学者の大方が信じていたからというより、不可能だと証明できる者がいなかったからである。多くの物理学者は、時間の中に旅行先としての「場所」が原理的に存在するとは認めても、現実的あるいは理論的な理由から、そうした場所を行ったり来たりすることは物理法則から禁じられると考えている[2]。時間旅行には奇抜とも言える要求があるせいだ。おそらく、荒唐無稽さのいちばん少ない形式の時間旅行はワームホールによるものだろう。地球表面のことを時間と空間の面に見立てて、ワシントンと北京を直につなげるトンネルを掘ると想像すればいい。現状の物理法則に合ってはいるものの、ワームホールは仮説上の存在である。時間旅行ができるためには、ワームホールを一個作り出すとか見つけるとかだけでは駄目で、その出入り口の一方を超高速で動かせなければならない。そして、そのワームホールが安定していて通行可能であることを願う必要もある。つまり、入っていった者が——科学用語を用いれば——スパゲッティ化されないと。

まあここらでやめよう。ここでの目標は真の時間旅行がどれだけできそうかできなさそうかを論じることではない。本章で納得してほしいのは、ヒトの脳がタイムマシンとして最高の逸品だということ。別の言い方をすれば、人間そのものが古今最高の出来栄えのタイムマシンなのである。

脳はタイムマシン

もちろん脳があるからといって物理的に時間旅行できるわけではないが、四つの相互に関連する理由から、脳はある種のタイムマシンなのである。

1．脳は未来を予測するために過去を記憶するマシンである。何億年もの間、動物は未来予測の競争に参加してきた。餌動物や天敵や交尾対象の動作を予見したり、食物を貯蔵し巣を作ることで未来に備えたり、夜明けや日暮れ、春や冬を予期したり。未来を見抜くのにどれだけ成功するかが、まさに生存や繁殖の進化的通貨となった。それゆえ、脳はその本質からして予測ないし予期のマシンなのだ[3]。そして意識するしないを問わず、時々刻々と脳は自動的に予測している。次の瞬間にはいったい何が［　　］かと。こうした短期予測、数秒以内の未来を垣間見ることは、完全に自動的で無意識になされる。弾むボールがテーブルから転がり落ちたら、バウンドして返るのを捕ろうと自動的に動きを調整するけれど、テーブルからマフィンが落ちたときにはそうはしない。

ヒトその他の動物は長期予測も連綿と試みている。動物が周囲環境を調べるちょっとした動作も、数分後、数時間後の未来をのぞこうという試みだ。一匹のオオカミが立ち止まって周囲の景色や音やにおいを取り込んでいるのは、天敵の存在を避けながら餌動物や交尾対象を見つけるべく手がかりを探っているのだ。未来を予測するために脳は過去についての大量の情報を保存している。そして、アップル社のバックアップソフトウェア「Time Machine」のように、こうした記憶にときには時間的ラベル（日付）をつけて、自分の暮らしてきた中のエピソードを時系列に整理して眺められるようにしている。

2．脳は時間を知るマシンである。 顔を認識するために必要な計算や、チェスで次の手を選ぶために必要な計算など、脳は実に多岐にわたる計算を行う。時間を知ること、というのも脳が行う計算の一種である。生活の中での何秒、何時間、何日という単純な計時のみならず、時間パターンの認識と生成も行う。たとえば歌の込み入ったリズムだったり、体操選手がロンダートバク宙をするときの精密なタイミングでの運動系列だったり。

時間を知ることは未来を予測する重要要素だ。気象学者には知れたことで、雨が降るでしょうでは不十分なのであって、雨が**いつ**降るだろうかの予測もしないといけない。ネコが飛ぶ鳥を捕らえようと跳び上がるときには、一秒未来に鳥のいるであろう位置を予測しないといけない。かたや、花粉媒介を行う鳥は、特定の花に前回訪れてからの経過時間を把握していることが知られている。蜜が補充されるまで待ってからまた訪れようというわけだ[4]。動く標的に槍を投げる、お笑いで絶妙なタイミングでオチを言う、ベートーヴェン『ピアノソナタ月光』を演奏するという能力から、日々の睡眠覚醒周期や月々の生殖周期を制御する能力に至るまで、動物の行動や認知のほぼあらゆる側面は時間を知る能力を要する。

3. 脳は時間の知覚を生み出すマシンである。視覚や聴覚と異なり、我々には時間を検出する感覚器はない。時間とは、物理的測定で検出可能なエネルギーの一形態でも物質の基本的性質でもない。それでも、対象(反射光の電磁放射の波長)に関して意識上で色が知覚されるのと同じように、時間の流れも意識上に知覚される。脳が時間の流れの感じを生み出しているのだ。大方の主観的体験と同じく、時間の感じ方も多くの錯覚やゆがみを被る。同じ持続時間——外界の時計で計ったとして——であっても、さまざまな要因次第で、ささっと過ぎたりだらだらしたりして感じる。だが、ゆがもうが何しようが、時間の流れの意識上での知覚と、自分を取り巻く世界が止まることなく流れゆくという感じは、およそ最もなじみがあり否定できない体験に属する。ただ、この時間の流れの感じこそが、多くの物理学者と哲学者のとる時間の考えと根本的に相容れないものでもある。

4．脳の働きによって心的に時間を行き来することができる。 未来を予測しようとする種間競争は、我々の祖先の原始人にゆうゆう軍配が上がった。時間の概念を理解し、心的に過去や未来へ飛んでいく——すなわち、**心的時間旅行**に出る——という能力を発達させたことが決め手となった（第11章）。エイブラハム・リンカーンは「未来を予測する最善の方法は未来を創り出すことである」と言ったとされるが、まさにこれこそ、心的時間旅行のおかげで可能となったことだ。人類は自然の気まぐれな様子を予測することから脱却し、母なる自然そのものを支配することで未来を創り出すようになった。

心理学の大家、カナダのエンデル・タルヴィングの説明はこうだ。「未来指向の思考力と計画性の初期の発現は以下のごとくである。火を使う、火を保存する、それから火をおこすといったこと、また道具を使用する、それから道具をしまっておく、道具を持ち歩くといったこと。死者に副葬品を手向けること。自前の穀物、果物、野菜を育てること。食料源や衣料源として動物を飼い馴らすこと。[……]これらすべて、ヒトの進化における比較的最近の発達の事例である。どれひとつとっても、未来の意識あってのことである」[5]。

過去の出来事の喜び悲しみを心的に再体験したり、そうしたエピソードであるなっていればどうなっていたはずか思い巡らしたりしたことは誰にもある。その反対に、何が起こりそうか心配したり夢見たりするときにはいつも未来に飛んでいくし、現在起こすべき最善のアクションを決めるべく自分の未来のさまざまな筋書きのシミュレーションをする。ヒトのみが心的時間旅行のできる地球上で唯一の生き物であるかはともかく、この能力を使って、過去や未来へ実際に旅行する可能性を検討できる唯一の動物なのは間違いない。

教師としての時間

一八世紀に、スコットランドの哲学者デーヴィッド・ヒュームは論考した。我々はどうやって世界のありようを知るのか——空間における異なる点や時間における異なる瞬間に生じる事象の間の関係性をどうやって見出すのか。ヒュームは人間の理解力に通底する三原則を説いた。**類似**（対象間、事象間の類似性）、**近接**（事象間の時間的、空間的な「近接性」）、**原因と結果**である。原因と結果に関してヒュームは、二事象間に因果関係があるかを定めるのに我々が用いる規則をいくつか挙げている。たとえば、

1. 原因と結果は空間および時間において近接しなければならない。
2. 原因は結果に先んじなければならない[6]。

幸運なことに、ヒュームを読まずしても我々はこうした法則を実行に移せる。これらはシナプスやニューロンのレベルで脳内に組み込まれているからだ。事象間の時間関係は中でも最重要の手がかりとして、我々の感覚器に襲来する感覚情報の、ウィリアム・ジェームズに言わせれば「咲き誇るガヤガヤ

した混乱」に、意味づけを施すために脳で利用される。赤ちゃんは「ネコ」という言葉がふわふわで四本足で鋭い爪のある生き物を指すことをどうやって学ぶのか？　赤ちゃんがネコを見た人生最初の何十回かというもの、親が「ほら、ネコちゃん、ネコ」とささやくからだ。言い換えれば、ネコの姿と「ネコ」の語音との時間的近接のおかげで、赤ちゃんの神経回路ではこれらふたつの別々の刺激の間にリンクが張られるのである。

動物界での学習の最も普遍的な形態のひとつである古典的条件づけに、脳機能にとって時間的近接と順序が根本的に重要なことが見てとれる。パヴロフの犬が古典的条件づけのよい例で、ベル（条件刺激）を鳴らしてから肉（無条件刺激）をイヌに提示する、こうしていくとやがてはベルの音だけに反応して唾液を出すことを学習する――とか、よりなじみのある例としては、ペットのネコが缶詰めの開く音で台所に姿を現すとか。事実関係としてはベルが**原因**で食物が来るわけではないが、当のイヌにとってはそれも同然といっていい。古典的条件づけは、次に何が起こるのかを予測するのに動物が用いる原始アルゴリズムなのだ。ガラガラヘビがくねくね進みゆく。古典的条件づけ実験の生きた事例だ。ガラガラ音が条件刺激となり、ガラガラヘビ（無条件刺激）が足下にいそうなことを示す。

ヒュームの想像が及んだであろうよりはるかに、脳機能にとって時間的近接は重要だ。赤ちゃんが母親の顔を認識するにあたって脳が直面する問題を見てみよう。顔はすぐ近くにあるために大きいことも、遠くから見るために小さいこともある。距離ごとに網膜に投影される像はまったく異なる（すなわち、同一人物を接写するか遠距離撮影するかによってカメラ画素が異なるパターンで活性化するのと同じく、網膜上の光受容器が異なる空間パターンで活性化する）。ではどうやって、これらの相異なる画像すべてがママに対応することを赤ちゃんは学習するのか？　この、いわゆる**大きさの恒常性**の問題は複雑なもので、どうやって脳がこれを解くのかわかっていない。だが、時間的近接を用いるという考え方ができる。ママが近づいたり遠ざかったりするたびにママが膨らんだり縮んだりして見える、というたびたびの経験を赤ちゃんがするうちに、網膜上の甚だしく異なる投影パターンでも時間的に近接して生じるなら同じ対象からのもののはずだと脳が仮定すれば、大きさの恒常性の一般原理をやがては脳が学ぶことができよう。連続生起するこうした一連のパターンは、外界の同じ対象を表現するものなのだと[7]。別の言い方をすると、もしも時間的近接が失われたならば——たとえばストロボ照射の世界で、対象の像が瞬間提示され、小さい、大きい、小さいと十秒ごとに魔法のように入れ替わる環境で育ったら——異なる距離から観察した同じ対象を同一視する能力は損なわれるだろうと予測される。

古典的条件づけや、ほかにも多くの形式の学習から、ヒュームの第二規則の言う、原因は結果に先んじなければならないとする時間的非対称性の本質が見てとれる。パヴロフがベルの音の前に肉を提示したところ、条件づけはまったく生じなかった。同様に、古典的条件づけは時間的近接の程度、より具体的には事象間の時間間隔に非常に敏感である。パヴロフがベルの音の一時間後に肉を提示したならば、ベルと食物とのこうした関係はイヌにはまったくわからなくなる——ベルが食物の到来を予測するという関係は一緒でも。実際、動物はおおむね、数日とか数カ月はおろか、数分とか数時間だけ離れた事象間ですら時間的につなげられないようである[8]。二事象間の時間間隔が長いほど、つながりを見出すのが難しい。古典的条件づけは、近視眼的な学習形態なのだ。

数日、数カ月、数年も隔たった事象間の関係性を理解するには、より複雑な認知能力が要る。時間を概念化して心的時間旅行に出るという人間の能力あればこそ、性交と出産の関係、また種子と木の関係を見出すことができる。ただし、人間もまた時間的に近視眼的ではある。煙草が喫煙を開始して数十年後でなく一週間後での発ガンの原因となったとしたら、タバコ業界が全世界で兆ドル規模の産業になど決してならなかっただろう（第11章）。

時間の方向と方向だまし

経験する事象間の時間関係が認知にとっていかに重要かは、いくら強調しても足りない。たとえば、認知心理学者スティーブン・ピンカーが指摘したように、事象が語られる順序は事象が生じた順序にならうと我々は通常仮定する。だからこそこれがジョークになる。「They got married and had a baby—but not necessarily in that order.（彼らは結婚し、赤ちゃんを授かった——この順序かは知らんが。）」大方の言語では、生じた順番通りに語られる方が事象間の関係を理解しやすい[9]。「She smiled before opening the gift.（彼女は笑顔になった。プレゼントを開けないうちに。）」は「Before opening the gift, she smiled.（プレゼントを開けないうちに、彼女は笑顔になった。）」よりも処理が容易である。

時間の順序と間隔についての脳の仮定のおかげで、世界で展開しゆく諸々の事象を理解し予期することができるわけだが、こうした仮定のせいで間違うこともある。たとえば、手品師のトリック。テーブルから右手でコインをつまみ上げ、握った両手を仰々しく打ちつけながら「アブラカダブラ」と唱え、コインがもうどちらの手にもないことを最後に示してみせる。トリックは時間の方向だましを利用している[10]。コインの消滅は、「最も近接した」事象である両手の打ちつけと大げさな「アブラカダブラ」が引き起こしたのだと自動的に仮定してしまう。真実はもちろん、コインはもともとどちらの手にもなく、トリックは手品師の手技にあり、コインをつまみ上げる動作中にこっそりテーブルからコインを滑り落としたのだ。繰り返しになるが、二事象間の時間間隔が長いほど、それらの関係を見出しにくくなる。コインの消滅の真の原因と、消滅を示してみせることとの間にギャップを入れることで、人間に備わった時間に関する仮定を手品師は利用しているのだ。

筆者の前著『バグる脳―脳はけっこう頭が悪い』（ディーン・ブオノマーノ 著、柴田裕之 訳、（二〇一二）河出書房新社）でも記しているが、ラスベガスで初めてブラックジャックをしたときに、時間の方向だましの例に遭遇した。ルールは知っていた。ブラックジャックでは配られた二枚の札の合計が二一でなければよく、そうでなければ、もう一枚カードを引いて「バスト」（二一を超えてしまう）の危険を冒すべきかどうか意思決定する。勝負の相手であるディーラーは、自動機械（オートマトン）よろしく手持ちの合計が一七以上になるまでカードを引き続ける。自分がディーラーと同じ方式で引いていれば、手札がどんなであっても勝率は五分五分であると筆者は見た。もちろん、常に胴元が有利とわかってはいたが、どこが有利かはわからなかった。今はわかる。簡単な話で、ディーラーと私の両者が「バスト」したら、ディーラーの勝ちなのだ。ではなぜそれがわからなかったのか？　胴元の有利な点は、実は、時間の方向だましのせいで客には隠されている。こういうことだ。こちらが先手なので、こちらがバストしたらディーラーはすぐにこちらの手札と賭けたチップを回収し、ゲームの負けをこれでもかとはっきり示す。それから、自分の手札を見せることなく他の客を相手にゲームを続ける。この時点で、もし筆者がまだテーブルにいるなら、ディーラーもまたバストしていた――したがって**引き分けのはずだった**――ことがわかるかもしれない。胴元の有利な点に気づかないのは、それが未来に隠されていたから。原因と結果の通常の関係が時間的に逆転していたからだ。ある意味では、ディーラーとこちらの両者がバストの手札だったとき、こちらの負けという結果はその原因よりも前に来たことになる。こちらの手札と賭けたチップの回収（つまり結果）は、ディーラーに負けたのか引き分けたのかをこちらが知る前に起こる。ゲームを降りた後は原因究明の気が失せたから、胴元の有利な点に気づきにくかったのだ。この時間的な盲点を利用して、カジノでは胴元に有利なようにルールを仕込んでいることを隠している[11]。

シナプスでの原因と結果

我々が永遠主義の固定的ブロック宇宙に暮らしていて、そのため時間の流れが錯覚なのかどうかはともかく、事象間の順序や時間間隔があればこそ神経回路が形成される。ヒュームの概括した規則は、実質的には脳の配線図を支配するアルゴリズムそのものである。たとえば、原因と結果の時間的非対称性は、脳の最も基本の段階に盛り込まれている。

脳は一千億個近くのニューロンのネットワークからなっており、脳全体で何百兆個ものシナプスを介してニューロン同士が通信をしている[12]。コンピュータのトランジスタをはじめとする大方の計算素子と同じく、ニューロンは入力を受けとって出力を生成する（図2・1）。だが、トランジスタに比べればニューロンは外向的な性格だ。平均的コンピュータチップ上のトランジスタはたかだか数十個と

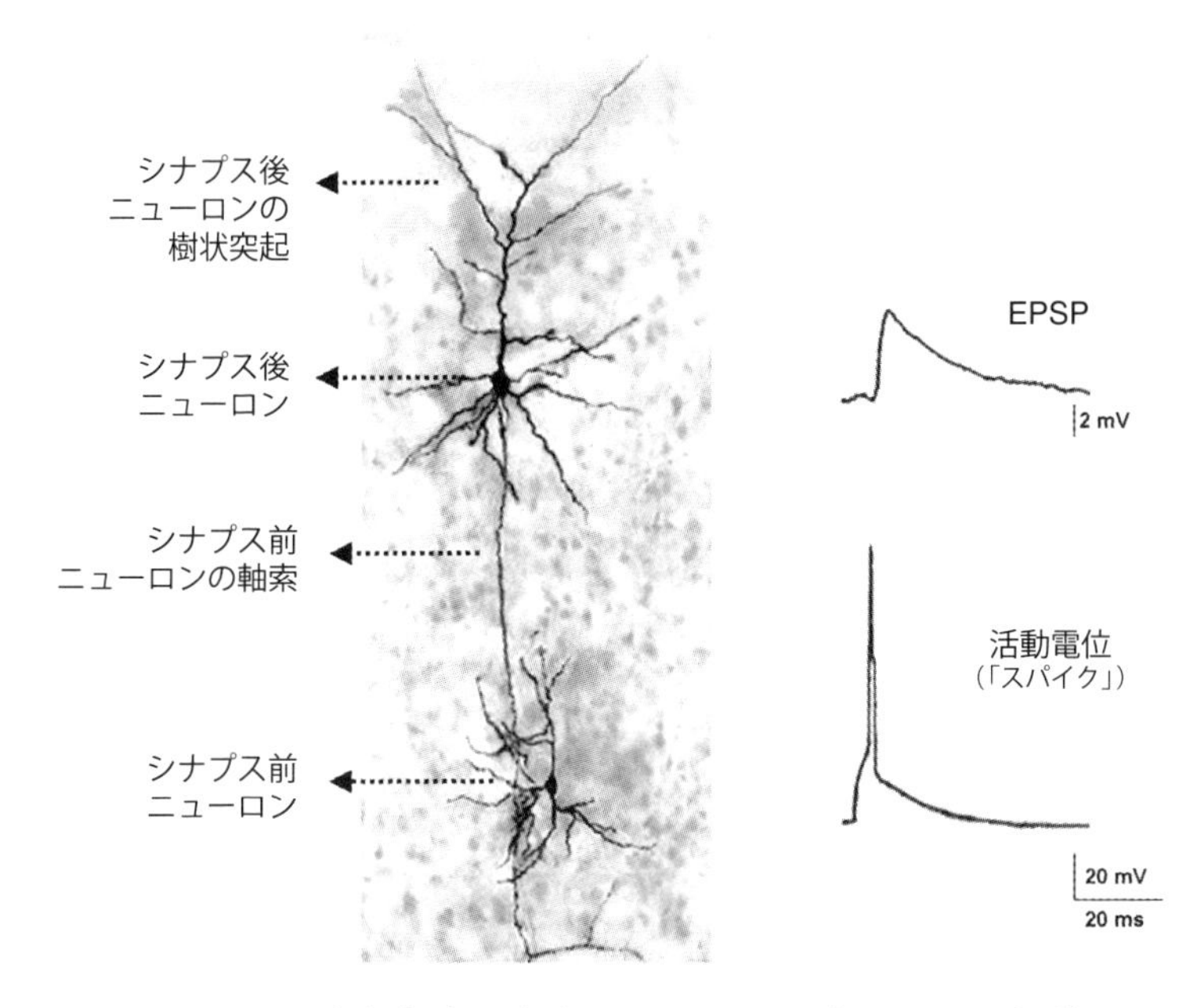

図 2.1　ニューロンとシナプス。皮質ニューロン 2 個の画像。下のシナプス前ニューロンの軸索が上のシナプス後ニューロンの樹状突起とシナプス（図では小さ過ぎて見えない）を介して連絡している。シナプス前ニューロンの活動電位――電圧の高速「スパイク」――がシナプス後ニューロンの電圧に小さな上昇（興奮性シナプス後電位（EPSP）と呼ばれる）をもたらす。（Feldmeyer et al., 2002 から許可を得て改変）

つながっているが、平均的ニューロンは数千個のニューロンとつながっている。こうした連絡の実装部位がシナプスであり、これは信号を送る**シナプス前**ニューロンと信号を受ける**シナプス後**ニューロンという二者間のインタフェースである。どんなニューロンへの入力も、シナプス前ニューロンのざわざわいう生体電気信号に端を発する。興奮性シナプスはシナプス後ニューロンを「発火」――すなわち、自分より下流のすべてのニューロン（自分にとってのシナプス後ニューロン）へ向けて電気信号を送るという形での出力の生成――に向かわせる。反対に、抑制性シナプスはシナプス後ニューロンを鎮静状態に留めようとする。ニューロンの数のあまりの多さに、神経系の配線図はものすごいことになっている。どのニューロンとどのニューロンがつながるかはどうやって定まるのだろうか?

アナロジーとしては単純化し過ぎかもしれないが、要素同士が相互接続したネットワークといえば、WWW（World Wide Web）もある。個々のウェブページを個々のニューロンとみなし、それらをつなぐ単方向性のハイパーリンクをシナプスだとしてみよう。どのページ同士がリンクしているかを定めるのは、大部分は外部の力、つまり人間のプログラマー。ところが脳は自前で配線をする必要がある。達人プログラマーなどいない。しかも、ウェブと違って脳では、どの要素同士がつながるべきかだけではなく、それぞれのつながりがどんな強さであるべきかも問題である。シナプス前ニューロンがどの程度シナプス後ニューロンの振る舞いに影響するかを、シナプスの強度と言う。ニューロンAとニューロンBの間の強い興奮性シナプスとは、Aの発火がBの発火をもたらしやすいことを意味し、ニューロンAとニューロンBの間の非常に弱いシナプスとは、Aが何を言ってこようがBは全然聞く耳もたないことを意味する。どのニューロンとどのニューロンがつながるか、またそれらの間のシナプスの強度は、シナプスのアルゴリズム――いわゆる**シナプス学習則**――という、遺伝的にプログラムされている仕組みである程度決まる。ただし、遺伝子がシナプスの強度をコードしているわけではなくて、シナプスの強度を司るアルゴリズムが遺伝子で決まっているということだ[13]。

学習則の中でも特に、**スパイクタイミング依存可塑性**（**STDP**）では、原因と結果の時間的非対称

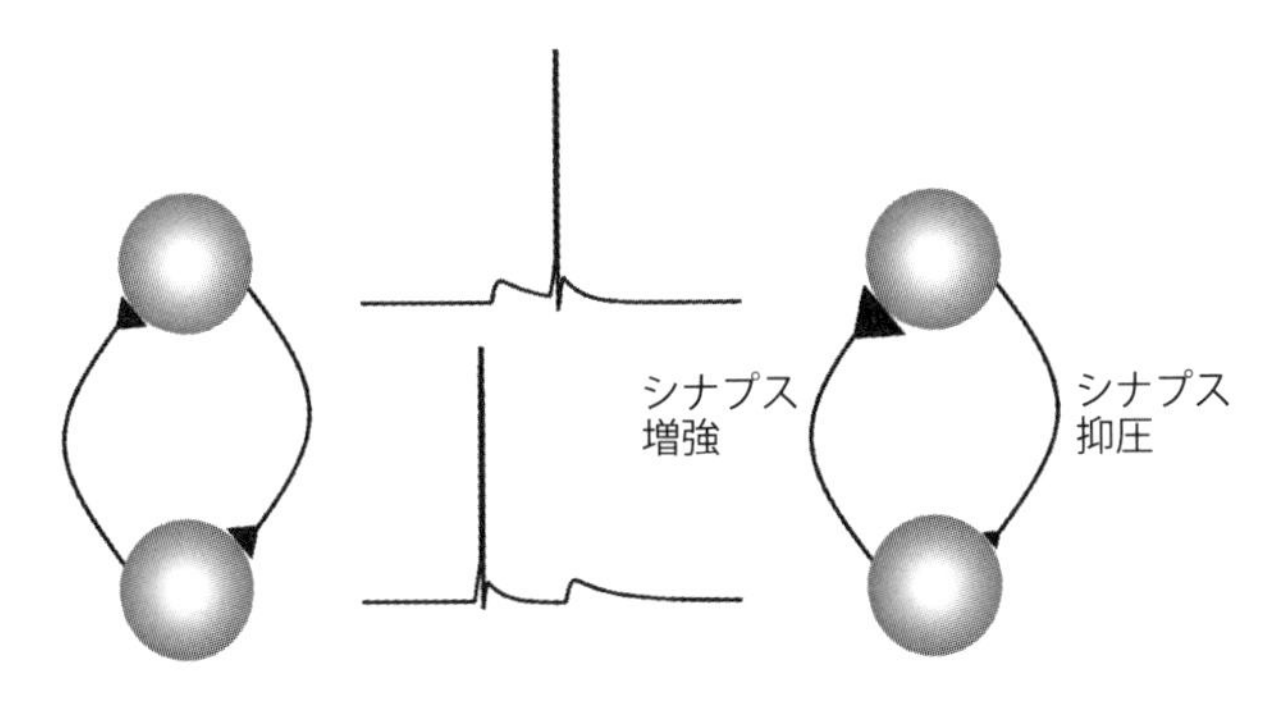

図2.2　スパイクタイミング依存可塑性。2個のニューロンが2個のシナプス（黒三角形で表記）で双方向性につながっている。下のニューロンが一貫して上のニューロンの前に発火すれば、下のニューロンから上のニューロンへのシナプスが強まり（シナプス増強）、上のニューロンから下のニューロンへのシナプスが弱まる（シナプス抑圧）ことになる。

性がシナプスに組み込まれる様子がきれいに現れている。図2・2に示す二個のニューロンを見てみよう。ニューロンAはBに、そしてBはAに結合している。だからシナプスは、A→BとB→Aの二個。これらのニューロンは**再帰的結合**をしていると言ったりする。ニューロンAはニューロンBへの入力であり、その逆も然り。さて、各ニューロンは外界の個別の事象に対して応じるとしよう。これら二個のニューロンの持ち主はゾーイ（Zoe）という名の赤ちゃんで、ニューロンAは文字zの音、ニューロンBは文字oの音に応じるとでもしておく。なので、ママやパパがゾーイの名前を言うときは必ず、ニューロンAがニューロンBの直前に発火する。話の都合上、ニューロンAが一貫してニューロンBの二五ミリ秒前に発火することにしよう。シナプス学習則の役目は、シナプス前ニューロンとシナプス後ニューロンの活動パターン次第でシナプスを強めたり弱めたりすることだ。この場合、STDPはA→

Bのシナプスを選択的に強めてB→Aのシナプスを弱めることになる。神経科学者がこの単純な学習則に思い至るまで、驚くほど長くかかった。一九九〇年代になってやっと、STDPの存在は確証された[14]。ヒュームに見せたらさぞ気に入っただろうが、この学習則はニューロンレベルでの原因と結果の検出器として動作する。ニューロンAが発火するのがニューロンBが発火するより早かったら、ニューロンAはニューロンBの発火に寄与する見込みが高い――ゆえにこのシナプスは強まる。その一方で、B→Aのシナプスはいつも使うだけ無駄――もう扉を施錠したのに後から扉の施錠を小うるさく言う誰かさんみたい――なので、弱まる(そしてやがては消えてなくなる)。

ニューロン間の原因と結果の関係性をシナプスで学べるという能力は、外界における事象間の関係性を脳で学習する能力の仕組みの一端だと考えられている。先の例では、STDP学習則のおかげで、zoeという一続きには応答しても、ほとんど聞いたことのないeozには応じない、というニューロン群ができ――ゾーイは自分の名がわかるようになる、という関係。だが、STDPは脳という巨大施設がもつたくさんの学習則のうちのひとつに過ぎない。実のところ、STDPは神経系の最小時間分解能に近いところで働く――シナプス後ニューロンのスパイクタイミングで言って数ミリ秒の違いによって、シナプスが弱まるか強まるかが決まったりする。STDPでは数秒以上隔たった事象間の関係は取り込めない。これには、二個ぽっちのニューロンでなく多数のニューロン集団に基づいたもっと複雑なメカニズムを要する。しかしいずれにせよ、脳内のニューロン群およびシナプス群が短時間および長時間離れた事象間をうまく線で結んでくれるおかげで、さまざまな事象が展開しゆくさまが我々にわかるのである。

多くの時間スケールにわたって時間を知る

眼を閉じて身の回りの何かの音に注意を向けてみよう——家電製品の電源まわりの雑音とか。音が左から来ているのか右からなのかたやすくわかる。でもどうやって脳は音の鳴っている空間内の位置がわかるのか？　左の方から来る音は左耳に届くより右耳に届く方がわずかに時間がかかる。こうしたいわゆる両耳間時間差は音速と頭部サイズの関数となっている。ヒトでは、検出可能な時間差は約十マイクロ秒——オリンピックで百メートル走を計時するのに用いるクロノメーターの一千倍の時間分解能だ。脳内の音処理責任中枢では音源定位の計算のためにこうした時間差を計らなければならない。音速はほぼ一定であるため空間と時間が相補的である——それゆえ時間がわかれば空間が「わかる」——という事実が、進化の過程で利用されてきたのだ。

ヒトが時間を知る能力が素晴らしく発揮されるのはもうちょっと長い時間スケール——数十ミリ秒から約一秒——のところだ。この範囲では、二事象間の時間間隔を推定できるだけでなく、音楽や発話の複雑な時間パターンを解析し解釈することができる。たとえば、発話中の音節長や空白は語間の境界の手がかりになる。「grade A（A評価）」と「gray day（グレーな日）」のように。語の持続時間や発話の速さは**韻律**にも寄与する。韻律は話者の情動状態を伝え——うつ病の人がのろい発話パターンである一方、興奮したティーンエージャーがてきぱき話を伝えるなど。音楽でも同じことが言える。荘重(グラーヴェ)や快活(アレグロ)という用語が暗に示すように、遅いテンポと速いテンポはそれぞれ悲しみと喜びを表すのに使える。スーラの絵の点描パターンの中に顔を見出す能力とまったく同様に、人間は発話や音楽の部分同士の時間関係から全体性をつかむことができる。けれども、こうした時間パターンを検出できるのは約一秒という非常に狭い時間スケールでだけだ。発話のスピードをあまりに遅くすれば言葉として聞き取れなくなるし、音楽作品をあまりに速いスピードで鳴らすと、音楽ではなくなる（第5章）。

時間がわかるとは、時間の流れを意識上に知覚する処理とは別物だ。意識はあまりに遅い代物であるため、語間の空白の長さを実時間で解釈するとか、手を伸ばして捕球するべき瞬間までカウントダウンするとかはできない。しかし、数秒以上のスケール上では、時間の過ぎゆくのを意識するのみならず、異なる事象間の経過時間も大まかにはわかる。赤信号がいつ青に変わるか意識の上で予期することができる。テレビの一連のコマーシャルがじきに終わって試合映像に戻りそうだということが感じ取れる。頭の中で秒数みたいなものを数えることだってある。列の手前にいるあの男性が注文にフライドポテトを追加するか決めあぐねるのをじっと待つ間とか。

脳は自然選択の産物だ。だから、常に変転する厳しい世界に生き長らえるべく「設計」された。結局は、そんな世界でうまくやる最良の方法のひとつは、**何が**未来に起こり、**いつ**それが起こるか、を予測できることである。だからこそ脳は、予期のマシンであり、時間がわかるマシンなのである。脳は時間の流れを一二乗のオーダーの範囲で定量化している——右耳と左耳に音が届くのにかかるわずかな時間差から、動物によっては季節の移り変わりを予期する能力に至るまで。

我々の身の回りは時計だらけだ。手首やらスマートフォンやら車やら家電製品やら壁やらコンピュータやらの上にたくさん時計がある。しかし、時計は身の回りにあるだけでなく、体内も埋め尽くしている。ヒトその他の動物の脳と身体では、計時が行われており――単一の肝細胞ですら今何時か知っている。しかし、脳にはどうやって時間がわかるのか？　脳のどの部分で時間がわかるのか？　こうした問いには単一の答えがないということが現在わかっている。進化の賜物として、脳には複数の計時メカニズムが備わったのだ。この、異なる時間スケールには異なる時計をという方略――**多重時計原理**と呼ぶことにするが――は、人工時計とは好対照をなしている。デジタル腕時計のいちばん単純なものだって、百分の一秒、秒、分、時、日、月を正確に計ることができる。ところが脳では、ベートーヴェンの『交響曲第五番』での計時を司る神経回路には時計の時針にあたるものはなく、睡眠覚醒周期を司る神経回路には秒針にあたるものはない。これはえてして直観に反するように聞こえるが、そうでもないとやがてわかる。行動や認知のあらゆる側面に時間が根本的に重要であることと、脳が解かねばならない時間の問題は個別にたくさんあることを踏まえれば、実はこれこそがあるべき姿なのだ。

3:00

昼も夜も

時間とはおそらく定義不可能な事柄に属する、という事実に直面してもまったく問題ない［……］どうせ本当に大事なのは、時間をいかに定義するかではなく、いかに計るかなのだから。

——リチャード・ファインマン

科学の全分野のうちで最もどうでもいい謎のひとつに、「なぜマウスは回し車が大好きなのか」というのがある。マウスかラットをペットにしたかペットショップで観察したことのある人なら、回し車でいつまでも夢中になって走っているのを見たことがあるだろう。でもどうして走るか？　あいつらは他にやるもっとましなことがないから、というだけでもなさそうだ。車庫に打ち捨ててあった回し車で野生マウスが走り続ける様子の目撃談とか、実験室ラットがケージから逃げ出したはいいがしばらくしたら回し車でいそいそ走っていたせいでまた捕まえられたとかいう話はよく聞く。こうした逸話的観察を裏打ちする生物学研究がある。自然生息地に回し車と隠しカメラを据えつけたところ、野生マウスが回し車で走ったり跳び降りたり跳び乗ったりが観察された[1]。ティーンエージャーがやっとで稼いだ金をゲームセンターに費やすように、齧歯(げっし)類は走れるためなら「働く」ことさえいとわない。回し車にブレーキをとりつけておくと、ラットは走れるようにするためにブレーキ解除レバーを押すようになる[2]。一方、回し車で走るのにはマイナス面もある。ラットが食餌制限下にあれば、回し車は健康に有害になりうる。食物に制限を受けているラットは、回し車で走る頻度が増え、同じ食物量を与えられているが回し車を禁じられているラットより健康上の問題をより多く示し、死亡率が増える[3]。

このささやかな謎がいつか解けるかはともかく、マウスやラットやハムスターがとにかく強迫的に回し車で走るという事実あればこそ、脳で時間を——少なくとも一日のうち何時かを——知る仕組みに関する理解がとても進んだ。図3・1に示すグラフをアクトグラムという。マウスが駆動した車輪が一回転するごとに縦線の印をプロットして、マウスの回し車での走行パターンを表したものだ。二四時間連続のプロットを途切れさせずにわかりやすく図示するため、グラフは**二重プロット**、つまり次の日の活動は前の日の右側と下側の両方にプロットされている。図の上にある白黒バーは、二四時間ごとの室内照明の点灯／消灯周期を表す。マウスやラットは夜行性動物なので、夜中に好んで走行する——ただし実験室内での「夜中」は実験室外では日中だったりする。時間生物学者はよく、マウスのいる室内の明暗周期を昼夜で反転させている。大学院生がマウスの研究で完全徹夜しなくて済むように。プロットが示すところでは、照明が消えたらマウスは回し車に跳び乗り走り始め、一晩中跳び降りたり跳び乗ったりしている。数日後、照明切り替えをなくし定常暗黒下に置いた。見てわかる通り、「夜」なのか「昼」なのかについての外的な手がかりがなくても、マウスは活動と休息を繰り返す頑健なリズムを示し続ける。だが、定常暗黒状態では興味深いことが起こり始める。この周期が正常の二四時間から逸脱して短めの時間になるのだ——徐々に左方向にシフトしていく様子がそのことを示している。したがって、睡眠覚醒リズム、少なくともマウスのそれは、正確な二四時間周期には一致していない。

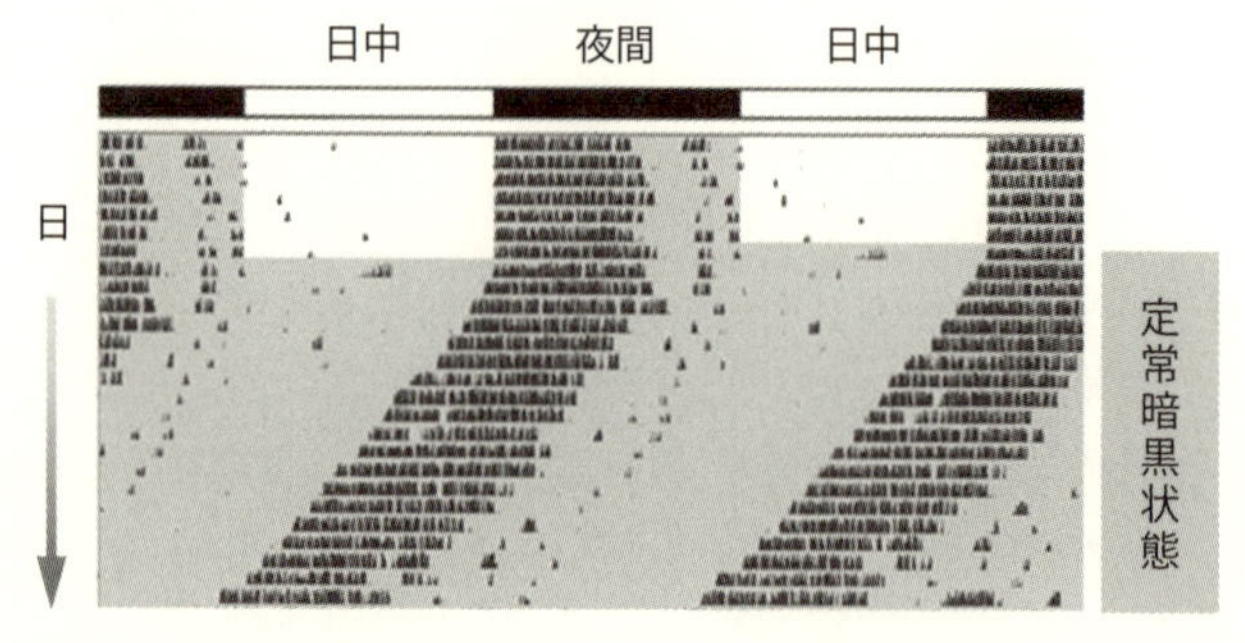

図 3.1　回し車とアクトグラム。マウスの夜行性の活動を、回し車の回転を表す黒線の印で示している。マウスが定常暗黒状態に置かれると、概日リズムは約 23.5 時間の周期で続き、活動パターンが徐々に左側にシフトしてゆく。アクトグラムは二重プロットになっており、同じ 24 時間が各行の後半および次行の前半に二重で描かれている。（Yang et al., 2012（CC BY license）より改変）

何千年もの間、ヒトその他の動物の睡眠と活動における日々の変動を司るのは、日の出と日の入りをはじめとする外的な手がかりであると考えられてきた。しかし、図3・1に示すのと同様の実験の結果、外的な手がかりがなかったとしても動物は睡眠や活動や摂食や体温の日々の周期性を示し続けることがわかった。こうした周期性は、生活上の日々のリズムを司る何らかの内的な時計——**概日時計**（サーカディアン）（「circa」が概、「dian」が日の意）——が存在する証拠である。

概日時計の性能はどれほどで、人工時計とどれだけ比較しうるものだろうか？　時計の性能は、生体時計でも人工時計でも、精度と正確度のふたつで計られる。精度とは発振器のひとつひとつの周期のばらつきのことで、正確度は時間長の平均が何らかの設定時間長に比べてどれだけ近いかのことだ。振り子の一周期が一秒であるべきところ平均時間長が〇・八秒であれば、あまり正確度は高くない（誤差は二〇％)。でも何万周期もするうちで最小と最大の時間長が〇・七九九九九〜〇・八〇〇〇〇一秒の範囲に収まっていれば、精度の点ではとても高いことになる。図3・1でわかるように、概日時計の周期は二四時間ちょうどではなく、ひとりでに動くときは二三・五時間に近い時間長になっている[4]。だから、地球の一周期の自転にかかる時間と比較して、概日時計にはまずまずの正確度がある――二三・五時間の時間長なら誤差は二％。夜行性動物は一般に二四時間より短い時間長の概日時計をもち、ヒトなど昼行性動物では二四時間より少し長い時間長の内在性の概日時計をもつ傾向にある。概日時計の精度の方はもっと素晴らしい。図3・1から見てとれるように、活動が早い方へ早い方へとシフトするずれ幅は、日(図中では異なる行で示す)ごとにおおむね一定になっている。研究によっては、定常暗黒状態で数日過ごす間でマウスが走行を始める時刻のずれ幅が標準偏差で言って一〇〜二〇分だけのこともあり、二三・五時間周期の時計にとっての誤差で言えば約一％の精度である[5]。

概日時計のこの素晴らしい精度のおかげと思われることに、だいたい思った通りの時刻に目が覚めることができるという人がいる。ウィリアム・ジェームズは大著『心理学の根本問題』の中で自発的起床の能力に触れている。「我が人生で感銘しきりの正確度といえば、夜また夜、朝また朝と、私はまったく同一時刻に目覚めるのである」。しかし、実験室的条件下ではほとんどの場合、ヒトの自発的起床の能力は本人が思うほど正確でない――というか、自発的起床には、眠れる脳が何らかの外的な手がかりをつかめる能力が効いているらしい[6]。何はともあれ、第7章で見ていくように、一％の精度というのは、一七世紀にクリスティアーン・ホイヘンスが世界初の高精度振り子時計の製作法を編み出した以前の、あらゆる人工時計の精度をしのぐ。

隔離実験

外的な信号がまったくない中で観察される概日リズムのことを**フリーラン（自走周期）**のリズムと言う。けれども、ヒトでフリーランの概日リズムを研究するためには、外界から完全隔離されて何日も、場合によっては何カ月も過ごすことをいとわない協力者を見つける必要がある。最も有名なもののひとつが、フランス人地質学者ミシェル・シフルが一九七二年にテキサス州のとある洞穴で六カ月暮らした実験だ。将来の惑星間ミッションでの長期的隔離が心身にもたらす効果の解明の必要性を見据えたNASAの支援を受けて、実験は行われた。洞穴の奥深くにいるシフルには、十分な食料と水、簡素なベースキャンプ、睡眠パターンの記録装置が与えられた。外的環境に由来する照明変化もなければ、時間の手がかりになるような大した気温変動もない。シフルは「フリーラン」下にいたが、フリーランの実験室マウスとは異なり、定常暗黒下に置かれたわけではない。地上部隊にいつでも電話をして、洞穴の照明のオンオフをしてもらうことができた。

マウスの隔離実験では、異常に高い値の生理的ストレス反応や有意な精神的苦痛は生じないようである。野生マウスが洞穴に住もうが一般家屋の地下階に住もうが、ときに何日も照明光源から隔離されていることは想像に難くない。それに、齧歯類にはヒトほど視覚は重要でない——夜行性動物であるマウスやラットのナビゲーションには聴覚と非常に精巧なヒゲ配列が大きな頼りになる。隔離実験はヒトにとっての方がはるかにきつい。実際、シフルは抑うつ、うっかりミス、物忘れ、自殺念慮に次々に襲われ、概日リズムはめちゃくちゃになった。最初の数日間で概日周期は二五〜二六時間に広がったが、日が経つにつれて激しく変わり、睡眠一六時間に活動三二時間以上の合計四八時間にまでずれ込むこともあった。

一七九日目、シフルは隔離実験の終わったことを告げられた。シフルにとっては不意打ちだった。自分の数えでは、洞穴にいたのは一五一日間――一六％少ない――だったからだ。要するに、時間の伸長が起きてしまい、自分の中での時間の感じ方が客観的時間に比べて遅くなっていた。心が折れる退屈な隔離だったのに経過時間を過小評価したなどとは想像しづらい。しかしこうした時間伸長は数多くのヒト隔離実験で見られている。一九八八年、ヴェロニク・ル・グエンはフランスの洞穴に隔離状態で一一一日過ごしたが、出てきたときに四二日しか経っていないと思っていた！　一九八九年、イタリアのインテリアデザイナーのステファニア・フォリーニは地下五〇フィートの洞穴で四カ月過ごした。四カ月近く中にいながら、二カ月しか経っていないと思い込んでいた。一九九三年、イタリアのある社会学者が洞穴に隔離状態で一年過ごしたが、一二月五日に出てきたとき、六月六日であると思い込んでいた[7]。

こうした実験には限界もあって、被験者は見た目ほど概日周期の手がかりから隔離されていないかもしれない。洞穴には洞穴なりの生物群系があり、コウモリや昆虫が洞穴居住者にとっては外的時間についての意識的ないし無意識的な手がかりになるかもしれない。たとえばシフルは、洞穴内のマウスと仲よくなろうとして結局うまくいかなかったと語っているが、おそらくこのマウスというのは夜間に出現しやすかっただろう。こうした限界に対処し、被験者と研究者が互いに離れた場所で長期間過ごす必要をなくすため、時間生物学では特殊な実験室や密室での隔離実験も行われた。一九八五年に論文が出た研究では、四二人の実験参加者に一週間から一カ月の間の期間で隔離状態にいてもらった。被験者は密室で独居生活をし、外の世界から実際の時間についての情報を一切受け取らなかった。自炊生活をして、勝手に照明のオンオフができた。就寝と起床のタイミングの報告を要し、体温は連続記録されていた。ここでも、大多数の被験者は実験期間が実際より二〇～四〇%短いように思い込んでいた[8]。そして洞穴実験と同じく——そして齧歯類の研究とは対照的に——被験者の概日周期は、高精度で再現性のある周期に落ち着くのでなく、激しく変わることが多かった。

睡眠覚醒周期のみが概日時計の働きの測定法というわけではない。多くの生理的数値が日内変動をする。たとえば実際のヒト体温は、華氏九八・六度〔摂氏三七度〕で一定というわけではない。一日のうちでこの平均温度まわりで変動し、一般には夕方にピークを迎える。睡眠覚醒周期が二〇時間近くなろうが四〇時間近くなろうが、多くの被験者で体温リズムは二四時間周期近くであり続けた。我々には複数の概日時計があって常に周期が揃っているとは限らない、という重要な手がかりを与えるデータである。

視交叉上核

脳の底部には視床下部という構造がある。そして視床下部の底部にあり、左眼と右眼から来る情報を運ぶ神経が交叉する場所——その名も**視交叉**——の上に位置しているのが、ずばりの名がついた**視交叉上核**である。

一九七〇年代以来知られた事実として、視交叉上核を損傷した齧歯類は概日とはまるで言えない睡眠パターンを来す。昼もなく夜もなくばらばらの短時間で睡眠をするのだ。こうした初期の観察から、視交叉上核が概日時計の親装置(マスター)だという仮説が提案された。その証拠は一九八〇年代に一連の実験事実によって示された。最も説得力のある証拠は、一口に言えば脳移植実験だった[9]。フリーラン状態のハムスターの睡眠覚醒周期はほぼ二四時間ちょうど。しかし突然変異によって、フリーランの「一日」が二〇時間という非常に短い周期のハムスターもいる。視交叉上核が概日時計の親装置(マスター)ならば、ある系統のハムスターから別の系統へ視交叉上核を移植してしまえば二〇時間のハムスターを二四時間のハムスターに変身させられるだろう、というのが研究仮説だった。一般的に言って、そんな脳部位移植はSFの世界の話だろう。だが視交叉上核は比較的単純であるため、事実上移植可能な希有な脳部位のひとつになっている。多くの脳部位と異なり、視交叉上核はちょっとした隔離構造になっていて——脳のわずかな領域からしか入力を受けない。そしてさらに重要なことに、他の脳領域との通信は、デリケートな軸索を伝う電気信号(これは移植後に再生するのが難しい)の形のほか、ホルモンを直接血流内に放出することでも行う。被移植体の視交叉上核を切除して、ある系統のハムスターから別のへと細胞移植を行ったところ、日の短いハムスターを日の長いハムスターへ、またその逆へと、変身させることに成功した。視交叉上核の概日リズムが身体や脳によって制御されているのではなかったのだ。関係はその逆であって、視交叉上核ニューロン——たかだか一万個やそこらのニューロン小集団——の方が脳を制御する側であって、いつ寝て、いつ起きて、いつ回し車で走り始めるかを指図していたのだ。

時間がわかる細胞

脳を有することは概日リズムを有することの必要条件か？　地球の自転でできる照明と温度の変動を把握したり予期したりするのは大切なので、ほぼすべての生命形態が概日時計を有している。そもそも、世界最初のフリーラン概日時計実験が実施された対象は、*Mimosa pudica* という学名の植物（「オジギソウ」）だった。日中は葉を開いて太陽に晒し、夜間は閉じる。一七二九年、フランスの天文学者ジャン＝ジャック・ドルトゥス・ドゥ・メランは *Mimosa* を暗黒室内に置き、何日間にもわたって外の時間に同期して葉が開閉を繰り返すことを見出した。メラン本人は自分の結果を信じていなかったようだ。メランの時代では、科学の最も困難な課題のひとつは海上で時間を知るということで、植物の分際で生まれつき時計が備わっているなど、当時の科学者にとっては受け入れ難かった。*Mimosa* の「行動」は、温度のような別の信号とか、葉をいつ開きいつ閉じるかを植物に教える何らかの未知の磁場とかに従うのだろう、とメランは考えていた。二百年以上経ってようやく、あらゆる動植物は自前の時計を有し、単一細胞さえも二四時間の周期性をもちうることが科学的に解明された。

　単一細胞での周期性と言っても、水晶振動子（クオーツ）のように物理的に振動するとか、ましてや振り子のように左右に揺れるとかいう意味ではなくて、ここで言う周期性は細胞内部のタンパク質濃度が振動的に上下することである。細胞とは静的な存在ではない。目下の作業内容次第で、細胞内のいろいろなタンパク質の濃度は劇的に変わる。たとえば、腸の内壁を覆う細胞が食事中に消化酵素の産生を徐々に高めるとか、膵臓（すいぞう）の細胞が血中グルコース濃度増加時にインスリン産生に必要なタンパク質の合成を増やすとか。細胞とはまた、外的な刺激次第の単なるスイッチではない。自前の内的なリズムももっているのだ。マウス同様、単一細胞もフリーランしうる。変化のない生化学的環境で一定温度に保たれると、多くの細胞が独自の概日リズムに従い、何らかのタンパク質の濃度が約二四時間周期で上下する。こうした細胞内変動はちょっとした賢い遺伝子操作できちんと可視化できる。ホタルはルシフェラーゼという酵素を作ることで発光する。ルシフェラーゼは適切な基質（ルシフェリンという小さな分子）の存在下で、光子の形でエネルギーを放出する。ルシフェラーゼの遺伝子をさまざまな細胞に仕込む実験が行われてきた。バクテリアからカビから植物から線維芽細胞から、もちろん、視交叉上核ニューロンまで。ルシフェラーゼ遺伝子の転写が、自然状況で概日リズムを呈するタンパク質の制御の下に置かれると、細胞内ルシフェラーゼ濃度も変動することになる。その結果、細胞は文字通り光り、ゆっくりと薄くなっていき、約二四時間後には再びゆっくりと光っていく。

単一バクテリア細胞がどうやって一日の時間を把握するのか？　この問いに答える前に指摘しておくと、同じくらいもっともな問いは実はこうかもしれない。「今何時かなんてバクテリアがなんで知りたがる？」

最初の時計

第7章で扱うことになるが、正確な人工時計が広く使われることなしに、産業革命は不可能だっただろう。工場の組立ラインでは、製造工程での一続きの過程ごとに専門の職人が作業するため、多数の作業従事者の時間的協調が必要だった。けれども、産業革命の少し前に――だいたい十億年前に――進化の過程ですでに工場が生み出され、異なる工程間で時間的協調をとるという問題が解決していた。地球上で最重要の組立ラインとは、光合成である。一連のタンパク質を用いて、太陽光エネルギーを取り込み、グルコースはじめ、安定的でエネルギーをもつ生体分子を作りだすという、生化学的な一続きの過程である。

シアノバクテリアは光合成を行う生物だが、光合成とは日中業務の最たるものだ。労働者が夜通し工場でただ座って何もしないことに対して賃金を支払う工場主がいないように、シアノバクテリアにとっては夜間に光合成用のタンパク質を合成するのはエネルギーの無駄になる。しかし、日の出前にこれらの分子が準備完了で待機していて太陽エネルギーを最大活用できるようにしている方が、生存に有利と思われる。進化の出した答えは、もちろん、日の出を予期する内的な目覚まし時計だった。したがって、概日時計を進化させた駆動力のひとつは、地球の自転で作られる明暗周期に協調して細胞が機能するという高度な適応だったのだ。

今何時かわかる――すなわち、性能のよい概日時計を有する――ということの進化的優位性をうまい形で示したエレガントな実験がある。シアノバクテリアの異種系統同士を競わせる実験だ。図3・2に示したのは、実験で用いた二系統の概日リズムである。ひとつは約二三時間という短い周期、もうひとつは約三〇時間という長い周期をもつ。両系統を同じペトリ皿に入れ、どちらかの系統が最終的にペトリ皿全体を乗っ取るかどうかを調べた。実験の賢い部分は、これを二条件で行ったことだ。ひとつは、照明が一一時間ごとにオンオフすることで人工的な一日が二二時間周期(二三時間の方のシアノ

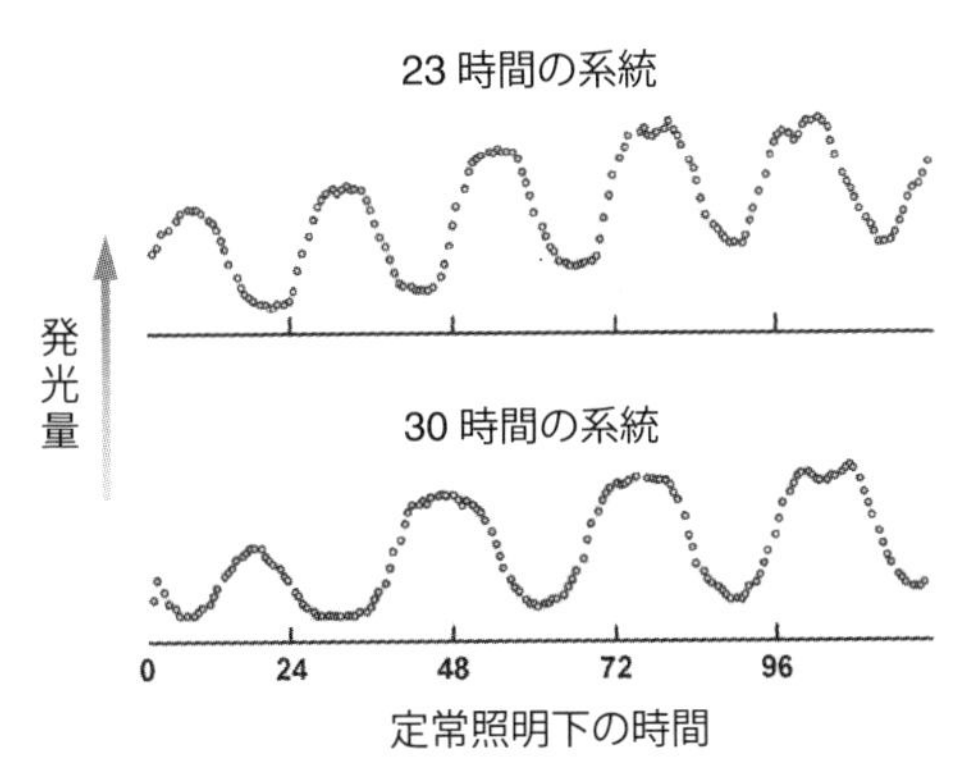

図 3.2　シアノバクテリアの速い概日リズムと遅い概日リズム。 およそ 23 時間と 30 時間の周期をもつシアノバクテリア 2 系統の概日リズム。遺伝子操作が施され、特定のタンパク質濃度に比例した発光量で細胞が発光するようにしてある。これら 2 種を資源争奪させると、22 時間の明暗周期の環境では 23 時間の系統が勝ち、反対に、30 時間の明暗周期下に置くと 30 時間の系統が勝つ。（Johnson et al., 1998 より許可を得て改変）

バクテリアの自発周期に近い）である条件、もうひとつは、一五時間ごとにオンオフして三〇時間周期の一日をシミュレートする条件。一カ月後、二二時間周期に置かれた培養条件では短い周期の系統が優勢であり、一方、三〇時間周期に置かれた培養条件では長い周期の系統が勝者となることがわかった[10]。一日三〇時間の中の二二時間周期や、一日二二時間の中の三〇時間周期だと、常に照明のリズムと一致不一致を繰り返し、照明光からのエネルギー抽出効率が悪かったのだ。したがって、概日時計を有するだけでは不十分で――進化的優位性をもたらすには、時計の周期が環境の自然の周期と共振しなければならないことになる。

光合成を最適化することは単細胞生物が概日時計をもつおかげで得をする理由のひとつだが、もともとの理由ではなかったかもしれない。生命にとって同じくらい根本的なのは、分裂し繁殖する能力である。そして、細胞分裂の鍵となる出来事とはＤＮＡ――生命そのものの設計図が書き込まれている写本――を複製することだ。ＤＮＡの複製は紫外線（ＵＶ）放射でダメージを受け、だから日焼けを何度もすることがヒトの皮膚がんの危険因子となるし、日焼け止め薬のラベルには盛んにＵＶ吸収特性がうたわれている。ＵＶ放射の危険性は、ＵＶ吸収色素のメラニンを豊富に含む皮膚のような保護組織の恩恵を受けない単細胞生物においては非常に厳しい。ＵＶ照明下で分裂する細胞にはＤＮＡが傷つく危険があり、この危険は夜間には薄らぐ。だから、時間生物学者の一部はいわゆる**光の回避**仮説を支持している。概日時計の進化のもともとの駆動力は夜間に細胞が分裂できるようにするためだというのだ[11]。

概日時計の仕掛け

では、最初の問いに返ろう。「どうやって単一細胞は一日の時間を正確に把握するという業をやってのけるのか？」この問いに答える最初の一歩は、一九七〇年代前半、カリフォルニア工科大学でのもの。「アメリカのノーベル生理学・医学賞」とも言われるオールバニ・メディカルセンター賞を後に受賞することになるシーモア・ベンザーと指導学生ロン・コノップカの研究だ[12]。ベンザー研究室ではかの有名なショウジョウバエ *Drosophila melanogaster* の研究をしていた。他のハエ目の昆虫と同様、幼虫として誕生して、サナギとして硬化し、数日後に成虫の形で姿を現す。サナギから抜け出す過程はタイミングがよく計られている。成虫として姿を現す**羽化**は、太陽光で起こる脱水を避けるために、露を帯びた午前の早い時間帯になされる。コノップカは概日時計の遺伝的性質を解明しようと、幼虫から羽化への過程が誤ったタイミングで生じる変異を探した。変異体が三種類見つかった。だいたいランダムなタイミングで羽化するもの、早くに羽化するもの、遅くに羽化するもの。定常暗黒状態に置かれると、これらの変異体の活動パターンは同様に、成虫になっても、一日を通してランダムな時間だけ活動するもの、たった一九時間のフリーラン周期を示すもの、異常に長い二八時間の周期を示すものに分かれた。三種類すべての変異は同じ遺伝子上にあるとコノップカは確信していて、その遺伝子を*Period*と呼んだ。十年以上経って、マイケル・ロスバッシュらの研究グループが*Period*遺伝子の同定と配列決定をなしとげた[13]。その後の研究で、概日時計に重要な多数の追加の遺伝子が同定された——その多くは時間を喚起する名前、たとえば*Clock*、*Cycle*、*Timeless*という名がついている。

これらの遺伝子とその産生タンパク質が、どのように相互作用して頑健で高度に信頼性のある概日時計を生み出すのかについては、詳細はとても複雑だが、通底する一般原理は単純だ。本当に単純なので、この原理が働く様子はトイレのタンクに見てとれる。トイレを流すごとに、タンクの水を補充しながらも溢れないようにするネガティブフィードバックループが動作する。水面が低いと浮玉（バルブにつながった「ボール」）が下がり、プロセス内部の水バルブを開け、水面が上がるにつれ、浮玉は元の位置まで上がってバルブを閉める。もし誰かがわざとタンクに小穴を開けて水がゆっくりと漏れていくようにも仕掛けておくと、浮玉はやがて下に移動して水供給バルブを再び開けて、タンクの水を補充するはずだ。その結果、周期性が生じるだろう。ゆっくり進む水面低下はやがて水バルブを開け、それが水面の上昇をもたらし、それが水供給を止める。その後、水はゆっくりと再び漏れ続け、この過程が繰り返す。そう、自宅のトイレのタンクが深夜に謎の音を出し始めたら、たぶん水洗バルブの漏れの結果としてタンクに周期性が生じてしまっているのだ。

もちろん、概日時計はトイレなんかよりはるかに複雑だが、考え方は同じ。ただ、概日時計の周期を司るメカニズムの呼び名は長ったらしくて、**転写／翻訳自己制御フィードバックループ**と言う。「転写」とは、DNAでコードされている遺伝子がRNAに転写されること、「翻訳」とは、これらRNA鎖がタンパク質に翻訳されること、「自己制御フィードバックループ」とは、これらのタンパク質が自分の合成に携わったまさにその遺伝子のさらなる転写を抑制する（つまり水バルブを閉める）こと。これらのタンパク質のひとつがPeriodで、*Period* 遺伝子で産生する。Period濃度が上昇すると、自分を合成する遺伝子をやがてスイッチオフする。その後、このタンパク質がゆっくり分解するにつれ、*Period* 遺伝子が仕事を再開し、Period濃度が再び上昇する。そう、この周期の長さこそが決め手となるのだ。

概日時計の必要条件としては、約二四時間の周期で単に振動するだけでなく——振動に頑健性がなければならない。一八世紀の時計職人が振り子時計や機械式時計に及ぼす温度の効果をどうすればいいか苦心したように、進化の上でも生化学反応速度が温度によって変わるという問題が克服されなければならなかった。シアノバクテリア、植物、ハエといったような変温性生物がどうやって日ごとや季節ごとの気温変動のある中で約二四時間の周期を維持しているのかは、完全にはわかっていない。しかし、この基本的な転写／翻訳自己制御フィードバックループという装置と相互作用する多数のタンパク質や遺伝子があることはわかっており、そうした付属品のいくつかは温度依存性の補正に寄与していそうだ[14]。

コロラド州フォートコリンズ近くにあるWWVBは、重要なれど退屈極まりないラジオ局。日がな一日、**協定世界時**を北米じゅうの時計——より具体的には、ラジオ電波信号を受信して同期する機能がある時計——へと送信している。視交叉上核も同様の役目がある。概日時計を作り上げる分子機構は哺乳類の大部分の細胞に存在する。したがって、Periodタンパク質濃度は視交叉上核でだけでなく、身体の大部分の細胞にわたって絶えず振動している[15]。視交叉上核の役目は、すべての細胞が同期を保つようにすることだ。

日中、視交叉上核ニューロンは活動を徐々に高め、神経系の下流領域に信号を送っている[16]。これらのニューロン群の神経活動レベルが、身体がすっかり目覚めているか眠気があるかに間接的につながり、一日の中の何時か——少なくとも、視交叉上核の思うところの何時か——についての情報をもたらす較正（こうせい）信号として働く。体内の大部分の細胞と同様、頭蓋の奥底で視交叉上核ニューロンは常闇に暮らす。このことから次の問いが立つ。「どうやって視交叉上核に外界の正しい時間——すなわち、昼なのか夜なのか——がわかるのか？」

時間生物学の専門用語では、視交叉上核は外界の手がかりである**時間同調因子**（ツァイトゲーバー）（時間を与えるもの）によって**同調**されなくてはならない。日光は、もちろん最重要の時間同調因子だ。視交叉上核が左右の視神経の交叉位置にあるのは偶然ではない。この場所は、頭蓋の外が明るいのか暗いのかについての生データを受容するうえで最適だ。この情報のおかげで概日時計の同調ができ、身体の内的リズムを地球の自転周期にぴったり揃えられる。しかし、同調は、言うは易く行うは難しだ。

子午線をまたぐ旅行で心身もうろう状態を耐えた人ならわかるように、概日時計をリセットするのは難しい。ロサンゼルスからロンドンへの移動後に視交叉上核を同調し直すには数日もかかる――大ざっぱには、概日時計の針を進めるには一時間につき一日はかかる。対して、腕時計は瞬時にリセットして現地タイムゾーンに合わせることができる。この違いは人工時計と概日時計の設計原理がまったく異なることを反映している。大部分の腕時計の水晶振動子の振動数は三万二七六八ヘルツなので、一時間とは単にこの振動の拍数を三二七六八×六〇×六〇回だけ数え上げるということである。ロンドン到着時に腕時計をリセットするには、振動子自身の刻みをいじくる必要はなく、時針（あるいはデジタル数字）を進めて現在の数え上げ合計の数字を単に変更するということでよく――ただ形の上でのことだ。まったく対照的に、概日時計の振り子は一往復に一日ぶんかかるため、それをリセットするのにははるかに繊細な作業を要し、揺れている最中の振り子を進めるのに似て、実際の振動子をいじくり回す必要がある。ここで「揺れている」とは、細胞内の概日タンパク質濃度の上下のことを指す。細胞内の概日タンパク質濃度を瞬時にリセットするのはまず不可能だ。砂時計を半分のところで瞬時にリセットするのが不可能なように。

赤道では、一時間のタイムゾーン（経度一五度ぶん）は約一六〇〇キロメートルの距離に相当する。だから、ロサンゼルスからロンドンまでと等価な八個のタイムゾーンを一二時間かけて横切るには、平均時速一〇〇〇キロメートル以上で飛ぶ必要がある――いかなる動物の走る、泳ぐ、飛ぶ速さよりはるかに速い。したがって、時差ぼけとは典型的な現代病であり、観光客が不機嫌になったり研究者が国際学会でもうろうとしたりすることのみならず、旅客機パイロットとか軍人とか外交官とかのまずい意思決定の原因にもなる。しかし、すべての時差ぼけが等しく生じるわけではない。東への移動の方が西への移動よりも調整が有意に難しいのだ。東への移動は概日時計の位相前進を要する――ロサンゼルスからニューヨークの移動のときは腕時計を三時間進めないといけない――のに対し、西への移動では位相後退を要する。西海岸から東海岸への移動は早寝するようなもので、東海岸から西海岸への移動は夜更かしするようなもの――そして大部分の人にとっては夜更かしするより早寝する方が難しい。この直観的な見方の通り、東への移動の方が時差ぼけがきついのは、概日時計は位相後退に比べて位相前進の方がしづらいからだ。ただ、なぜそうなのかのメカニズムはよくわかっていない。

東方向の時差ぼけの方がきついのはマウスも同じのようだ。老齢マウスを慢性的な東方向の時差ぼけのシミュレーション、つまり明暗周期を週に六時間ずつ前進させる環境下に置くと、明暗周期を六時間ずつ後退（西方向の移動のシミュレーション）させたマウスに比べ、八週間後の死亡率が有意に高い[17]。

時計との闘い

読者諸賢は、早寝早起き「朝型のヒバリ」、はたまた遅寝遅起き「夜型のフクロウ」タイプだろうか？　こうした鳥を引き合いに出した言い回しは異なる**クロノタイプ**のことを指す。いつ就寝するのを好むか、いつ最も注意力が高いと感じるか、いつ運動することが多いか、などの回答からヒバリかフクロウかを判別する診断基準質問紙がある。異なるクロノタイプは、生まれつきの、また環境や年齢に影響される、個人差を反映している。しかし、ヒバリかフクロウかのいずれの素因をもって生まれたにせよ、大部分の人はさまざまに異なる就業シフトに――いやいやながらも――順応できる。ところが中には、午後八時に睡魔が襲うのをいかんともし難く、正常な社会活動や業務ができない人がいる。こうした人は、概日リズム睡眠障害をもつと言われる。一九九〇年代後期、極端な朝型ヒバリの人だらけの家系を五世代にわたって調べた研究から、こうした障害の一部には遺伝的基盤があることがわかった。その家系の少なくともひとり――一八日間のフリーラン隔離実験を受けるのを承諾した人――は、標準的な人が二四時間強であるのに対し、睡眠覚醒周期が二三時間弱であることを示した。二〇〇一年、**家族性睡眠相前進症候群**に関連する遺伝子変異が同定された。ハエ目と齧歯類での何十年もの基礎研究をどんぴしゃり裏づけるもので、ヒトの概日リズムの障害に関連して最初に同定されたこの遺伝子は、ベンザーとコノップカが一九七〇年代にショウジョウバエの概日リズムの決め手としたものと同じだとわかった。あの *Period* 遺伝子である[18]。

家族性睡眠相前進症候群の人は、二三時間の時計を携えて二四時間の世界で暮らしている。絶え間なく自分自身の内的な時計と闘っているのだ。でも、*Period* 遺伝子の変異がなくとも、似たような意味での時計との闘いはほかにもある。年中無休の現代社会では、総労働人口中無視できない割合の人々がシフト勤務をしている。工場労働者、操縦士、看護師、医師、警察官など、夜間に働き、日中には努めて眠っておくという職種だ。シフト勤務従事者の睡眠覚醒周期は身体の自発的リズムと一般に同期していない。問題をさらに複雑化することに、大方のシフト勤務従事者は絶えず自分の周期の調整作業を続けている。週の労働日の間は夜行性でありながら、休日には昼行性になるからだ。予想に違わず、シフト勤務は潰瘍、心血管疾患、二型糖尿病など、数多くの健康問題の危険因子である。こうした問題の生じる原因は完全に解明されてはいないが、内的な生理的周期と外的な刺激とのミスマッチの結果が一因となっている。たとえばインスリンのようなホルモンは一般に、通常の食事の時間を予期するかのように増加する。身体が食物摂取を期待する時間と、実際の食物摂取がなされる時間との慢性的なミスマッチが糖尿病の一因となるようだ[19]。たとえば動物研究では、膵臓の概日時計を遺伝的に欠失させる——一方、視交叉上核その他の器官の時計はそのままにする——と、マウスで糖尿病の発症率が増加することが示されている。このことから、身体内部にある多くの概日時計間の協調が健康な生理機能にとって重要であると示唆される[20]。

自身の自発的リズムと違う世界に暮らすことの有害性はこのように枚挙にいとまがなく、以下の問いが立つ。「永遠に合わない時計があるよりは、時計がまったくない方がましなのでは？」驚くべきことに、答えはイエスかもしれない。先に述べた通り、概日時計の変異ハムスターは二四時間より有意に短いあるいは長いフリーラン周期をもちうる。そうした変異系統のひとつには、内在性の概日周期が二二時間になったものがある。野生型マウスに比べ、こうした変異体は二四時間の世界に暮らす際には寿命が短い。こうした動物の視交叉上核を切除すると、実際、寿命が延びた。脳内に有害無益な仕事をしているらしい場所があることを示す面白い例だ[21]。

生理機能を正確な時間に生じさせたり日の出や食事時間を予期したりする能力は貴重な適応力と言えるが、概日時計が外界の周期と共振しなければ、時計なんてない方がましと言えるほどその効果は絶大である。遠い未来に人類は他の惑星にコロニーを作るかもしれず、それがどんな生存可能惑星だったにせよ、我々自身の概日時計と共振するような自転周期であることはほぼありそうにない。たとえば、火星はそこそこ近い二四時間三九分の自転周期をもつが、水星での一「日」は地球時間での五八日超である。したがって、そんな時代が来たらそのときは、自分自身の時計と闘い続けずに済む最良の方法は、その時計を完全にスイッチオフしてしまうこととなるやもしれない。

多重時計原理

アメリカ国立標準技術研究所の原子時計は、比類ない精度であるからばかりでなく、さまざまな時間スケール――ナノ秒から年のオーダーまで――にわたって時間を把握するのに用いられるという点でも、目を見張るようなデバイスだ。視交叉上核内部の概日時計は異なる時間スケールにわたって時間がわかるのだろうか？　二分音符と全音符を区別する能力、喫茶店で注文したものが来るのに時間がかかり過ぎているか判断する能力、女性の二八日生殖周期を制御する能力すべてにわたる責任中枢なのか？

この問いに答えようという初期のアプローチのひとつは、フリーラン隔離実験で生じた概日周期の変容が、それよりも短い時間間隔の計時能力に変容を来すのか調べるというものだった。ある実験では、実験参加者は一時間経過したと思ったたびにボタンを押すように頼まれた。一六時間の覚醒期間中、ひとりの被験者は一時間を約二時間ぶんと推定し、四四時間の覚醒期間中では、同じ人が今度は一時間を三・五時間近くと推定した。全体として、個人の概日周期の長さと一時間という時間間隔の推定との間には相関があった。このことから概日時計が、たとえば音楽の拍子や交通信号の点灯などの短い時間間隔を含むあらゆる時間間隔の認知を引き受けると考えたくなるかもしれない。しかし、そういうわけではない。一〇～一二〇秒の範囲の時間長でボタン押しをしてもらうと、個々人の睡眠覚醒周期の長さとの有意な関係はなかった。概日周期と数秒～数分スケールの時間判断との間に関係性がないことは、異なる時間スケールの時間がわかるために用いられるそれぞれ独自の回路の存在を示す多数の研究知見と一貫している[22]。たとえば、齧歯類の実験でわかったことだが、概日時計に変容を来す遺伝子変異や視交叉上核の切除では、数秒の時間スケールの事象での計時能力は影響されない[23]。（次章で、どれだけの時間が経過したと動物が思っているかを調べる科学的方法を見ていく。）

　概日時計で時間がわかる仕組みを理解すれば、秒オーダーの時間スケールで時間がわかる能力に概日時計が寄与しないのも納得できる。概日時計の部品構成と動作原理からして、短い時間間隔の計時は不可能なのだ。別の言い方をすれば、概日時計には分針はなく、ましてや秒針などもない。転写／翻訳フィードバックループは端的に低速過ぎるため、赤信号がもうじき変わるかどうか判断しようというときには使い物にならない。だからといって、概日時計は他の時間スケールの計時に影響しえないということにはならない。影響しうるが、しかしそれは単に、概日リズムが学習、記憶、反応時間、注意をはじめほぼあらゆる生理的、認知的な機能に間接的に影響するからであって――だから、時差ぼけの操縦士にジェット機を操ってもらったり睡眠不足のトラック運転手に高速道路上で走行してもらったりするのは避けたい[24]。

　もっと長い時間間隔についてはどうか？　概日時計は、より遅いリズム――いわゆる**インフラディアンリズム**――の計時には寄与するのか？　月は約二九・五日周期で地球を周回する。歴史的に、この周期は人類の文化に深い刻印を残している。現代西洋のグレゴリー暦をはじめ大方の暦体系は、一年にわたって満月が一二回程度現れることに基づいている。語源学的には、単語「month（暦の月）」は「moon（天体の月）」に由来する。満ち欠けの月相が人間の生理状態に何らか影響するという仮説は昔からあった。たとえば、月のラテン語に由来する「lunacy（心神喪失）」という語が示唆するように、満月は人を正気でなくさせることがあると信じられていた。現代の学者の見解によれば、満月の光を引き金にした睡眠パターンの変化がきっかけで、てんかんや双極性障害を持病にもつ人々が一線を越えてしまうために生じる関係性だった可能性がある。また、ヒト月経周期が太陰月に非常に近いという事実は、月がヒト生殖に何らかの役割をもつ可能性をうかがわせるが、これは単なる偶然のようで、霊長類の他種の月経周期はこれよりも有意に短かったり長かったりする。だから、月光が睡眠や社会活動に変化を与えうるという当然の事実以上には、月相がヒトの生理状態に直接の作用を及ぼす証拠はほぼない[25]。

しかし、月は多くの動物の生理状態に重要な影響力をもつ。代表的なところでは、海生無脊椎動物のいくつかの種は月の周期に同期した発達や生殖行動をする。自然環境では月が夜間の主たる光源であり、満月の状態では捕食動物の方で餌動物の可視性が高まるため、動物によっては生活環のうちの最も脆弱（ぜいじゃく）な相が、満月からずれた時点で起こるのだ。生殖を個体間で同期するのに月相を用いる動物もある。体内受精する動物種では、有性生殖は雌雄が同じ場所に同じ時間に存在することを必要条件とする。体外受精する動物種ではこれは必要条件というほどではないが、それでも雌雄の放卵、放精はだいたい同じ時間であることが重要である。ミミズの近縁種で身体が複数体節に分かれた無脊椎動物である海生環形動物は、繁殖期に月相を同期信号に用いることで、卵と精子の出会う確率を最大化させる。この同期的産卵により、場合によっては何百万もの個体が同時期に浮上してくる結果となり、文化によってはこれをきっかけに饗宴行事が営まれる。実際、インドネシア諸島の土着民族によっては、海生環形動物の放卵をもって新年の祭礼行事を開始する[26]。

海生環形動物に内的な概月時計があることは、概日時計のフリーラン実験と同じことを概月でやってみればわかる。概月時計は最初に、日光でなく、月光（実験室環境では夜間に数時間の微弱照明への暴露）によって同調させておく。すると、同調期間後に定常的な昼夜周期に置かれたとしても、依然として三〇日の生殖周期を示すのである。動物がこの三〇日周期を保つのはどのような仕組みによるのか？ 自分のもつ概日時計を一日周期の振り子として利用し、三〇周期ぶん数え上げるのか？ そうだとしたら、概日時計を妨害してしまえば生殖周期のタイミングも変容することになる。しかしそうはならない。概日リズムを変容させる薬物を投与しても、依然として三〇日の概月周期は保持された[27]。多重時計原理を支持するさらなる証拠である。

これまで見てきた通り、体内、脳内の計時デバイスは人工時計とは異なっている。日常生活では、同じ腕時計でミリ秒、秒、分、日、月がわかる。対照的に、多重時計原理によれば、脳内にはこれらの時間単位がわかるためにそれぞれ異なるメカニズムがあるという。

照明、温度、食物の有無、そうしたものの日々の変化を予期することは最重要なため、バクテリアからホモ・サピエンスに至るまでほぼあらゆる生命体が、高品質の概日時計を有している。けれども、概

日時計は交通信号の時間長を計るのには不向きだ。日時計が百メートル短距離走の計時に不向きであるように——応用の利かない時計なのである。

概日時計の刻む時間は一日のうち何時かを知る用途に限定されているのみならず、意識的アクセスから隠されてもいる。確かに、視交叉上核内部の特定のタンパク質濃度に依存して、覚醒感や疲労感は生じるが、真昼の太陽の熱を「感じる」ような意味で今何時かを「感じる」ことはない。かたや、我々は主観的に時間の流れを感じ、展開しゆく事象の時間長についても非常に意識的である。明らかに——次章で見ていくように——脳は時間の流れを判断するための他の方法をもっている。時間を受動的に測定することを超えて、時間の流れの主観的感覚をどうにかして生成する方法を。

4:00

シックス・センス

三八年ほど前の話、ペンシルベニア州のとある道路で、後部座席で寝てたんです。目が覚めると、運転してたやつも眠ってて、クルマが道から逸れていってて、助手席のやつが、ごくゆっくりと手を伸ばして、と思えたんですが、それでハンドルをつかんで力の限り引き戻したんです。心ではわかってました、車内の様子がね、いろんなひどい音が飛び交ってたはずで、みんな口をあんぐり開けてて、でも音の記憶はないんです、それでハンドルを引いたんでクルマは右に逸れてって、ごくゆっくりとガードレールに当たって、クルマが宙を舞って、人生が今変わりつつあるっていう直感。一秒か二秒ほどだったに違いないことの記憶が、心の中では永遠のように思われるんです。病院で目覚めて、歩くことが生涯無理とわかりました。

——ジョン・ホッケンベリー［1］

生命を脅かす状況の中では、主観的な時間感覚は大幅に変容して、まるでスローモーション・モードに切り替わったかのようになることがある。この**スローモーション効果**の初期の研究報告はスイスの地質学者アルベルト・ハイムによって一八九二年に出された。深刻な滑落をはじめあわや死亡事故といった体験をしたスイス山岳会会員からの記述を集めたのだ。全体の九五％が、ハイムが以下に要約したような体験を報告している。「顕著な心的敏捷性、確信の感覚であった。心的活動が莫大となり、百倍の速度ないし強度に上がり［……］時間は大きく拡張した。電光石火の素早さで、自分の置かれた状況の正確な判断に沿って行動した。多くの場合、その人の過去全体の突然の振り返りを直後に伴った」[2]。

人間を対象とする実験では、生命を脅かす状況に人を置くのにいい顔をしない倫理委員会の手前、スローモーション効果のきちんとした裏づけや吟味は行いにくい。しかし何件かの研究では、地震の体験、怖いビデオの視聴、高所から安全ネットへの飛び降り、スカイダイビングなど、非常に感情的なし恐ろしい出来事の時間長を推定してもらっている[3]。大枠においてこれらの研究では人が出来事の時間長を一般に過大推定することが確認され、外的事象がゆっくりと展開していくという報告と一貫している（動画をスローモーションで視聴すると、等倍速スピードで視聴するよりも時間がかかる）。

けれども、感情的な出来事の時間長を過大推定することそれ自体は、さほど驚くべきことではない。まったく無害な状況であっても時間経過を過大推定するという事例は無数に判明しているからだ[4]。そう、我々の主観的な時間感覚は実際のところ、とても不正確なのである。「見ている鍋は沸かない」とか「楽しい時間は早く過ぎる」というのは言い得て妙で、我々の主観的な時間感覚がゆがむ状況は実際無数にある。とても退屈な講義を我慢しているとか、駐機場で機体修理を待っているとかいったようなときは、**クロノスタシス**の感覚が生まれる——時間が止まっているかのような感覚だ。正反対に、読書に夢中になっているとか、大好きな趣味に没頭しているとか、コンピュータプログラムを書くなどの複雑な課題に集中しているとかだと、時間は心から消え去り、ある瞬間から別の瞬間へと魔法のように飛んでその間は一切何もない。

客観的な時計的時間と我々の主観的な時間感覚との関係は？　なぜ、生命を脅かす状況では時間が遅く感じるのか？　時間がささっと過ぎ去るとかだらだら続くとか表現するとき、脳内では何が起こっているのか？　こうした問題にあたる前に、ふたつの異なる種類の計時をまず区別しなければならない。

展望的計時と回顧的計時

時間を知るというのは双方向性の問題である。マラソンのスタートでストップウォッチをスタートすれば、選手がどれだけの時間走っているのかの連続的な測定値が手に入る。だが、選手がスタート地点でレース開始を待つのにどれだけの時間を費やしたか、ましてや選手がいつ起床したかなどについては、ストップウォッチは何の情報ももたらさない。ストップウォッチをスタートするのは**展望的計時**、つまり現在から未来への時間の流れを計ることの一例である。これに対して、部屋に入り、ちょうどそのとき砂時計のくびれを最後の砂が通過したのを見れば、過去の出来事からどれだけの時間が経過したのかについて何らか推定することができる。一時間前に誰かが砂時計をひっくり返したんだ。しかし自分が再び砂時計をひっくり返さない限り、自分が部屋に入ってからどれだけ時間が経ったのかについて砂時計は何の情報ももたらさない。これは**回顧的計時**、つまり過去の何らかの時刻から現在までの時間経過を推定することの一例である。

一日中、人間は展望的計時と回顧的計時をひっきりなしに続けている。時間長の推定能力に頼っていると思えるふたつのシナリオを考えてみよう。第一のシナリオでは、パーティー会場で友人のエイミーとバートと一緒におしゃべりをしている。エイミーから、行くところがあるので五分経ったら教えてほしいと頼まれる。第二のシナリオでは、エイミーがあいさつして退出し、五分後にバートが「エイミーが出てったのはどれくらい前かな？」と聞く。どちらの場合も経過時間長を推定せよという要求だが、どちらの場合も脳では同一メカニズムを用いて計時が行われるのだろうか？　ノーだ。こと脳にとっては、これらふたつの計時課題は根本的に異なる。ひとつめの場合は、計時課題を行うことを前もって知っていて、仮想的なストップウォッチを時刻ゼロでスタートして、およそ五分が経過するまで時間の流れを見張る。しかしふたつめの場合――エイミーが出てったのはどれくらい前かとバートが尋ねる場合――は、いつスタートするべきかを知らされていなかったがゆえに、ストップウォッチは使いものにならない。脳の計時回路を用いるという点では、展望的計時こそが真の時間課題である。対して、回顧的計時はある意味では時間課題でないとも言え、記憶に保持している出来事を再構成することで時間経過を推定する作業である。

展望的計時と回顧的計時をはっきり区別することで、主観的な時間感覚についての謎のいくらかは説明できる。たとえば、ホリデー・パラドックスと呼ばれたりする現象[5]。休暇でギリシャ旅行に出かけるときに飛行機の遅延で五時間待たされるとすると、その間の展開は永遠にも思われるのに対して、アテネ観光の楽しい一日は早く過ぎる。ところが一週間後には、空港でのあの遅延は時間的にたった一閃となり、アテネでの忙しくも楽しさいっぱいだった一日はやけに拡張して思い起こされる。

このホリデー・パラドックスは我々の現代的でペースが速く移動も高速であるようなライフスタイルの生み出した代物というわけでもない。ウィリアム・ジェームズは一八九〇年に書いている。「一般に、変化に富み面白い体験に満たされた時間は、過ぎていく最中は短く感じ、振り返るならば長く感じる。一方で、体験の一切ないときの時間というものは過ぎていく最中は長く感じ、振り返ってみれば短い。一週間の旅行と観光は記憶の中では三週間に匹敵する角度を占めるかのように感じられ、病中の一カ月というものは一日ばかりのぶんの記憶にしかならない」[6]。

面白くて夢中でしている活動は、それが展開する最中は、早く過ぎるように思える。その理由のひとつは、時間のことが頭にないからだ。だから二千五百年前にできたパルテノン神殿の初めての観光は早く過ぎたりするが、アトランタ空港での五時間待ちでは時間はだらだら続き、絶えず腕時計を見ながら「いったいあとどれだけかかるんだろう?」と自問を繰り返すことになる。回顧的計時では、こうした活動の時間長は記憶に保持されている出来事の数を参考にして推定する。そして、新奇で自分にとって意味のある出来事の方がはるかによく憶えやすいために、パルテノン神殿の方が、アトランタ空港のトイレを初めて訪れた経験よりも、記憶バンクのスロットを勝ち取る可能性が高い[7]。

記憶と回顧的計時との親密な関係を如実に表すのが、イギリスの音楽学者クライヴ・ウェアリングの事例。深刻な脳内感染後、新たな長期記憶を生み出すことに重篤な障害を負った。脳機能の多くは（演奏や指揮の能力も）健常に保たれていたものの、しばらくは一日の多くをこんな日記をつけることで費やした。まず「今や本当に完璧に目が覚めた」と書いては、後になって取り消し線を引き、ただ「今や完全に眠りから覚めた――初めて」と書く。新たな記憶を形成する能力がないため、不変なる現在の無限ループの中に幽閉されているかのようだった。自分がどこにいるのか、どうやってそこに来たのか見当がつかず、頭ででっちあげられる唯一の解釈が、永遠に眠りから覚めたばかり、となる。何分前、何時間前に何が起こったかの記憶がほとんどないから、いつ目覚めたのかという回顧的な見当がつかないのだ。

時間の圧縮と伸長

数秒のスケールでは、展望的計時と回顧的計時の違いは簡単に調べられ、実験室での操作もできる。人の時間知覚をこっそり変えてしまう最も一般的な方法として、行っている課題の**認知負荷**を変えるというものがある。認知負荷とは、課題がどれくらい易しいか難しいかを表すもったいぶった専門用語。初期のそうした実験の一例では、被験者にシャッフルしたトランプ札が与えられた。ひとつ目の被験者群は、札を表にして同じ一山に重ねるよう言われ（低認知負荷）、ふたつ目の被験者群は、札を記号別に四つの山に分けた（高認知負荷）。全被験者が、札を配るのに四二秒与えられた。札を配っていた時間長を後で推定して口頭で答えてもらうことを被験者があらかじめ知っていた場合（展望的計時条件）、一山条件では答えは平均五三秒、記号別条件では三一秒となった。これに対して、時間長を後で推定してもらうことを被験者が知らなかった場合（回顧的計時条件）、それぞれの答えは二八秒と三三秒になった。幾多の後続研究で、展望的計時は認知負荷によって強く変調することが示された。課題が複雑だったり困難だったりすればするほど、課題の遂行に費やしたとする時間長の推定値は短くなる（五三秒に対して三一秒）。正反対のことが回顧的計時では起こりうる。認知負荷が高いほど、課題は長く感じたりする（二八秒に対して三三秒）。ただ、回顧的計時は展望的計時ほどは認知負荷によって強い変調を受けない[8]。

展望的計時と回顧的計時の違いというのは、言い尽くせないほど重要である。たとえば先ほどのトランプ研究の低認知負荷条件では、被験者はまったく同じこと（札を一山に重ねていく）を、まったく同じ時間長で行っていた。それなのに、展望的計時と回顧的計時の推定値はそれぞれ五三秒と二八秒だったのだ。展望的計時と回顧的計時の時間推定値の大きな違い、およびそれらが認知負荷に影響される様子を示した研究は、経過時間の判断がどのくらい不正確で信頼のおけないものかも同時に示している。我々の主観的な時間感覚は非常に多くの外的要因や内的要因に影響されるため、同じ時間長が文脈によって二倍も違って感じられることも容易にある。店での列や、銀行での列や、受話器を耳に当てて待つ間の時間は二五～一〇〇％も過大推定しがちだとした研究結果がある。そう、カスタマーサービスをお待ちいただいている間、受話器越しにイージーリスニングを聴かされているのには理由があって、待ち時間中に音楽を聴いていると経過時間を短く報告すると示唆する研究がある[9]。

時間推定のゆがみについての大方の実験研究は、数百ミリ秒から数秒のスケールを対象にしている。典型的には、実験参加者はコンピュータの前に座り、画像や音の時間長について判断をする。認知神経科学者のヴィルジニー・ファン・ワッセンホフらの行った研究では、静止した円形の画像が、**標準刺激**として、画面上に五〇〇ミリ秒（〇・五秒）提示された。その後、同じ円形刺激がもう一度、さっきより短いあるいは長い時間長で提示された。被験者はこの**比較刺激**が標準刺激に比べて長いか短いかを、ふたつのキーのうちひとつを押して回答するよう求められた。この条件では、被験者は通常まずまずの正確度でできる――すなわち、比較刺激が四五〇ミリ秒であれば五〇〇ミリ秒の円形よりも短いと正しく報告できることが多かったし、五五〇ミリ秒であれば、標準刺激よりも長いと報告することが多かった。なので、比較刺激の知覚される時間長はまずまず正確だった。しかし比較刺激の方を、拡大する円形——サイズがだんだん大きくなっていくもの——にして、標準刺激を静止刺激のままにすると、一種のクロノスタシスないし時間伸長の錯覚が生じる。拡大する円形は静止刺激よりも時間が長いと知覚されるのだ。四五〇ミリ秒の拡大円形が五〇〇ミリ秒の静止円形と同じ時間長に知覚されるという具合に[10]。

さらにたくさんの物理特徴によっても、一秒内外のスケールの時間知覚は変容されうる。たとえば、聴覚刺激は視覚刺激に比べて時間が長く知覚されることが多い。数量も時間判断に影響しうる。数例の研究によれば、同じ時間長で提示されても数字の「9」の方が数字の「1」よりも時間が長いと判断されることさえある。また、慣れていたり予想通りの刺激よりも、新奇だったり予想外だったりする刺激の方が時間が長く知覚される[11]。

時間の感覚がたやすくゆがむことの最もなじみ深い例のひとつが、**止まった時計**の錯覚。秒針が一秒ごとにかちりと進む昔ながらのアナログ時計に視線を移したときにこの錯覚を体験したことがあるかもしれない。視線を時計に移動したときに「おや、時計が止まったか」と自問し、でもその自問をするかしないかのうちに、そうじゃないんだ、秒針はやっぱり動いてると気づいたというやつだ。止まった時計の錯覚が生じるのは、秒針の動きの一時停止が、脳の考える一秒の長さなるものよりも長いと感じるからだ。この錯覚の原因は、一秒以下という短いスケールでは自分自身の動作、この場合は視線の移動が、時間の感覚をゆがめうるという事実にあるようだ[12]。あたかも、注意を移動する際、脳内の何らかの内的タイマーが少し速いテンポで拍子を刻むようになり、同じ時間で累積する拍数が多くなって、

図 4.1 (Paul Noth/The New Yorker Collection/The Cartoon Bank)

経過時間の過大推定につながるかのようである。止まった時計の錯覚やその他の時間錯覚からわかるのは、我々の主観的な時間感覚はまさに文字通りに主観的で――客観的ではないということである。

時間薬理学

図4・1の漫画に取り上げられているように、時間の感覚への向精神薬の影響はときに絶大だ。やはりと言うべきか、この事実にもウィリアム・ジェームズはしっかり注意を向けていて、個人的体験を通して言及している。「ハシッシュ摂取中であると、見かけの時間的展望の奇妙な増大が起こる。一文を発話する際、文末に至る手前ですでに文頭は無限の昔にあるように感じられる」[13]。実際、マリファナを吸引すると時間がゆっくりになったように感じるとよく報告される。こんな逸話がある。ヒッピーがふたり、マリファナでハイになって、ゴールデンゲート公園で座っていたところ、ジェット

機が轟音を立てて頭上を飛びすさる。ひとりがもうひとりに言う。「なあ、あいつはずっといるのかと思ったぜ」[14]。

ここでしばし注意すべきは、時間が遅くなるとか飛び去るとかだらだら続くとか伸長するとか速くなるとか、こうした言明はえてしてとても混乱を招くということだ[15]――うっかりその意味を束の間熟考してしまったときは特に。「時間が飛び去っていった」というフレーズを見てみよう。これは、壁の時計の進みが速く感じるという意味か遅く感じるという意味か？ 誰かが「時間が飛び去っていきました」と訴えたとして、それは、客観的な時計的時間の所定の時間窓の中での仕事の進捗が少ないという意味か、多いという意味か？ 時間が速くなるとか飛び去っていくとかいう言明にはもともと曖昧性がある。遅い、速いというのは相対的な形容詞である。したがって、何かが自分の右にある、左にあると言うのと同じように、参照点を与えなくてはいけない。時間のゆがみについて語るときには、仮想的な内部時計との関係で言って外的な時間が変わるという意味であるのが通例だ。この仮想上の内部時計が、ミリ秒、秒、分のオーダーの展望的計時判断を司るとしてみよう。この時計は毎秒一〇拍の割合で刻むとする。そうすると、脅威や薬物への反応としてこの時計が毎秒二〇拍にスピードアップしたなら、結果としては、五秒につき、感じ方としては一〇秒が経過した印象になる。こうした内部時計のスピードアップは通常、「時間が遅くなる」「だらだら続く」「伸長する」と記述されることになる。人間は自己中心的なもので、自分の内部時計を参照として用いており、外的な時間が遅くなったことにするからだ。この説明はもちろん、どの時計を参照に選ぶか次第で変わる。内部時計が外部時計より速く進んでいるのだから、時間が速くなったとも主張できる。しかし、好むと好まざるによらず慣習的に、時間が速くなったとか遅くなったとかいう言明は、仮想的な内部時計との関係で言うところの外的な時間の見かけ上の速さを指す――実際に遅くなったり速くなったりをしているのは明らかに内部時計の側なのだが。各種のメディア、一般書、科学記事で、時間が速くなっていると本来言いたいのに、誤って時間が遅くなっていると書かれてしまっていることがままある。図4・1の漫画を考えてみよう。ハシッシュやマリファナの薬効成分であるＴＨＣが、外的な時間が遅くなったりだらだら続いたりという知覚を(ウィリアム・ジェームズの観察や実験事実と一貫して)生み出している――これは内部時計が速くなっていることと等価である――のなら、図のカウボーイは時計が正午より前であると気づくべきではないか？　もっと一般化して重要点を指摘するなら、どれくらい速くまたは遅く時間が過ぎているのかの感じ方は、何秒、何分が経過したかを数字で表すという課題での推定値と等価である必然性はない(同じ自分が、歯医者で治療にかかっていたのが五分だったと推定しながら、一時間のように感じられたと訴えることもある)[16]。

チクタクと時を刻んでいる時計のような文字通りのイメージでとらえるべきではないにせよ、内部時計は時間知覚について考える際の非常に有用なメタファーとなってくれる。実際、薬理学研究ではよく、時間のゆがみを内部時計の速さの変化という文脈で解釈する。たとえば、ヒトを対象とする多数の実験研究で、マリファナの影響下で時間が遅くなるという逸話的報告を支持する証拠が出されており、こうした結果は内部時計が速まったとして解釈することができる。初期のある研究では、被験者はただ、開始信号が出てから六〇秒が経過したと思ったら実験者に告げるよう求められた。ＴＨＣの経口投与後、被験者はベースライン条件よりも有意に早い時刻にこれを告げるようになった。ＴＨＣが体内に取り込まれていると、被験者は平均四二秒経ったときに一分経過と報告した。かたやベースライン条件では、実際の六〇秒にとても近い推定となっていた[17]。薬の作用で、内部時計が速く進んでいるかのよう――客観的に四二秒しか経っていないときに六〇秒のカウントに達したかのよう――だった（推定値が短いのは一分を「時間産生」するよう求められたから、ということに注意。実際の一分の長さを示してそれがどれくらいの長さだったか推定してもらったとしたら、時計が速く進むとすれば過大推定となるはずだ）。

薬物が時間の感覚に影響するのは動物にとっても同様だ。と言ったところでふと疑問。どれだけの時間が経過したと思っているかを動物にどうやって尋ねるのか？　ラットやマウスは食物を得るためにレバーを押すことをすぐに学習できる。このオペラント条件づけの基本形態のひとつ、**定間隔強化スケジュール**では、光の点灯といった手がかりが一試行の始まり（すなわち、時刻ゼロ）の合図となる。試行開始後、ラットはレバーを自由に押してよいが、試行開始後、一定の時間間隔だけ経ってから初めてのレバー押しに対してのみ食物報酬を得る。ラットは訓練を受けたその一定間隔に応じた時間にレバー押しを始めるのを学習するようになる。というわけで、訓練時に用いた一定間隔が一〇秒だったら、その一定間隔である一〇秒近辺にラットがレバーを押す確率が高まる。また、一〇秒間隔で訓練されたラットは三〇秒間隔で訓練されたラットよりも前にレバーを押すだろう。これは、齧歯類その他の動物が数秒範囲において展望的に時間経過を追えるという能力を示す多数の方法のひとつである。では、この課題を学習（数週間の訓練を要する）した後にラットがハイになったらどうなるか？　ある実験では、ラットが三〇秒の一定間隔で訓練された後、レバー押し時間のピークは約三四秒（薬物なし）だったのに対して、ＴＨＣ投与時には約二九秒へと減少した（面白いことに、この研究ではＴＨＣ作用中に、ある意味でより正確度が増したことになる)。この結果は、大麻の影響下では仮想的な内部時計の進みが速くなるため時間が遅くなったように感じるというヒトでの報告と合っている。ただ、大麻の薬効成分カンナビノイドの場合は特に、このような計時への薬物誘導効果は常に再現されるわけではない[18]。

動物における計時への時間薬理学的効果に関して盛んに行われている研究に、脳のドーパミン系を操作するものがある。ドーパミンは重要な神経伝達物質であるとともに、多くの脳内プロセスの調節因子になっている。有名なところでは、脳幹(正確には**黒質**)に位置するドーパミン産生ニューロン群の損傷で、パーキンソン病に特徴的な震顫(しんせん)と運動障害が現れる。デューク大学の心理学者ウォーレン・メックらは、ドーパミンが脳内の計時回路のスピードを変容させる可能性を提案している。その実験例として、ラットを二〇秒の一定間隔で訓練した後に、興奮薬のメタンフェタミン——数々の効果をもつが、とりわけ、脳内のドーパミン濃度を増加させる——を投与すると、レバー押しのタイミングが約二〇秒から一七秒へとずれた。しかし、メタンフェタミン作用中に課題を反復して行うのを数日続けた後のラットは、タイミングを二〇秒へと徐々に再調整した——まるで、慢性的に進みが速くなった内部時計でやっていくために二〇秒に対応する内部のカウントを再較正(こうせい)するのを学習したかのように。しかも、同じラットが薬物作用中でないときは、待ち過ぎになった。レバー押しのタイミングのピークは二〇秒を超えるようになったのである[19]。

これらはじめ多くの薬理学研究から、ヒトや動物がいかに時間の認知や知覚をするのかについて重要な洞察が得られる。しかし、こうした研究の意味づけには困難や見解の相違が見られている。第一に、用いる課題の性質、対象とする時間間隔、被験者や被験体が知覚的経過時間を報告する方法に依存して、よく結果が変わる。第二に、およそあらゆる薬物には多重で相互に関連した神経生理学的効果があるので、行動変化の真の原因を特定するのは非常に難しい。たとえば、カンナビノイドもドーパミン性薬物も不安、記憶、運動制御、それに飢餓（これが変わると動物が課題を行う動機づけに影響する可能性がある）などの生理学的状態のレベルに影響する。また、言うまでもないが、これらの薬物は被験者や被験体が当該課題に割ける注意の程度をも変容しうるため、無数の解釈可能性を許してしまう。しかも、薬物によっては短い時間間隔の判断だけに影響して長い時間間隔には影響しないとか、その逆などもありうる[20]。概括すれば、向精神薬が時間知覚に及ぼす効果についての研究知見からは、我々の時間知覚を司る単一の神経伝達物質などは存在しないことがわかる。また、同じ薬物が短い時間間隔と長い時間間隔の推定に異なる影響を及ぼしうることから、多重時計原理——数ミリ秒から数時間にまたがって計時を司る親装置（マスター）としての内部時計などは存在しないという考え——を支持する強い証拠が薬理学研究から出ていると言える。

スローモーション効果の原因

以上述べたことから、我々の時間知覚のゆがみは例外というより常態とみなすべきであり——したがって、極度に感情的だったり生命を脅かすような状況下での時間のゆがみの報告も、まったく不可解というわけではない。とはいえ、生命を脅かす状況でスローモーションで展開していく事象群の報告は、単に経過時間を過大推定するという話をはるかに超えたもので、謎は謎のままである。生命を脅かす出来事がなぜスローモーションで展開するように感じるのか、仮説がいくつかあるにはある[21]。以下では仮説を三つ紹介するが、**オーバークロック、ハイパー記憶、メタ錯覚**の仮説というあだなをつけておく。

オーバークロック。コンピュータのCPUが二ギガヘルツで動作するというと、毎秒二十億回の演算を行うという意味だ。この数字はコンピュータの「クロック」で制御されている。このクロックは時計機能をもつわけではなく、CPUの演算周波数をセットする役目を担い――今の例では〇・〇〇〇〇〇〇〇〇〇五秒に一回ずつ電気パルスを送出する。一秒あたりにクロックが生成するパルス数を増やすことでコンピュータをオーバークロックさせることができるのは、ゲーマーなら誰でも知っている。結果として、大ざっぱに言えばコンピュータはあらゆることをより速く行うようになる。一定時間内に、より多くの情報を取り込んで処理することができるのだ（引き換えにCPUが過熱で溶ける心配がある）。ひょっとしたらスローモーション効果というのは、デジタルコンピュータのオーバークロックと同じことが神経的に生じて起きるのかもしれない。素早く反応できたりスローモーションで事象を知覚できたりするのは、生命を脅かす瞬間には脳がオーバークロック・モードに入るからという考え方だ。

脳を「オーバークロック」させることは可能か？　脳が課題を実行するのにかかる時間には、多くの決定要因がある。例を挙げれば、（1）電気信号（活動電位、「スパイク」）が軸索を伝う速さ、（2）シナプスで電気化学信号がシナプス前ニューロンからシナプス後ニューロンへ伝達されるのにかかる時間――**シナプス遅延**、（3）シナプス電流がニューロンの電圧を変えて活動電位を引き起こすまでにかかる時間――これはニューロンのいわゆる**時定数**によってある程度決まる。軸索の伝導速度とシナプス遅延は、かなり定型的な生物物理学的、生化学的な事象で大部分決まることなので、「闘争か逃走か」反応の最中に著しいスピードアップなどができるとは考えにくい。他方、多数のシナプス前ニューロンからの一連の入力に対する反応としてニューロンが発火するまでにかかる時間については、短縮を可能にする多くのメカニズムがある[22]。これが起こる仕組みとしてすぐ考えつくのは、「闘争か逃走か」の状況で脳内と血中に溢れる神経調節因子（ノルアドレナリンなど）の作用で、脳内の興奮性ニューロンを脱分極させ（あるいは抑制を減少させ）、若干たやすく、そして若干早めに、発火するように仕向けることだ。けれども、これでニューロンの発火潜時が変化しても、一〇～二〇％を超える速度増加にまで達することは難しい。たとえば、カフェインをはじめとする興奮薬は人間が刺激に対して反応するのに要する時間（反応時間）を減少させるという報告があるが、こうした減少は一般に一〇％未満である[23]。メカニズムは不明ながら、神経調節因子によって、身の回りで起こる外的な出来事への注意の増強と尖鋭化がもたらされうる。そして実際に、課題成績や反応時間が注意によって向上することは立証済みだ。そうした効果はプロスポーツ選手のグラウンド上の感動的な動きに寄与してはいそうだが、「電光石火の素早さで、正確な判断に沿って行動した」とか「その人の過去全体の突然の振り返り」を行ったという人の驚くべき報告の説明にはならない。

危険の迫った事態で複雑かつ瞬時の身を守る動きができたという人の報告は、ややもすれば不正確だ。また、そんな動きが実際に起こるとすると、おそらくだいたいが高度に訓練された人の話である。レーシングドライバー、戦闘機パイロット、一流アスリート――言い換えれば、何千時間もの訓練で培われた神経回路の持ち主だ。ある研究者が述べたように、「熟練したカヤック乗りは船体と身体とパドルを調整して、急流を通り滝を越えてサバイバルできるまさに唯一の進路がとれる。熟練度の足りない参加者はただただ混乱を感じ、フリーズしたりパニックしたり、危険度を増すはめになる動きをしたりしがちである」[24]。多くの研究で、生命を脅かす出来事での超人的振る舞いの報告ばかりが強調される一方で、こうした同じ状況でお粗末な意思決定をする人々の報告例だって枚挙にいとまがない。だからおそらくは、訓練で培われた優れた集中力と研ぎ澄まされた運動技能があればこそプロフェッショナルは生命を脅かす状況で素早く動けるのであって、その他大勢は――主観的には出来事をスローモーションで知覚するとはいえ――危機に直面すれば、ただじたばたしたり固まったりしているのである。

ハイパー記憶。 スローモーション効果のもうひとつの可能な説明は、事後の錯覚だというものだ――事故の瞬間にはスローモーションで物事が起こっているとは実際に知覚しないのに、そのエピソードを思い出すときにその物事がスローモーションだったと思っているだけであり、その意味で、ある種の錯覚だというのである。「闘争か逃走か」の状況では、脳内で記憶表象の時間および空間の分解能が高まる可能性がある。言い換えれば、脅威に直面している最中は、物事が起こっていく様子を知覚するスピードはだいたい等倍速なのに、思い出す際には記憶表象ははるかに細部にわたっているため、事後になってから、あらゆることがスローモーションで起こったかのように感じさせられるということだ。スローモーション効果のある報告例では、迫る列車にひき殺されそうになった人がこう述べている。「列車が通り過ぎようというとき、運転士の顔が見えました。動画のコマ送りみたいで、ぎくしゃくした動きで進む感じ。そんな具合に、顔が見えたんです」[25]。でも、これが単に記憶再生中に生じているだけのことなのか、出来事の最中に実際に起こったのか、どうして区別できようか？　さらに、再生された出来事が正確かどうかだって、どうしてわかるだろうか（この人物は運転士の顔をもう一度見ればこの顔だと実際に再認できるだろうか）？　感情的出来事の記憶表象がけっこう信頼できなかったりするのは実証済みである。たとえば、暴力犯罪の被害者が目撃証言の際に無実の人間を容疑者であると特定する事例が多いのは知られた話である[26]。

それでも、ハイパー記憶仮説の亜種の中には、スローモーション効果の説明になるものはありそうだ。感情を伴ったり危険だったりする出来事の最中に放出される神経調節因子には実際に記憶増強効果があるからである。これはいわゆる**フラッシュバルブ記憶**のひとつの説明と考えられる。これは、九・一一テロのような悲劇的出来事のニュースを聞いたときに自分がいた場所を憶えているといったもの。心的外傷後ストレス障害は、「闘争か逃走か」反応によって記憶増強が生じるもうひとつの例だ。こちらの場合は、強烈過ぎて望ましくない記憶の増強である[27]。

もちろんハイパー記憶仮説では、尋常でないほど素早くかつ明解に振る舞うという報告の説明にはならない。それに、多くの場合ありありと感じる、スローモーション効果が今この瞬間に起きているのだという主観的印象の説明にもならない。ここで、筆者自身がスローモーション効果を体験した逸話に引き寄せて語らないわけにはいかない。ある自動車事故で、自車が路肩にぶつかってスピンし、電信柱に衝突した。この出来事の最中に顕著に感じたのは、ただ車がスロー回転しているというだけでなく、これが起きたとき「おお、時間というものは本当に遅くなるのだ」と思っている自分自身の気持ちだ。でも、こうした瞬間には知覚が完璧からほど遠いことの証左として、とにかく何らかの反応が素早くできたかなど憶えていないし、サイドエアバッグが膨らんだことを知ったかどうかも憶えていない。ともあれ、時間が遅くなったと思ったことを憶えているという事実から、物事がスローモーションで展開する様子を**事故の最中に**知覚していたこと、それゆえハイパー記憶仮説はスローモーション効果を完全には説明できないことが示唆されよう。

メタ錯覚。オーバークロック仮説とハイパー記憶仮説のいずれも、主観的体験の根本についての言説を考慮していないきらいがある。色にせよ音にせよ時間の流れにせよ、我々の意識的体験というものは本質的に錯覚なのであって、無意識の脳が、頭蓋の外の世界で起きていることのうち、最も重要だと思うものについて簡便に記述し続けているのである。奇妙な考え方かもしれない――第12章で振り返ることになる――けれど当座は、主観的体験の本質は錯覚だという真意をいちばんありありと感じ取ってもらえるように、身体意識の例を挙げておこう。あらゆる主観的体験のうち最も肌で感じられるのは、自分の手がまさにほかでもない**自分の**手であるということ。釘を打ち損なって指を金槌でたたいてしまったら、痛みを**そこに感じる**。痛みは脳内で生成されるにもかかわらず、なぜか、脳内で生じているようには知覚されることなく、自分の指がたまたま存在している空間内の一点に投影されるのだ。身体意識が錯覚に過ぎないことを如実に示すのが、幻肢症候群である。四肢のいずれかが切断された人では、健常者が自分の四肢を感じるのと同じ鮮明さで、失われた肢を感じ続けることがある。幻肢からわかるのは、脳は四肢を構成する骨、筋肉、神経の所有感の錯覚を与えるのに懸命なあまり、肢がとうの昔になくなってしまっても頑固にこの錯覚を作り出し続けたりするということだ。だから、ただ幻肢のみが錯覚なのではなく、現存する四肢を所有している感覚がそもそも錯覚なのである。幻肢症候群は謎に満ちた現象ではあるものの、幻肢の不思議にばかり注目していては真の問題に目が向かなくなる。それは、そもそも身体の意識的気づきを脳がどうやって生み出すのかという問題である[28]。同様に、生命を脅かす状況でのスローモーション効果にばかり注目していては真の謎に目が向かなくなる。そもそも、時間の流れの「等倍速の」知覚をどうやって生み出すかという謎だ。

空っぽの部屋に座っていて、動画が映っており、その再生スピードがまったくおかしいとすぐ気づくとする。唇はスローモーションで動いていて、事物は落下にかかる時間が長過ぎる。どうすれば直せるか？　動画が投影されている仕組みや、投影装置のタイプが何もわからなければ、動画の再生スピードが誤っている理由を見つけようとしたところで何ができようか？　結局のところ、投影装置にとってみれば、「正しい」スピードなんてものは多くの可能なセッティングのうちのひとつに過ぎない。我々が通常感じる時間なるものは心的構成概念であって、それにもさまざま異なるスピードのセッティングがあるようだ。メタ錯覚の仮説は、スローモーション効果を錯覚の錯覚であると断じる。我々が通常感じる時間なるものを理解することなしにスローモーション効果を説明しようと頑張るのは、正しいスピードがどのように生成されるかを知ることなしにスローな動画の再生スピードを直そうと頑張るようなものだというわけだ。

意識とは、外界で何が起こっているのかだけではなく、無意識の脳内で何が起こっているのかについての、後から遅れてなされる説明である。たとえば、後に見ていくように（第12章）、脳内の神経活動を見張るだけで、実際の動作がなされる九〇〇ミリ秒も前に、指の自発的運動を行うことを人がいつ意思決定するかを外から予測することが可能なのだ――被験者本人が指を動かそうと「自由意思で」決定したという意識的気づきが起こるよりも何百ミリ秒も前の話である。だから、危険があるせいで脳がオーバークロック・モードに切り替わるとしても――そのおかげで動作がスピードアップするとしても――そうした動作の仲立ちをするには意識は遅過ぎるかもしれない。したがって、「思考速度の増加で示される顕著な心的敏捷性」[29]なるものだって、無意識の脳が心の上に映し出すただの欺瞞かもしれない。

脳は痛みの感じ方を世界内で自分の肢が位置している場所に投影できるのみならず、偽の腕が実際の腕の近くに置かれている場合、空間内で自分の腕を知覚するべき場所を偽の腕の位置に寄せて投影するよう再較正することだってできる――偽の腕を自分のものだと脳が説得されてしまうかのように(これを**ラバーハンド錯覚**という)。自分の肢の場所の感じ方を空間内の異なる点に投影できるのと同じく、事象が展開する様子を「速い」とか「遅い」とかラベルづけし分けるのも脳は自在にできるようだ。すなわち、時間が速く流れる、遅く流れるという主観的判断は、脳が情報処理をする速さ――脳の内部クロック速度――とは解離しているかもしれない[30]。

メタ錯覚仮説の重要性をさらに強調するため、生命を脅かす出来事の間にゆがむものは時間感覚だけではないということを見てみよう。以下に示すのは、一九七六年に刊行された百以上の報告事例からの三例である[31]。最初の例は二四歳のレーシングドライバー。時速一〇〇マイルで疾走中に事故を起こし、自車が三〇フィートの空中を複数回反転した。

全体が永遠に続くみたいでした。あらゆるものがスローモーションで、自分が舞台の役者である気がして、車内の自分自身が何度も何度も転がる様子が見えました。自分が客席にいて一切合切が起こる様子を見物しているかのようでした。

たいへんな自動車事故に遭った二一歳の大学生の報告。

事が起こった最中、時が止まってました。あらゆることが起こるのに永遠の時間がかかるように感じました。空間も非現実でした。まるで、映画館にいてスクリーン上で起こっていることを観ているみたいな、そんな感じ。

第二次世界大戦中、地雷でジープごと吹き飛ばされた兵士の叙述。

時間の流れにはまったく気づかず、わかるのはあの一瞬だけ、変化なしのあの一瞬。空間の概念もなかったです。自分の存在がただ精神的なものの感じがして。

というわけで、ただ時間知覚のみが唯一変容しうる心的機能というわけではなさそうで、空間知覚もまた変容するのだ。実際、事故以外の文脈だったとしたらこれらの報告は幻覚とか変性意識状態などと呼ばれるはずだ。可能性としては、「闘争か逃走か」反応で大量に分泌される内因性神経化学物質が脳内回路をオーバーロード状態にして、幻覚を誘導するのだろう。だからおそらくスローモーション効果とは、現実に根差しているというよりもむしろ解離した変性意識状態の一形態ととらえるのが適当である。

脳内で時間を圧縮する

前述の三つの仮説はスローモーション効果の説明として相互排他的なものではない。注意の増強があれば、訓練を積んだプロフェッショナルが高濃度アドレナリンの状況で素早い動きができることに寄与すると考えられるし、ハイパー記憶はスローモーションの報告内容に寄与しそうだと考えられる。しかし筆者としては、究極的には、事象が次々に起こっていくのを知覚するスピードとは、意識という実に不思議な錯覚を上から仕切るやや恣意的なセッティングなのではないかと思う。

スローモーション効果その他の時間錯覚は時間知覚の――正確には、物事が変化していく速さの――ゆがみだと考えがちだが、そう単純な話でもない。時間を圧縮したり伸長したりする能力は、実のところ、我々が毎日用いている脳の特徴なのである。

好きな歌の歌詞の第一連の最後の単語は？　よくあるやり方は、最後を探し当てるために最初から始める。「ハウ・メニー〔……〕マン・ウォーク〔……〕ヒム・ア・マン。」でも、オリジナルの歌と同じテンポで第一連を心の中でリプレイする必要はないはずだ。心の中でのリプレイは、非常に速くも遅くもできる。歌詞を早送りしたり、音節ひとつひとつを味わったりできる。実際、同じ動作を異なる速さで実行できる能力は我々の運動系の重要な特徴である。赤ちゃんに話しかけるときは喋り方を遅くするし、講演で時間がなくなってくると早口になる。子供に結び方を教えようというときは靴紐をゆっくり結べるし、すぐさまジョギングに出かけようというときは早く結ぶし、心の中で靴紐を結ぶことを想像するのは実際にかかるより短い時間でできる。運動動作を自在に速くも遅くもできる能力はおよそ五倍以上のファクターで可能であり——たとえば、音楽テンポの最遅から最速までは♩＝四〇〜二〇〇の範囲である。でも、脳は出来事をさらに速いスピードでリプレイできるという証拠がある。

第1章で、海馬の場所細胞のことに触れた。ラットが室内の特定の場所にいるときに選択的に発火する細胞のことだ。開けた領域をラットが探索し、たとえば一→二→三→四→五とラベルした場所を進む際、これらの場所の各々に対して発火するニューロンがある。各々の場所で発火するニューロンをAからEというふうにラベルづけするなら、時間経過とともに発火してゆく一連の場所細胞のパターン、A→B→C→D→Eを観察できることになる（これを**神経軌跡**と呼ぶことにする）。このパターンをもって、ラットがこの経路を走り抜いたという体験の神経固有特徴（シグネチャ）と考えることができる。ラットがこの経路を走り抜くのに一〇秒かかるとすると、神経軌跡A→B→C→D→Eも同じ時間だけかかるだろう。さて、話が面白くなるのは次で、動物が睡眠時あるいは休息時にこれらの同じ細胞を神経科学実験で記録すると、このA→B→C→D→Eという神経活動パターンが偶然以上の確率で観察される——すなわち、その日の数時間前にそのラットが一→二→三→四→五の経路を走らなかったとしたときに得られる以上の確率で観察される。こうした結果のひとつの解釈は、以前に体験したエピソードをラットの脳内でリプレイしているというものだ。ところが、こうしてリプレイされる事象はまったく異なる時間スケールで展開する。リプレイ時は、同じA→B→C→D→Eの順序が一〇秒でなく二〇〇ミリ秒しかかからなかったりするのだ。こうしたリプレイ軌跡は記憶の形成に寄与している――体験したエピソードを脳内回路に保持しやすくしている――という可能性が考えられる。(ただ断っておくが、走行した場所のことをラットがリプレイ中に意識的に再体験するとまで言う人は誰もいない。たぶんそれはない。)このリプレイが、未来の動作の計画を表現している可能性もある。たとえば、ラットが小さな「報酬穴」で立ち止まっておやつを得てから次の穴に行かなければならないような課題を行うとき、穴のところで休止している最中に観察される神経活動パターンは、ラットが次に行く場所を外から予測するのに使えるのだ![32] この発見のひとつの解釈は、一〇秒の走路で自分が行うべき未来の動作について、ラットの脳が一秒足らずの期間の中で計画を練っているというもの。神経軌跡の圧縮リプレイと、我々が心の中で歌をリプレイするスピードを自在に操れるという事実から、脳はやっぱり時間パターンを異なるスピードで処理したり生成したりできるのだとわかる。しかし、この脳機能の特徴が主観的な時間の圧縮や伸長に関係しているかどうかは現時点で不明である。

我々の時間の「感覚」は視覚や聴覚といったような真の感覚ではない。時間の感覚器官は存在せず、眼にも耳にも鼻にも舌にも皮膚にも時間受容器は存在しない。というより、そもそも存在しえない。時間というものは光や大気分子の圧力変化のような物理的性質ではないからだ。にもかかわらず、脳は時間を計るだけでなく、時間の流れを感知し、そして我々は時間が流れるのを感じられる気がしている。

けれども、数多くの時間錯覚から、時間を感じる正確度は客観的な時計的時間から大きく解離しうることが示され、こうした錯覚が特段注目されたりもする。しかし、時間錯覚の存在自体は驚くべきことではない。色や痛みの知覚、身体意識をはじめ、ほぼすべての主観的体験が、文脈、学習、注意、薬物によって変容する。心理学者や神経科学者はこうした錯覚によって、脳の働く仕組みについての貴重な洞察を得てきた。ただ結局のところ、最重要な教訓は、ゆがみの有無を問わず、あらゆる主観的体験は本質的に錯覚だということだ。したがって、時間錯覚云々に気をとられ過ぎず、もっと根本的な問題に目を向けよう。どうやって、脳は時間の流れの意識的な感じ——とか何でもいいがとにかく時間関連の何か——をそもそも生み出すのか?

5:00 時間におけるパターン

エクスキューズ・ミー・ホワイル・アイ・キス・ディス・ガイ。
——ジミ・ヘンドリックスが出典とされる

ふだん気にも留めていなかったとしても、どんな会話の最中も脳では、各音節の持続時間や各語間の休止時間や鼓膜にぶつかる音の流れの全体的リズムを、一生懸命計時し続けている。

音素は言語音の最小単位である。当該言語の用いる音のレパートリーをなすものだ（音素と文字にはゆるい対応はあるが、「gun（ガン）」と「gin（ジン）」の「g」のように同じ文字が異なる音素を表現することもある）。たいていの場合、ひとつの句の中の音素の順序によって意味がきちんと決まる。しかし場合によっては、同じ音素の配列がまったく異なる複数の意味をもつ、曖昧語句になってしまうこともある。

「Great eyes（大きな眼）」対「Gray ties（灰色のタイ）」
「A nice man（素敵な男性）」対「An iceman（氷屋）」
「They gave her cat food（彼らは彼女にキャットフードを与えた）」対
「They gave her cat food（彼らは彼女のネコに食べ物を与えた）」

こうした曖昧性は一般に、音節の持続時間、イントネーション、強勢、語間の休止時間など、発話の他の次元によって解決できる。たとえば、前出の語句の曖昧性解決をする最も簡単な方法としては、適切な語間の休止を強調すればよい。最後の例では、「cat」と「food」の間に長い休止を入れれば「彼女のネコが食べ物を与えられた」という解釈が選好され、「her」と「cat」の間にあえて休止を入れれば「彼女はキャットフードを与えられた」という解釈が示唆される。発話のスピードも意味や情報を伝えるのに用いられる。たとえば、「The hostess greeted the girl with a smile（少女は笑顔で女将に迎えられた）」という文。笑顔だったのは誰か？　研究によれば、「girl with a smile」という部分を速めると（時間圧縮すると）「少女が笑顔だった」と解釈されがちに、同じ部分を遅くすると（時間伸長すると）今度は「女将が笑顔だった」と解釈されがちになる[1]。

こうした曖昧性の悲劇的結末として、その辺を歩いている人がお気に入りの歌を間違った歌詞で歌っていたりする。歌詞の聞き間違いが起きる理由には、ボーカルが歌の拍子の構造の中にフレーズを無理やり当てはめねばならないからというのがある（一方で、歌詞の聞き間違いが起きるのは、ボーカルの側の滑舌訓練が悪いだけという話もある）。歌が複数に解釈されて聞こえるという現象には**モンダグリーン**という用語さえついている。有名なモンダグリーンに、ジミ・ヘンドリックスの『パープル・ヘイズ』の一節がある。「エクスキューズ・ミー・ホワイル・アイ・キス・ザ・スカイ」がよく「エクスキューズ・ミー・ホワイル・アイ・キス・ディス・ガイ」に聞こえるのだ。ここでも、音声発話と同様、こういったありがちな曖昧性にはタイミングがある程度関わり、休止でもって適切な区切りを強調すれば解決できる。

タイミングは個々の音素の弁別でも重要だ。たとえば「b」と「p」の区別は、いわゆる**有声開始時間**に一部基づく。口から空気が破裂音として放出されてから声帯が振動するまでの間の時間間隔のことだ。咽喉に指を置いて「パ」と言えば、口を開いてから声帯が振動し始めるのを指で感じるまでに間隔が空いているのがたぶん感じられるだろう。同じように今度は「バ」と言えば、この間隔はより短く、たぶん感じ取れないくらいになる。「パ」の有声開始時間は一般的に三〇ミリ秒以上で、「バ」のは二〇ミリ秒未満である。「バ」と「パ」という音節の間の違いをたやすく聞き取れるのは、聴覚系にこれらの非常に短い時間間隔を区別する計時メカニズムが備わっていることを意味する。

これより少々長い、数百ミリ秒から数秒という時間スケールにおいては、タイミングは**韻律**（発話のリズムや音楽性）にとって重要だ。イントネーションやタイミングや発話スピードは、情動とか皮肉とか、疑問の意図の有無とかを伝えるのに用いられる。「それはいい考えだったね」は話者の韻律次第で褒め言葉にもけなし言葉にもなる。研究によれば、文章を時間圧縮したり時間伸長したりして発話テンポを変えると、話者の情動状態についての聞き手の判断が変わる。ある研究例では、ドイツ語話者が文章を聴いて話者の情動状態を判断するよう求められた。悲しみを伝えるべく文章が丁寧に発音されるのを聞くと、話者の情動状態は悲しいのだと被験者は正しく同定できた。同じ文章をスピードアップさせたところ、話者は驚いている、または中性的状態なのだという判断の方が多くなった。重要なことに、韻律によって伝わる情動は言語の垣根を越えることがある。同じ文章の判断を、ドイツ語を知らないアメリカ人が行っても、話者の感情に関する判断はドイツ語母語の人と同じパターンになった。同様に、文章がフィルタ処理されて個々の言葉は聞き取れないが発話の全体的な「輪郭」が保存されているようにしても、やはり話者の情動状態を聞き手は正しく判断することができた——壁ごしにくぐもった会話を聞いているとすると、個々の言葉はまったく聞き取れないのに、しゃべりながら怒ってるか喜んでるかの区別はたぶんできる[2]。

タイミングは笑える

発話のタイミングはコメディでも重要と言われる。この言説が注意深く実験で検証されてきたか……動物実験なんてされてきたかとか……は知らないが、俳優のサシャ・バロン＝コーエンが映画『ボラット　栄光ナル国家カザフスタンのためのアメリカ文化学習』の中で、コメディではタイミングがすべてという金言を面白く実地に示している。あるシーンで、ユーモアの指導者が「ちゃうわ」ギャグ（"not" joke）の時間的難解性を説明している。特に面白いわけではないが、次の文には少なくとも笑いの要素がある。

「その背広は黒。ちゃうわ！」

ボラットはこつを飲み込もうと試みる。

その背広はちゃうわ黒。

その背広は黒ちゃうわ。

その背広は黒。　ちゃうわ！

これらすべて、笑いの要素はかなり薄まる。しかし、ありがちなギャグにどうしてタイミングが重要なのか？　ユーモアには、サプライズで出てくる部分がある。何かが笑えるためには、予想外でしかも意味が通らないといけない。「その背広は黒、ひよこ豆」は確かに予想外だが、特に愉快ではない[3]。ユーモアのもうひとつの成分として、予想外のことが適時に起こらなければならない。脳は絶え間なく、**何が**次に起こるか、**いつ**それが起こるか、の実時間予測を生成し続けているので、だとするとおそらく、予想外のオチは予想の時間内に起こるべきだ。オチが早過ぎると、何が次に起こるかの予測を創り出す時間が足りず、サプライズにならない。一方、オチが遅過ぎると、聴く側の心ではすでにその次の物事の予測に携わっていて——何も起こらなかったというサプライズの要素はあろうが、それはいぶかしいだけで、笑えはしない。

マザリーズ

大人になってから外国語を覚えようとしたことのある人なら誰しも、ネイティブ話者のしゃべり方が速過ぎると嘆いたことがあるだろう[4]。外国語のリスニングは、駅を過ぎていく地下鉄車内からホーム上の顔を認識しようとがんばる——まぜこぜになってしまう中からある特定の顔をとらえるのに脳は苦労する——みたいな感じだ。しゃべりを遅くしてもらえると、初心者にとっては、一連の音素を別々の単語へと分離するのが楽になる。

赤ちゃんも第一言語を覚えるときに同じような苦労をするはずで、大人が赤ちゃんに話しかけるときは自動的にしゃべり方を遅くして単語のアクセントを大げさにするのも、たぶんそのためだ。この発話パターンの変化のことを、対乳児発話（「マザリーズ」「ペアレンティーズ」とも）と言う。対乳児発話の典型的特徴は、音は高め、母音は長め、語間の休止も長め。たとえば、研究によると、大人同士で話すときは句間の休止は約七〇〇ミリ秒だが、大人が赤ちゃんに話しかけるときはこの値が一秒以上に増加する。研究でこれも確認済みだが、外国語初心者の大人と同じように、赤ちゃんは、ゆっくりして大げさなマザリーズの韻律で話してもらう方が単語の弁別がよくできる[5]。赤ちゃんにせよ大人にせよ、ゆっくりしゃべってもらうと発話の解析がしやすくなる。ひとつの単語が開始して別の単語が終了する箇所を学べるし、連続する音素同士が干渉し合わないようにできる。次章で見ていくことになるが、このことは、脳が情報の流れを処理して数十〜数百ミリ秒のスケールでの時間認識をする仕組みから来る宿命だと考えられる。

発話は多次元である。発話に関与する変数は多岐にわたり、音素配列、音素間時間間隔、音節の持続時間、語間休止、イントネーション、強勢、発話スピード、全体的韻律などさまざまある。これらの特徴の多くは、聴取者の脳での時間認識能力を要する。同様に、発話者の方でも発話のこうした時間構造を生成するのに必要な難しい運動実行をせねばならない。舌の一連の複雑な変形と移動、精緻なタイミングでの口唇運動、声帯振動、休止、タイミングの合った呼吸。総じて、聴取者の脳でも発話者の脳でも同様に、精巧な一連の計時の問題を解かなければならない——これは、単純な時計的なデバイスの能力では太刀打ちできないような課題だ。

モールス符号

ヒトその他の動物が、音が左右の耳に届く時間差、赤信号の持続時間、地球の自転周期を計時するといった幅広い時間課題を行うことをこれまで見てきた。こうした課題で必要なのは個別の時間間隔や持続時間の計時である。物体の長さを判断することの時間版だ。対照的に、発話や音楽の認識では、複雑な時間パターンの時間構造を見出す必要がある。たくさんの時間的要素を組み合わせて、全体を理解するのだ。

発話や音楽の認識で言う時間とは、視覚的物体認識で言えば空間だ。絵画の中に顔を見出すことは空間的問題とみなせる——すなわち、有意味な情報は絵画の全要素間の空間関係の中だけにある。また、階層的問題でもある。低次の情報（直線や曲線）を、一個の像へと統合せねばならない。円は円でも、同心円が二個横並びにあれば、左右の眼になる。これらを大きな円の内部に置いたものは顔になり、そうしていってついには情景内の群衆にまでなる。発話や音楽は、視覚的情景の認識の時間版だ。階層的に入れ子になった一連の時間的問題を解く必要がある[6]。発話では、音素、音節、語、句、文と徐々に長さが増す要素の時間的特徴を追う必要がある。ある意味では、時間パターンの階層構造を認識する方がよけい難しい。過去についての何らかの記憶が必要だからだ。絵画のすべての特徴は静的な紙一枚の上に同時に存在しているが、発話や音楽の有意味な特徴は時間軸上の統合を要する。すなわち、すでに過去へと消え失せてしまった要素群の文脈の中で、今ある特徴を解釈しなければならないのだ。

　モールス符号は、時間パターンを処理する脳の能力の精妙さを示す格好の例だろう。発話や音楽は音の時間構造の中に符号化された情報に依拠する一方、音の高低で伝えられる情報も大量にある。音の高低、ピッチは、空間情報とみなせる。言ってみれば紙の上の直線の傾きみたいなものだ。こう言うと少々ややこしいのは、ピッチとは音の周波数に関連する知覚のことであり、周波数とは一秒あたりの周期の数――すなわち、音波の振動の一周期分にかかる時間長の逆数――として定まる本質的に時間的な性質だからだ。ところが、音の周波数というものは、蝸牛(かぎゅう)の長さ方向にびっしり並んだ聴覚受容器細胞(**有毛細胞**)によって空間上に表現されているのだ。だから中枢神経系の視点に立つならば、音のピッチを識別する作業とは本質的に空間的課題であり――ピアノの鍵盤の場所の違いのような話なのである。モールス符号は、ピッチその他、何らの空間情報とも関係がない――モールス符号においては、タイミングが**まさに**すべてなのだ。

　モールス符号には、「短点(トン)」と「長点(ツー)」というふたつの基本要素がある。二点の唯一の違いは時間長であるため、モールス符号は一本の通信チャネルがあれば足りる。ブザーとか光とかを多少複雑な時間パターンでオンオフできればじゅうぶんだ。この単純さゆえに、モールス符号の伝送は簡単にできる。瞬きの長短でだって伝文可能なのだ。アメリカ海軍少将ジェレミア・デントンが中佐時代のベトナム戦争時にこれをやったのが有名だ。戦争捕虜の身で、プロパガンダ目的でインタビューを受けたのだが、テレビ放送でのインタビュー映像で質問に答えていわく、「食事も満足にもらえるし、衣類も満足にもらえて、必要なときはきちんと医療も受けられます」。ただし、しゃべりながらの瞬きで、TORTUR

E（コ゛ウモン）とやった[7]。

短点と長点の時間長はモールス符号の全体的スピードによる。毎分一〇語のスピードなら、短点と長点はそれぞれ一二〇ミリ秒と三六〇ミリ秒。ただし、符号化される情報は休止時間のところにもあって、字間の間隔は三六〇ミリ秒（短点三個ぶん）、語間の間隔は八四〇ミリ秒（短点七個ぶん）。

・ーー　・・・・　・ー　ー　　・・　・・・　　ー　・・　ーー　・

というパターンは「what is time」となる。長めの休止時間が語と語の区切りの意味になる。音の時間長、音間の間隔、全体的な構造、これだけの中に全情報が詰め込まれている。でも発話と同様に、モールス符号にも韻律というものがあり、エキスパートならタイミングの微かなバリエーションから「なまり」を聴き分けて、話者を同定できたりするようだ。訓練していない耳では、モールス符号の長い通信音を聴くのは外国語のリスニングにほぼ等しい。いつひとつの文字が終わって次の文字が始まるかを聞き取れないのだ。やってくる音ひとつひとつが最後のものの上にかぶさってくるだけで、たとえば次の二文のいずれであるかの識別ができなくなる。

・・・　・・・・　・　（she）

と

・・・・　・・　・・・　（his）

もちろん、こうした短点をカウントしたり、いつひとつの文字が終わって次の文字が始まるかを考えたり、というのはエキスパートならわざわざ意識的に行わずに済むようになっている。「ニューロン」と「ニュートロン」という言葉を聞き分けるときにいちいち「ト」の字が聞こえたかどうか立ち止まって考える必要がないのと同じこと。

では、モールス符号のエキスパートにはどうやったらなれるのか？ 徐々になるしかない。いきなり毎分二〇語の速度でモールス符号を習い始めたりはしない。遅い速度から始めてだんだん上達する。いわゆるファーンズワース法の速度をとるのがひとつお薦めとされている。この方法では、文字は通常速度で伝送し、字間や語間の休止時間は長めにして強調する。こうすれば文字を個別の「時間的オブジェクト」として学習でき、字間や語間の区切りを強調することで相互干渉を減らせる[8]。言い換えれば、モールス符号を習うときはモールス符号マザリーズから始めよう。

時間を知るのを学習する

モールス符号の素人でも、単一の一二〇ミリ秒の短点（トン）と三六〇ミリ秒の長点（ツー）の弁別は比較的易しい。同様に、音楽の文脈でも、単一の二五〇ミリ秒の音符と五〇〇ミリ秒の音符の弁別は易しい（♩＝一二〇のテンポならそれぞれ八分音符と四分音符の長さ）。でもどうやって、こうした単純な形の時間的弁別が脳にはできるのか？ 練習で計時能力は高まるのか？ これらの問いに答えることで、脳にどうやって時間がわかるのかについての重要な洞察が得られる。
脳がある種の汎用神経ストップウォッチを用いて、数ミリ秒から一秒程度の範囲のあらゆる時間長を計時するのではないだろうか、という見方もあろう。その一方、脳ではたくさんのニューロンや回路がそれぞれ特定の時間間隔の検出に特化しており、あたかも大量の個数の砂時計——特定の時間間隔のために一個ずつ——をもっているかのようだ、という推量もできよう。こうした仮説を切り分けていくには、時間間隔の弁別能力が練習でいかに向上するのかあるいはしないのかを見てみるのが有効だ。

時間間隔の弁別は一九世紀後半以来調べられてきたが、一九九〇年代になってようやく、計時が練習で向上するか否かに関する結論が得られた。この問いを系統的に検討した草分けとして、カリフォルニア大学サンフランシスコ校のビヴァリー・ライト、筆者、共同研究者のヘンリー・マンクとマイケル・メルゼニッチの行った研究を挙げよう。標準的な時間間隔弁別課題で、被験者はふたつの時間間隔を聴いて第一と第二の間隔のどちらの方が長かったかを回答することが求められた。この課題ではそれぞれの間隔境界が二個の短音(各一五ミリ秒)で区切られていた。したがって、第一間隔が**標準間隔**である一〇〇ミリ秒を挟んだ二音からなるのに対し、第二間隔はいわゆる**比較間隔**であって一二五ミリ秒を挟んだ二音からなる、という具合(図5・1)。標準間隔と比較間隔との差、今の例だと二五ミリ秒、をデルタt(Δt)とする。もし、一〇〇ミリ秒と一二五ミリ秒の時間間隔が提示されたときに、長い方を被験者が常に正しく答えられたなら、その人の内的計時装置は二五ミリ秒よりもよい(細かい)時間分解能をもつと結論づけられる。

Δtの値を変えることで、脳の計時装置の精度が推定できる。我々はまず、標準間隔

図 5.1　時間間隔弁別課題。

五〇、一〇〇、二〇〇、五〇〇ミリ秒での被験者の閾値を推定した。まず押さえておく結果として、これらの閾値は標準間隔ごとに非常に違っていた。これは人が異なる量の刺激を弁別する際の一般的性質である。たとえば、一〇〇グラムと一二五グラムの二物体間の重さの違いはたぶんわかるだろうが、一〇〇〇グラムと一〇二五グラムの二物体間だとわからない。一般的に言って、大事なのは二刺激間の絶対的な差でなく、二刺激間の相対的な比なのだ。時間間隔の弁別閾はだいたい一五〜二五％だった。たとえば、一〇〇ミリ秒の標準間隔に関しては**間隔弁別閾**の平均は二四ミリ秒、すなわち平均的には一〇〇ミリ秒と一二四ミリ秒の弁別が一定の信頼度でできたことになる。この基準データを研究第一日に得た後、被験者は一〇日間の訓練期間に入り、一〇〇ミリ秒の間隔の弁別を毎日一時間ずつ練習した。この練習期間の後、被験者の計時性能は実際に向上し、一〇〇ミリ秒の標準間隔に関する閾値の平均は二四ミリ秒から一〇ミリ秒へと減ったのだ。これが示唆するのは、練習のおかげで脳内の計時装置の品質がとにかく向上する、ということ。しかしヒトとは複雑な生物であるゆえ、練習で計時機能そのものが向上したのではなく単にそう見えただけで、時間とともに被験者は課題への集中度が向上しただけかもしれない。幸運なことにその次の、さらに面白い問いに対する答えが、この解釈を排除する証拠になった。

訓練を受けた一〇〇ミリ秒の間隔で向上したのなら、他の間隔でも向上するだろうか？　ここが大事なところで、もしも脳に何らかの汎用神経ストップウォッチがあって五〇〜五〇〇ミリ秒の範囲のあらゆる間隔の計時を引き受け、練習でこのストップウォッチがとにかく精度を増すのであれば、一〇〇ミリ秒でのみ練習してもあらゆる間隔の計時が向上するだろう。それに対し、もしも脳が特化した計時装置を用いているならば、標準間隔一〇〇ミリ秒での向上は他の間隔へは般化しないだろう。正解は後者だった。一〇〇ミリ秒間隔の一〇日の練習で一〇〇ミリ秒近辺の間隔の弁別能力が劇的に向上したが、五〇、二〇〇、五〇〇ミリ秒の間隔での間隔弁別閾はまったく向上しなかったのだ[9]。一〇〇ミリ秒間隔の学習効果が集中力向上のせいなら、どの間隔でも向上しそうなものだが、結果はそうではなかった。以来、数多くの研究で追試できているが[10]、この結果が語る重要な点とは、どんな仕組みで脳に一秒未満の範囲の時間がわかるとしても、あらゆる間隔の計時を司る汎用ストップウォッチ的なメカニズムを介してはいなさそうだということだ。

計時が練習で向上するなら、正確な計時を要する職業の人——音楽家とか——は一般人より優れていることがうかがえる。この問いに取り組んだ草分けが、当時オレゴン大学にいたリチャード・アイヴリーらの行った研究だ。ピアニストと非ピアニストに、四〇〇ミリ秒ごとに提示される一連の音に同期して単にボタンを押して、こうしたメトロノームみたいな音が止んでも同じタイミングでボタン押しを続けるよう求めた。ボタン押しの間の時間間隔は、音楽家のものの方が非音楽家のものよりもばらつきが有意に小さかった（一貫性が高かった）。同様に、標準間隔四〇〇ミリ秒での間隔弁別課題でもピアニストの方が成績がよかった[11]。別の研究では、音楽家の間隔弁別閾が標準間隔五〇ミリ秒と一〇〇〇ミリ秒に関して有意に低いことが示された。ただ、音楽家の中でも、計時成績に有意差がある。たとえば、打楽器奏者は弦楽器奏者に比べて一秒の間隔での弁別に優れることが示されている[12]。全般的に、さまざまな時間課題において音楽家は非音楽家よりも少なくとも二〇％優れた成績を出すことが研究で明らかにされている。

拍子を維持する

音楽は、何らかの形で、人類文化を通じてあまねく存在する。音楽の主要要素に拍子がある。歌のリズムの基盤となる周期的なペースである。歌の拍子につられて手足でとんとんしたり首を振ったりするという我々の生来の傾向は、ヒト脳が予測器であることのさらなる例だ。ドラムなどが刻む各拍への**反応**として足踏みをするわけではなく、脳は数百ミリ秒の未来に次の拍が生じる時刻を予測し、自分の運動をそれに同期させるのだ。歌の拍子に身体運動を同期させるのが容易なあまり、リズムの誘惑を抑えるよりもリズムに合わせてとんとんする方が楽なくらいだ。でも、大部分の動物は、拍子を維持するというこんな簡単な能力を保有していない。

動物はヒトの音楽的性癖を共有しないのみならず、周期的刺激に身体運動を同期するのに要する感覚運動技能を欠いているようだ。こう言うと、YouTube 好きはこぞって異論を唱え、かわいいペットが何かのポップスの拍子に合わせて楽しそうに首を振っている動画だらけだと指摘する。こうした動画のいくつかはたぶん、たまたまのクレバーハンス効果――算数ができるという触れ込みの馬ハンスが、実は飼い主の不随意的な身体的手がかりに従っていたことから名づけられた効果――によるもので、飼い主の手がかりに従うのを学習しただけだろう。しかし、動画のいくつかは――特に鳥類のは――本物かもしれない。

研究者は必要とあらばためらわずYouTube動画から被験者を募る。心理学者アニルド・パテールらの行った研究で協力願ったのは、YouTubeの人気者、キュートな白色オウムのスノーボール[13]。数ある動画のひとつでは、スノーボールはバックストリート・ボーイズの『エヴリバディ』に合わせて身体と首振りの運動をし続け、その様子は踊っているとしか言いようがない。スノーボールが定型的運動系列を記憶していたのでなく、実際に拍子に合わせていたかどうかを調べるため、歌のスピードを下げたり上げたりして、スノーボールの動きが歌の拍子につられて変わるかを見た。拍のタイミングで常におおよそ同じ位置に首の突き出しをしているなら、運動が拍に同期していると言える。スノーボールの動きは明らかに、テンポを変えても拍に同期していた。ということは、拍を予期していたことになる――ただ、速いテンポに合わせて踊る方が好みのようだったが[14]。だが、鳥類が例外なのだ。サルは二音で区切られた単一の時間間隔を聴いて次に同じ時間長を時間再生することなら学習できるが、単純な同期課題も行うのは苦しい。一研究例では、一年の訓練期間後でさえ、アカゲザルは周期的提示音に同期してボタンを押すことができなかった。いつも各音の直後にボタンを押すという課題であればできたのだが[15]。

ではいったいなぜ、拍子を維持するということもなさそうな課題がヒト近縁の霊長類にはそうも難しく、一方で鳥類の一部では簡単なのか？　この問いの答えになりそうなのが、**発声学習仮説**といわれるもの。サル、イヌ、ネコはじめ大方の哺乳類は、互いにコミュニケーションをするときに鳴き声、遠ぼえ、うなり声、ほえ声、ネコ鳴音を用いるが、これらの行動は生得的であって、非常に単純で限定的な「言葉」を表すのみ――たとえばイヌは、うなり声が「苦しゅうない、近う寄れ」の意味でないことを学習せずともわかる。比較的少数の動物のみが、経験と社会的相互作用の結果として発声を学習する。ヒト以外に、発声学習ができる動物種には鳥類の一部、クジラ目、ゾウが挙げられる。オウムは最も顕著な例だ。他個体の発する音を真似して生成するのを学習できるばかりか、海賊の言葉遣いだってある程度の数は学習して模倣できるのだから。

発声学習には、脳が音を聴いてから、同じ音を声帯と口内筋を用いて生成する方法を見出す必要がある。この課題は明らかに、脳の聴覚中枢と運動中枢の間のかなりの協調を要する。同様に、周期的聴覚刺激に同期して動ける能力も、聴覚系と運動系の間の緊密な協調を要する。音声コミュニケーションの学習のための脳内回路と同じものが、歌の拍子に合わせるという一見はるかに単純な行為をも司っている可能性が挙げられている[16]。

発話も音楽も、次に何が生じるかを矢継ぎ早に脳が予期していくことを要するアクティブな作業である。特に音楽とは、特定の音符が特定の時刻に鳴ることの予期をさせられ続けることである。その期待が思った通りか裏切られるかは、作曲者の目論見次第[17]。だから当然の話、拍に合わせる能力は、音楽鑑賞には最低限必要である。周期的刺激に同期してとんとんできることは、予測や期待をする能力のいちばん基本的な目安となる。

鳥類は踊るだけでなく、種によっては歌えもする。少なくとも「我々」からすれば、歌う、で通じるがその実体は――個体間コミュニケーションである。鳴鳥の歌学習とヒトの発話には実に多くの類似点がある。こうした類似性のおかげで、鳴鳥は学習、コミュニケーション、言語、計時の研究で重要な動物種となっている[18]。キンカチョウのオスは求愛行動の一環として精緻な歌を発声する。幼いオスはこうした歌を成鳥のオスから――はたまたオスが歌う録音音声を聴くことでも――学習する。ヒトの発話と同様、発声学習が起こるために必要な発達的臨界期というのがある。この早期の発達上の時間窓を利用し損なったら、鳴鳥は正常な成鳥の歌を生成する学習が一生できなくなる――別のオスの歌を一度も聞いたことのないオスでも歌いはするが、メスを誘うにはお粗末な歌になる。

発話や音楽と同じく、鳥の歌の中には要素間の時間的階層構造がある。歌の最小単位であるノートが組み合わさってシラブルを形成し、一連のシラブルが歌のフレーズを形成する。各シラブルは数百ミリ秒までの長さで、シラブル間の休止時間は一般的に百ミリ秒未満であって、歌全体は数秒続くことがある。キンカチョウのオスとメスの脳は非常に異なる。オスには、歌の学習と生成に重要な多くの脳領域がある（メスは歌わない）。そのうちのある神経核はＨＶＣと呼ばれる（何の略称かは――よしとしよう）。この核はキンカチョウの歌のタイミングに少なくとも部分的な関与がある。ＨＶＣニューロンは歌の最中の特定の時刻で発火する――たとえばあるニューロンはあるフレーズの一〇〇ミリ秒目で発火し、別

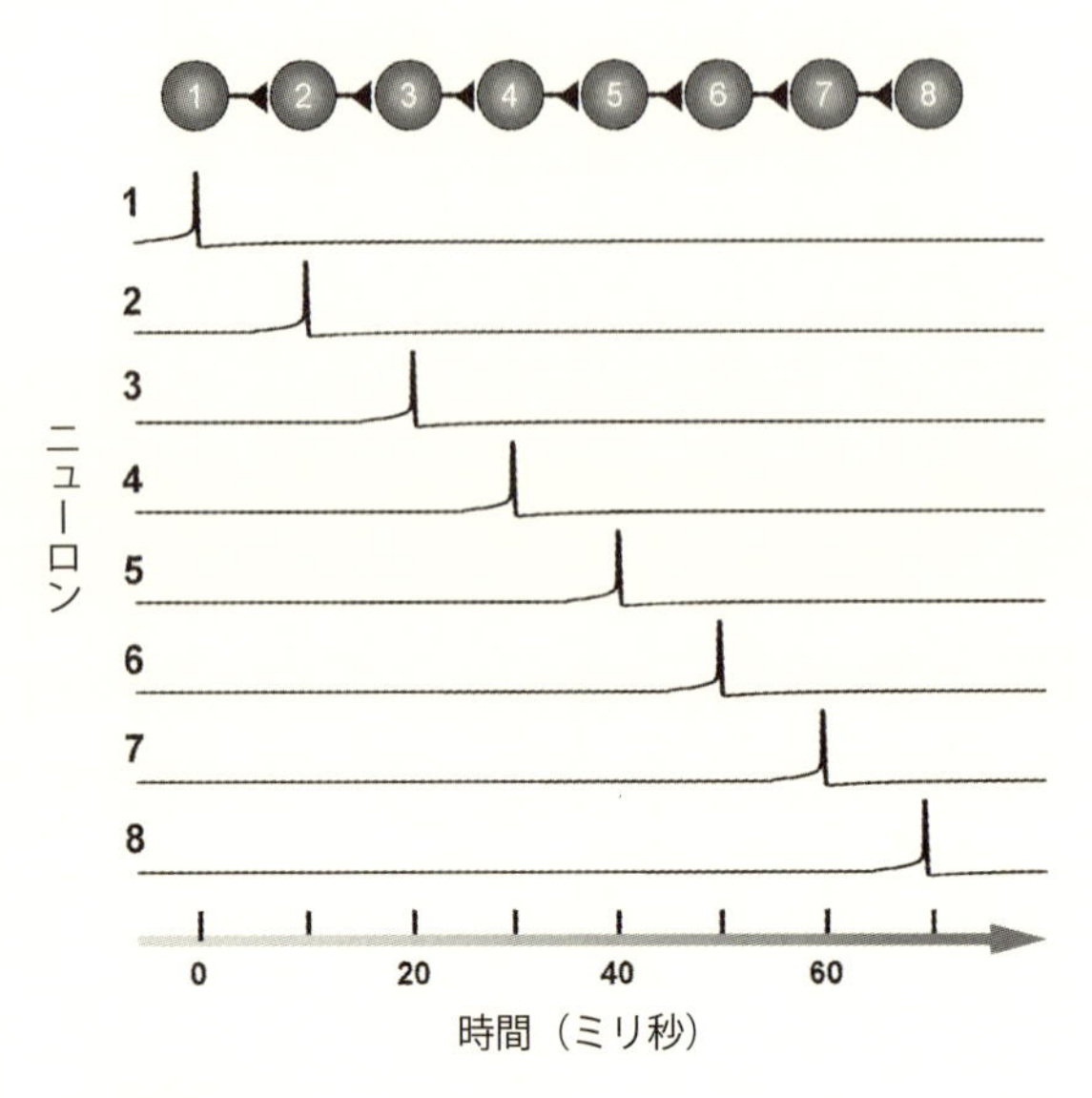

図 5.2　同期発火連鎖。同期発火連鎖モデルでは、ニューロン同士（あるいはニューロン集団同士）がフィードフォワード結合をしている。活動——電圧の「スパイク」で表される活動電位——がネットワーク内部で伝播する様子は、ドミノ倒しのようである。連鎖内部の最初のニューロンの活性化からの時間経過は、どのニューロンが現在活動中であるかによって符号化できる。

のは約五〇〇ミリ秒目で、という具合[19]。これらのニューロン群は、ニューロンAがBを活性化し、BがCを活性化し……というふうなニューロン連鎖をなしていると考えられる（図5・2）。結果的に、ニューロンAがひとたび発火したなら、ニューロン活性化のドミノ効果、A→B→C→D→Eが起きる（実際には、この連鎖の個々の単位は単一ニューロンというよりニューロン集団ととらえるべきだが）。数珠つながりのドミノ倒しをもって計時装置とするイメージだ。ドミノが同じ姿勢で繰り返し置かれ、各ドミノが倒れるのに一〇〇ミリ秒かかれば、五番目のドミノが倒れたならおよそ五〇〇ミリ秒経過したのだとわかり、一〇番目のドミノが倒れたなら一秒経ったとわかり、……、等々。同様に、次章でより詳しく扱うことになるが、連鎖状につながったどのニューロンが活性状態であるかを調べることで脳で時間がわかる場合があるという説がある。HVCニューロンはまさしくそうしたメカニズムを使って鳥の歌のノートのタイミングを制御しているようだ。ただ、神経科学での昔からの難題で、相関関係と因果関係は区別せねばならず――HVCニューロンが歌の決め手に見えるだけでは、本当にそうだとは言えない。この相関対因果の問いに立ち向かうアプローチとして、当時MITにいた神経科学者マイケル・ロングとマイケイル・フィーは、HVCニューロンが歌のタイミングの原因なのであれば、これらのニューロンの活動パターンを速度低下させれば歌もスローモーションになるはずだと考えた[20]。

ニューロン集団の活動を速度低下させるというのは技術の要る手続きだが、脳の標的領域の局所温度を操作することで可能になる。生体組織を冷却すると一般に代謝が遅くなり活動性が鈍くなる。ニューロンも同じだ。たとえば、変温動物では活動電位が軸索を伝導する速度や、活動電位それ自体の時間長も、外の温度に依存しうる(恒温動物の方が変温動物に比べて一般に素早い反射が起こるのはこの理由もある)。HVCの温度を下げるために、ロングとフィーはトリ脳に設置可能な微小冷却具を用いた。これにより、オス鳥が歌う際(一般に、近くのケージにメス個体を置くことで、オスに歌わせることができる)にHVCの温度を体温に比べ摂氏五～六度ぶん下げることができた。結果は明白だった。歌の生成に関する限り、HVC冷却によって、歌の速度は遅くなった。注目すべきは、歌のテンポが遅くなる効果は歌全体に一様に及んでいたということだ。すなわち、ノートも、シラブルも、休止も、フレーズ全体の長さも、同じ率で伸長しており、その割合は四〇％にまで達した。重要な統制実験として、歌の生成に重要な運動関連の神経核——ＨＶＣからの入力を受ける領域——の冷却も行われた。この領域の冷却では歌のタイミングへの有意な影響はなかった。ということは、この効果が起こる原因はＨＶＣニューロン自体の活動パターン（神経ダイナミクス）の速度低下にあることになり、今回の実験例では運動関連領域は多かれ少なかれＨＶＣの従属装置(スレーブ)としての挙動をしていることになる。

鳥類の歌のタイミングに関しては多くの未解明の疑問があるが、これらの実験が一定の証拠となり、脳内の単一の神経核が複雑な行動のタイミングや時間構造に、支配的とまでは言えずとも、寄与しうることがわかった。

時間の神経解剖学

動物の電気生理学的研究やヒトの脳イメージング研究からは、数百ミリ秒から数秒というスケール上で時間がわかるための親装置(マスター)としての脳内回路がどこかにある、という一致した証拠は出ていない。その正反対で、脳内の領域のうち、何らかの計時への関与が取りざたされたことのない場所というのがいよいよ希少物件になっている[21]。親装置(マスター)たる一個の時計がすべてという強い仮説が誤りなのは明らかだが、だからといって、特定の計時方法の責任中枢が脳内の特定領域にあることまで否定するものではない。鳴鳥では、ＨＶＣが実際に歌のタイミングにとって必要不可欠なようだ。次章で見ていくように、哺乳類では、小脳がある種の運動タイミングには重要である。しかも、ヒト脳のいくつかの領域が時間間隔の弁別に関与していそうだということでは研究報告が一貫している。こうした領域のうちには大脳基底核（大脳皮質の下に位置する脳内神経核群）や補足運動野（一次運動野の近くにあって身体運動に寄与する）がある[22]。それでもまだ、これらの領域が本当に時間を知るのに動いているのかそれともただ時間の値を伝えているのか――すなわち、これらが腕時計で言えば水晶振動子（クオーツ）なのかデジタル表示なのか――を云々するには早過ぎる。付け加えると、これらの研究では、脳内のいかなる回路であれそこで**どうやって**時間がわかるのか――すなわち、計時の神経メカニズム――については多くは明らかにならない。

筆者の研究室や他の幾多の研究室からの理論研究や実験研究が示唆するのは、脳内の特定の回路が特定の種類の計時を司る一方で、大方の神経回路では必要とあらば内在的に時間を知ることが可能だということだ。課題の性質――たとえば、感覚の計時か運動の計時か、間隔の計時かパターンの計時か、秒未満の計時か秒以上の計時か――に依存して、特定の神経回路が計時の主たる責任領域になっているかもしれない。だから、聴覚の回路は四分音符と八分音符を区別する責任領域の一部をなすかもしれず、視覚の回路は視覚的に提示されたモールス符号の短点（トン）と長点（ツー）の弁別に寄与するかもしれず、運動の回路はモールス符号でSOS信号を打つときの責任領域かもしれず、大脳基底核は交通信号がいつ変わるかを予期する能力に寄与しているかもしれない。

計時とは、大方の神経回路が――程度の差こそあれ――遂行することのできる一般的な計算なのだという見方から、筆者の研究室では以下の問いが生まれた。「ディッシュで培養された大脳皮質の小片ひとつにも、時間を知ることができるか？」

血球、心臓組織、肝臓組織などをインヴィトロ（「ディッシュ内」）で生かしておけるのと同様、神経科学分野では昔からラットやマウスの大脳皮質小片を培養する技術がある。こうしたインヴィトロの皮質回路には何万個ものニューロンがあって、何週間も何カ月も生かしておける。典型的には、こうした回路は定温器（インキュベータ）内に置かれ、外界との相互作用を剝奪されている。筆者の研究室のホープ・ジョンソンとアヌ・ゴエルは、これらの回路がある種の時間パターンにさらされたらどうなるかという問いを立てた。回路に変容や順応のような何らかが起きるだろうか？　回路は特定の時間間隔をある意味で「学習」できるだろうか？　ある実験では、ラットの聴覚皮質から作成した脳切片が一〇〇、二五〇、五〇〇ミリ秒のいずれかの時間間隔の電気刺激を数時間受けた[23]。通常では脳は感覚器官を介して情報を受けるが、ディッシュに置かれたニューロン群には外界からの信号を受け取る手段が何もない。インヴィトロの回路に感覚体験まがいのものを与えるために、金属微小電極を用いて組織に一瞬のショックを与えると、それを引き金に数％のニューロンが発火した。一〇〇、二五〇、五〇〇ミリ秒のいずれかの間隔を空けて、アヌ・ゴエルは二個目の刺激を与えた。今度は光パルスの形で与え、それによって一部のニューロンが発火した。もちろん通常であれば、ニューロンは光には応答しない（眼の中の光受容器を除いて）。光を検出する色素をもたないからだ。しかし、いわゆる光遺伝学の方法を用いれば、光感受性タンパク質をコードする遺伝子の導入により、ディッシュ内のニューロンが光に対して発火するようにできる[24]。こうして、これらの皮質回路は今や、外界と非常に限定的なコンタクトをするようになった。回路は、三種類の時間間隔のうちのひとつを体験する。では、体験内容はこれらの回路の振る舞いに何らかの影響を与えたか？　何の操作もしない切片でも、一瞬の電気パルスに応答して、ネットワーク内の活動電位が急激に増加するバースト活動が、数百ミリ秒も続くことがよくある。これが起きるのは、電気ショックで直接活性化したニューロンが他のニューロンを活性化させ、それが他のニューロンをさらに活性化させ――活動が収まるまで数百ミリ秒の間、活動が「反響」するからだ。この活動はすなわち、ネットワークの内部ダイナミクスの固有特徴である。切片を訓練するのに用いる時間間隔に依存して、ネットワークの内部ダイナミクスは異なる固有特徴を現した。短い間隔で訓練すると、活動は短い時間しか続かなかった。切片を二五〇ミリ秒や五〇〇ミリ秒の間隔で訓練すると、誘発されるネットワーク活動の平均持続時間はこの順で長くなった。したがって、切片の内部ダイナミクスは経験によって変容したばかりか、ダイナミクスの時間特性は訓練を受けた時間間隔に順応したのだ。ジョンズ・ホプキンズ大学のマーシャル・シュラーの研究室が独自に行った研究でも、視覚皮質から得たインヴィトロの皮質切片において時間間隔のある種の学習が観察された[25]。これらの結果のひとつの解釈は、ディッシュ内の皮質回路でさえ、ある意味で、時間を知るのを学習できるということだ。

これらのインヴィトロの研究から強く支持される考え方として、数百ミリ秒の範囲の計時というものは特殊回路の行う計算としてでなく、神経回路というものの内在的性質として見るべきだろう。

時間を知る能力が失われてしまう神経学的障害はあるかという質問がよくある。この質問への答えは、どの時間スケールのことを言っているかに依る。すでに見たように、健忘症患者クライヴ・ウェアリングは、数分という時間の流れを追う能力を確かに失っており、だからこそ、今目覚めたばかりだと思い込む永遠のループ内にはまっているように見えるのだ。これは筋が通っている。動いている時計が壁に掛かっていたところで、課題開始時刻を憶えていられなければ、一時間が経過したと判断するのに時計を使えるわけがない。ウェアリングの演奏、発話理解、会話の能力はすべて正常だったため、数百ミリ秒のオーダーでの計時は明らかに正常である。またおそらく、かの有名な健忘症患者HMと同様、数秒の間隔の時間再生課題ならできる[26]。ウェアリングやHMのような患者は、新たな長期記憶（より具体的には、生活上の事実やエピソードについての記憶）を形成する能力に重篤な障害がある。そうした症例から、脳が記憶を保持する仕組みについての根本的洞察が得られた。このことから自然な流れとして、特定の障害で一秒内外のスケールで時間を知る能力が失われることがあるかどうかとも問いたくなる。答えはノーだ。既知の神経学的病態のうち、音楽リズムの識別の障害、**かつ**、数秒範囲での間隔の時間再生の障害、**かつ**、音への反応として正しい時刻に瞬きをする学習の障害をすべてもたらすものはない。そんなものがあると期待するべきでもない。なぜなら、異なる時間課題は異なる脳内回路で解かれるからだ。

対象（オブジェクト）とは見えたり触れて感じたりできる物理的実体だが、脳自身は何物をも直接見たり触れたりはしない。外界に関して知りうるものすべて、五種類の感覚器官のひとつで生成された活動電位パターンを介してやってくる。これらのパターンから、ライトセーバーやらパパイヤやらといった実際の物理的実体を同定するということを、脳は学習する。視覚で言えば、そうした対象はある意味で時間から独立していて、静止画像からでも同定できる。しかし、外界に関して脳が同定するものの多くは、本質的に時間の関与するものである。手振り動作、池の波紋、文字▪▪▪（モールス符号の「s」）、耳に残る歌、バッ

トのスイング、話し言葉の中の「スイング」「バット」。これらはすべて時間的「オブジェクト」である。これらの事象を検出し、表現するために、脳は時間順序やタイミングに感受性をもつ必要がある。音素の有声開始時間、音符の長さ、モールス符号の短点（トン）と長点（ツー）の違いはすべて、低次の計時——すなわち森の中の木々——を要する。だが、発話、音楽、モールス符号は、より大きな時間的風景を特徴としてもっている。この風景がわかるのは、数十ミリ秒から数秒にわたる時間スケール上においてのみである。発話や音楽はこの範囲外には存在しない。音楽を大幅にスローダウンしたりスピードアップしたりすれば、もはや音楽ではなくなる。発話を速くし過ぎれば音素同士が混ざり合ってしまう。発話を遅くし過ぎれば音素は認識不能となり、一文内の一個前の音素だったり一個前の語が何だったかもだんだんわからなくなる。一秒を下回るくらいの計時は、時間処理にとって長過ぎず短過ぎずの領域である。森と木の両方に意味を見出せる領域だ。

　複雑な時間パターンの解析能力がなかったとしたら、我々にはヒト種の固有特徴としてのふたつの能力を発揮することができないだろう。発話、そして音楽である。でもどうやって、脳は発話や音楽に固有の複雑な計時の問題を解決しているのだろう？　どうやって、音節の持続時間を計り、歌のテンポを定めているのか？

6:00

時間、神経ダイナミクス、カオス

時計というのは何でしょうか。／時の流れを素朴的に主観的に感じる限りでは、それで私たちの印象を順序立て、一つの出来事は早く、他の出来事は遅く起るということを判断することができます。しかし二つの出来事の間の時間間隔が十秒であるというようなことを示すのには時計を必要とします。時計を使用すれば、そこで時間の観念は客観的になります。ところで時計としては、どんな物理現象でも、それが幾度でも望む通りに、精密に繰り返すことのできるようなものであれば、役に立つのです。

——アインシュタインとインフェルト[1]〔アインシュタイン、インフェルト 著、石原純 訳『物理学はいかに創られたか（下）』（一九四〇／一九六三）岩波書店 より引用〕

人工時計は単純極まりない原理に依っている。それは、発振器の周期の拍数の数え上げである。発振器の精巧度合いの違いは莫大だが——振り子の往復運動、水晶振動子(クォーツ)の振動、はたまた電磁放射の「振動」の周期——結局のところ、人工時計とは単に何らかの周期的過程のチクタクを数えることにほかならない。こうして時を刻む方略が途方もなくうまくいってきた以上、脳だって時間を知るために同様の原理に依っているという説にそそられる。

そそられるから危うい。

脳が数ミリ秒から数秒のスケールでの時間を知る仕組みについて、最も幅を利かせている理論が、**内部クロックモデル**だ。その要点は一九六〇年代前半にすでに出されている[2]。その名の通り、このモデルは人工時計と同様の原理に依っている。単一ニューロンないしニューロン集団がある固定周波数で拍を刻み、別のニューロン集団の方ではこれらの拍数を数え上げるというものだ。これは賢い提案のように思える。多くのニューロンは実際に振動する、すなわち発火の反復がほぼ一定の間隔で起こる、という事実を知ればなおさらだ。そう、脳波の振動、呼吸、歩行、心拍はすべて、数十ミリ秒から数秒の範囲の周期で動く生体発振器に依拠した、精密な律動をもつ生物学的現象の例なのだ。

だが、人工時計が動作するためにはよい発振器があるだけでは足りない。各振動を数え上げるメカニズムが要る——機械式時計での歯車、水晶振動子（クォーツ）腕時計でのデジタル回路がこの機能を供する。そしてそこに問題があり、ニューロンには発振器の素質ありといえども、数え上げは得意種目ではない。

過達的計時と未達的計時

読者は思っているやもしれない。「ちょっと待った、概日時計は生体発振器に依拠するとすでに見てきたではないか——転写／翻訳自己制御フィードバックループによるものだと」。しかも、たった今述べたように、呼吸や心拍や歩行のタイミングはこれまさに生体発振器に依拠している。だから身体だって人工時計と同じ原理を用いて計時をしているのだ！　こうした推論は部分的にしか正しくない。これらの例と人工時計との間には重大な違いがあるからだ。これらの生物学的な例では、計時されている当該時間間隔は発振器の周期**以下**なのに対し、人工時計ではその逆。人工時計は、時計内部の計時基準（タイムベース）の周期**以上**のスケールでしか計時ができない。生体発振器は一般に、その周期よりも短い時間長の出来事の計時――**未達的計時**――に用いられるのに対し、人工時計は、その周期よりも長い時間長の経過時間の測定――**過達的計時**――をするのだ。

第3章で論じた、概日時計を構成する分子機構の周期は、約二四時間。Period のような概日タンパク質の濃度は、この二四時間周期内のいつなのか――たとえば、日中の午前か午後か夜間か――という位相に関する情報を与えてくれる。しかし、視交叉上核内部の概日時計は幾日が経過したのかなんて知る由もない！　一日経てば完全リセット。何の歯車ともつながっていない単独の振り子みたいに、何周期が起こったかの記録や記憶は一切ない。同じように、呼吸の基礎となっている神経発振器のおかげで、だいたい同じ周波数、〇・二五ヘルツ（一周期につき四秒）とかで呼吸が起きる。各呼吸サイクルでは、吸気と呼気の協調制御をはじめ、タイミングを守って多くの運動事象が起きる必要がある。だから、呼吸を制御する神経中枢は四秒未満のスケールでの時間がわかると言えるが、ここでも一周期経てば本質的に完全リセットとなる[3]。呼吸を制御する神経回路は、自らのこれまで生成した呼吸サイクルが千回か、百万回か、百万一回かなんて知る由もない。

ニューロン集団のネットワークには、時間方向に情報を統合する（「数え上げる」）ものもあるが、振り子時計の歯車だったり水晶（クオーツ）振動子時計や原子時計の周期の数え上げをするデジタル回路だったりのようなデジタル式の精度もなければ記憶容量もない。訓練を受けた人間は一〇〇ミリ秒と一〇五ミリ秒の時間間隔を識別できる。しかし、この五ミリ秒の時間差を過達的計時メカニズムを用いて検出するためには、計時基準(タイムベース)は二〇〇ヘルツで振動しなくてはならず、累積器(アキュムレータ)回路は二〇拍と二一拍を識別しなくてはならず、ニューロンの時間特性と精度を考えれば達成困難な要求だ。この見解と一貫して、計時の内部クロックモデルは実験結果からほぼ支持が得られていない。

内部クロックモデルの実証的支持が欠けているからといって、脳の発振器が過達的計時に関与しなかろうとは直ちには言えない。たとえば、異なる周波数で拍を刻む大量の個数の発振器に依拠した計時の方略が提案されている。この一連の発振器が一斉に動き出せば、そのうちの異なる集団のニューロンが**うなり**(ビート)を形成するはずだ――ある瞬間だけ、一部の発振器群の振動の頂点が時間的に一致し、次の瞬間にはおおむねばらける。こうしたうなりを検出すれば、神経発振器モデルを用いてそのいずれの発振器の一周期よりも短い時間差での時間間隔の弁別が可能となることが、計算論モデルで示されている[4]。

ただ、これまで見てきたように、数百ミリ秒から数秒のスケールの計時は非常に特別である。この範囲内では、計時で扱う内容は単に事象間の時間間隔をきちんと測定することだけでなく、文脈であり、時間的階層構造であり、時間の中のパターンである。この範囲内というのは時間パターン解析にとっては長過ぎず短過ぎずの領域であり、事象の時間長および事象間の時間間隔ばかりか、音素列の全体的時間構造、音符、モールス符号の短点(トン)と長点(ツー)まで抽出できる。となると、従来型の発振器的メカニズム以外に、ミリ秒〜秒のスケールの計時の説明モデルを検討してみてもよいだろう。

図 6.1　波紋。時間は力学系の状態の中に、自然に符号化されている。この例ではどちらの雨粒が先に落ちたかが明白で、雨粒間の時間間隔を推定することも可能だろう。

波紋

図6・1に示すような、池に落ちた雨粒ふたつから作られた波紋のパターンがあるとしよう。どちらの雨粒が先に落ちたか？　本章の目的のひとつは――アインシュタインと共同研究者レオポルト・インフェルトが本章の題辞で語ってくれているように――原理的に、再現性をもって繰り返せる任意の物理現象は時間を知るのに利用できると示すことだ。

各雨粒がだいたい等しい運動量で水面にぶつかると仮定すれば、どちらも似たようなパターンで外向きに拡大していく同心円状の波を作る。こうした波紋は**時空間パターン**――時間変化する空間パターンの一例だ。任意の時刻でのこの空間パターンのスナップショット画像から、どちらの雨粒が先に落ちたかが直ちにわかるのみならず、少々の数学を使えば、雨粒間の時間間隔を推定することもできる。

時間変化する物理系をうまく使えば時間がわかる

ことについて、もうひとつ単純な例を考えてみよう。ウォータースライダーを滑り落ちる子供を想像してみる。常に同じ初期位置から滑り落ちるなら、終点までにかかる時間はほぼ同じになるだろう。だとすれば、滑り台の上に線を描き込んで、一秒間隔を表すことが可能だ。滑り落ちるにつれてスピードを増していくぶんだけ、上の方では狭い間隔、下の方では広い間隔。したがって、子供が各線を通過することをもって、開始時刻から何秒経過か告げることができるだろう。

この、子供スライダー計時装置は、重力で駆動される。水時計とか砂時計と同じ原理だ。こうした計時装置は特段の精度とも思われないかもしれないが、二〇一四年冬季オリンピックでのスキーの男子滑降の上位入賞者八名を見れば、選手間のタイム差は〇・五秒以内だった。上位八名のタイムは二分六秒二三〜二分六秒七五の範囲内だったことから、精度は〇・四%未満――ホイヘンスの振り子時計以前のあらゆる時計の精度をしのぐ。

短期的シナプス可塑性

大部分の物理系――滑降しゆくスキー選手、傾斜を転がりゆくボール、細胞内の生化学反応、池の波紋――は、物理法則で単純に決まる道筋で展開していくプロセス――すなわち、原理的に計時に使える力学系である。脳は既知の宇宙における最も複雑な力学系であるがゆえに、脳が脳自身の内部力学を検針して計時をしていてもいいだろう。事実、ニューロンは発火のたびに、再現性のある一連の変化をしている――池に落ちる雨粒の作るもののように。

第2章で、ニューロン同士がシナプスで結合し、シナプス前ニューロンがシナプス後ニューロンに及ぼす影響がシナプス強度で決まることを見てきた。しかも、こうしたシナプス強度が変わりうること——弱いシナプスが強くなったり——や、シナプス可塑性プロセスが脳内の学習や情報保持の一形態であることも見てきた。

話を単純にするため、神経科学者はよく、学習がなければシナプス強度はおおむね一定であるかのような物言いをしている。しかし、大部分のシナプスは使用のたびに、すなわちシナプス前ニューロンのスパイクのたびに、一時的に強まったり弱まったりする。このような、使用に依存したシナプス強度変化のことを、**短期的シナプス可塑性**と言い、これは数十ミリ秒から数秒の範囲で生じる[5]。大脳皮質のシナプスには短期的な促進をするものがある。たとえば、シナプス前ニューロンが一〇〇ミリ秒隔てて二個の連続したスパイクを発生したなら、二度目のスパイクは一度目のものよりも大きな電圧変化をシナプス後ニューロンにもたらすという具合（図6・2）——すなわち、シナプス前ニューロンからシナプス後ニューロンに送られるメッセージが「大音量」になるのだ。しかしながら大部分の皮質のシナプスでは、短期的な抑圧をする——すなわち、一〇〇ミリ秒隔てた二個のスパイクの二度目のものは、より小さな電圧変化をシナプス後ニューロンにもたらす。いずれにしても、電圧変化量はスパイク間時間間隔に依存する。一般的に、この効果は一〇〇ミリ秒未満の時間間隔でよく起き、数百ミリ秒隔てると消失する。これが意味することとは、池の波紋の先導波の直径が雨粒落下からの時間経過についての情報を含んでいるのと同じく、任意の時刻におけるシナプス強度は、そのシナプスが最後に使われたのはいつかに関する時間情報を含んでいる。

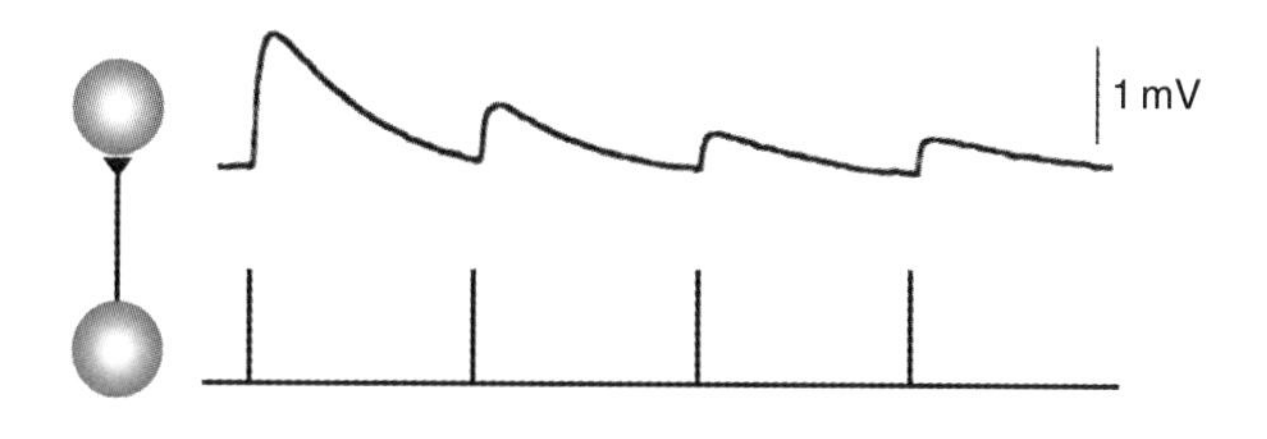

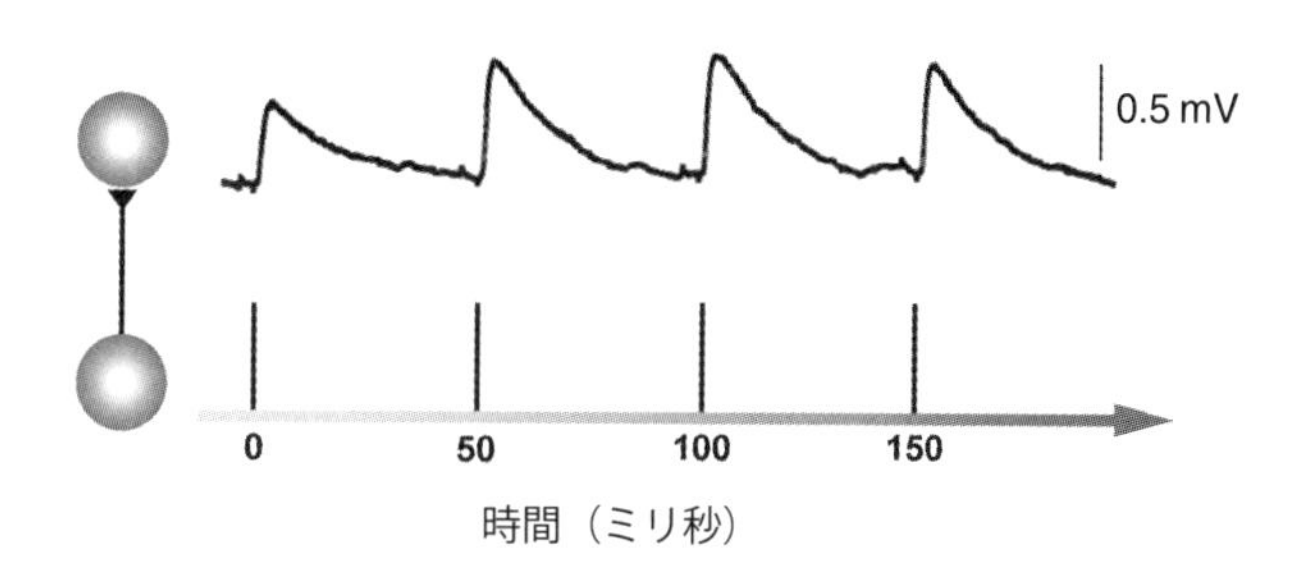

図 6.2　短期的シナプス可塑性。ミリ秒の時間スケールで、シナプス強度は短期的な抑圧（上）または短期的な促進（下）をすることがある。（電位のトレースは Reyes and Sakmann, 1999 から）

筆者自身、短期的シナプス可塑性その他の時間依存のニューロン特性が脳での数百ミリ秒のオーダーでの計時能力に寄与している可能性を提案してきた[6]。考えうる最も単純な神経回路として、単一シナプスでつながった二個のニューロンがあるとしよう（図6・3）。シナプス前ニューロンが三種類の時間パターンのいずれかで発火するとする。その発火パターンは、五〇、一〇〇、二〇〇ミリ秒のいずれかの時間間隔ぶんだけ離れた二個のスパイクだとしよう。これらの間隔は時間刺激とみなせる――実際、動物によっては「クリック音」と呼ばれる短い一連の音を出してその時間間隔をもって情報を伝えるというコミュニケーションをす

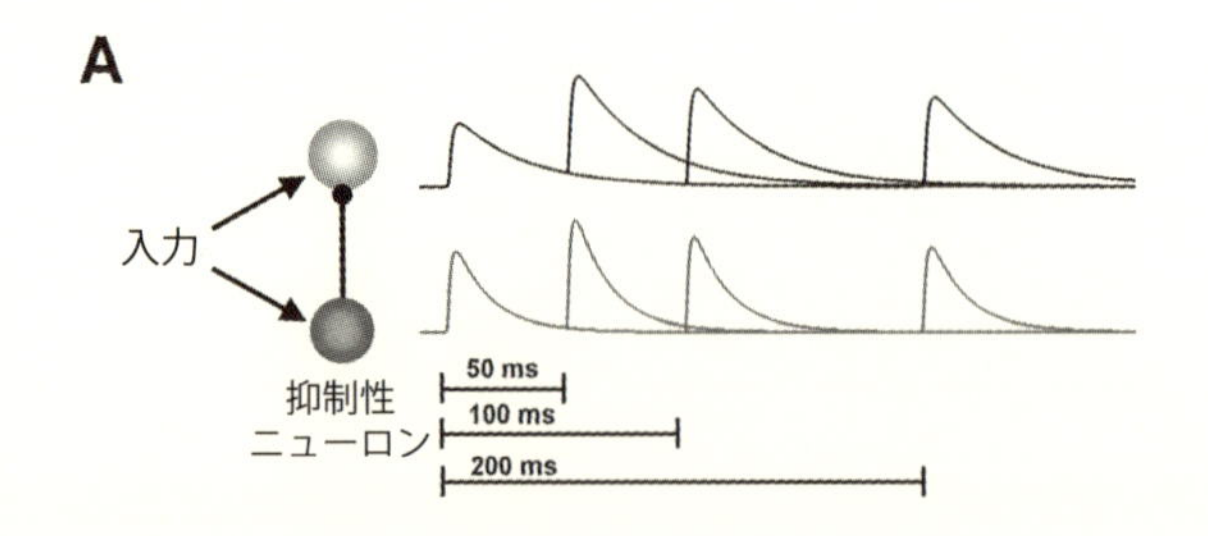

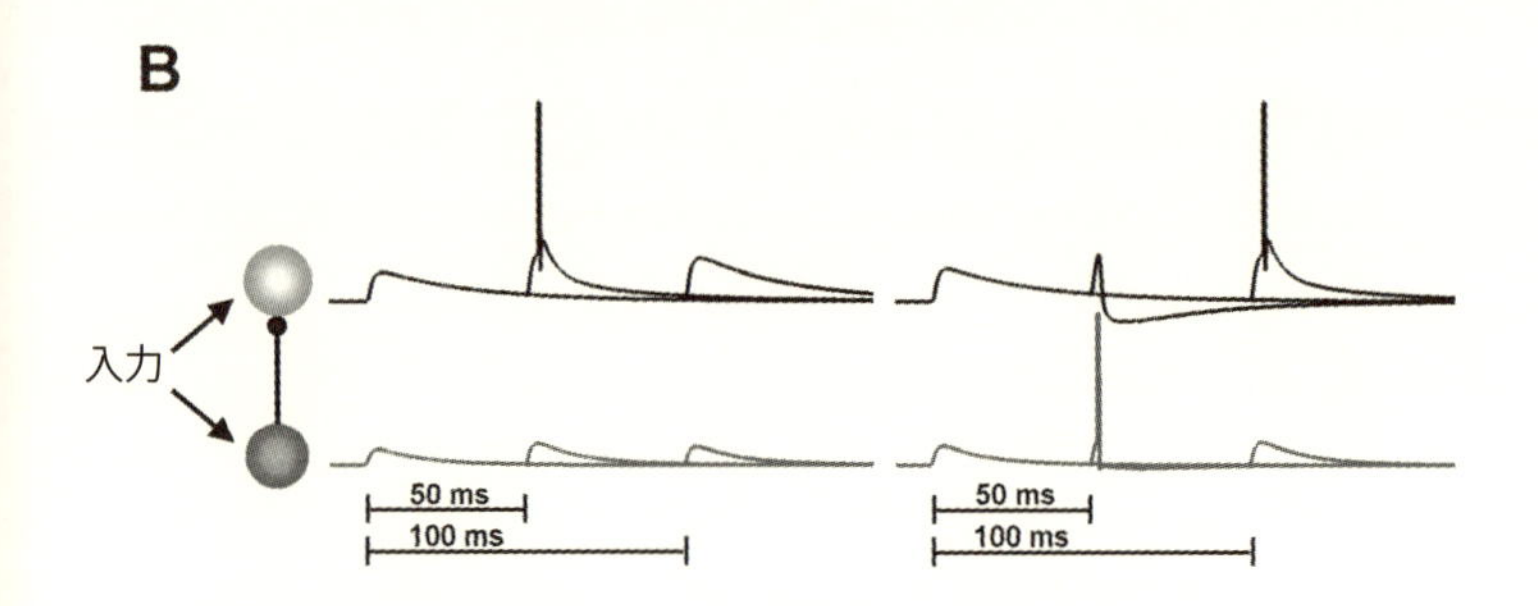

図 6.3　短期的シナプス可塑性に基づく時間間隔選択性。
A. この単純な神経回路のシミュレーションでは、1 個の入力ニューロンが興奮性ニューロン（上）と抑制性ニューロン（下）につながっている。トレースの表すのは、3 種類の異なる時間間隔への応答としての電圧変化。入力ニューロンは 50、100、200 ms のいずれかの間隔でスパイクを 2 発出す。入力から両方のニューロンに結合しているシナプスは短期的促進を来す——たとえば、50 ms 刺激の 2 個目のスパイクへの応答としての電圧信号の振幅は、1 個目のスパイクの引き起こす電圧変化よりも大きい。B. 入力から興奮性ニューロンおよび抑制性ニューロンに結合しているシナプスの強度に応じて、興奮性ニューロンは 50 ms（左）または 100 ms（右）のいずれかの間隔に選択的に応答しうる——したがって、この単純な回路での興奮性ニューロンには、ある意味で、時間がわかることになる。

る。これら三種類の間隔のそれぞれで、一番目のスパイクで生じる電圧変化は同じはずだ——このスパイクの「強度」を一ミリボルトとしておこう。短期的シナプス可塑性のため、同じシナプスの強度は二番目のスパイクの際には違ったものになるだろう。仮の数字で言えば、五〇ミリ秒間隔での二番目のスパイクで生じる電圧変化は一・五ミリボルトで、一〇〇、二〇〇ミリ秒間隔での二番目のスパイクの強度はそれぞれ一・二五、一・一ミリボルトといった具合。シナプス後ニューロンは一・五ミリボルト以上の入力を受けたときにのみ発火するという具合に回路特性を構築しておけば、まがりなりにもタイマーを構築したことになる——五〇ミリ秒離れた二個の入力を受けたときにのみ発火するニューロンだ。

計算神経科学的モデルで示されたことだが、短期的シナプス可塑性を生じる興奮性ニューロンと抑制性ニューロンで組まれた単純な回路は、さまざまな時間間隔に対して選択的に応答することができる——たとえば、一〇〇ミリ秒には応答するが、五〇ミリ秒や二〇〇ミリ秒には応じないといった具合[7]。このような時間間隔に対してチューニングされたニューロンなら、音素の有声開始時間やモールス符号の点間間隔や音符間の間隔を検出するのに使えるかもしれない。

コオロギ、電気魚、ラットなど多くの動物種の脳内で、異なる時間間隔に選択的に応答するニューロンが見つかっている。この時間選択性が生じる仕組みについてはよくわかっていないが、短期的シナプス可塑性が少なくとも部分的に関与していることを示す研究例がある[8]。

状態依存ネットワーク

前述のニューロン二個のごく単純化した回路は、脳の実際の回路に対してはいささか失礼だ。大脳皮質の一立方ミリメートルの中には、十万個のニューロンと数億個のシナプスがある[9]。皮質回路が複雑な空間的、時間的パターンを処理する仕組みについて、より一般的な理論が提案されている。そうしたモデルのひとつ、**状態依存ネットワーク**と言われるものは、筆者と共同研究者、また後にオーストリアの数学者ヴォルフガング・マースらによっても提案された[10]。この理論を理解するには、皮質回路の**状態**という概念を理解する必要がある。

物理学において系の状態とは、その系の現在の「配置」(まさに状態)を知る情報を与えてくれる変数の値であるとみなせる。机上に散ったビリヤード球を例にすれば、その状態は、各球の位置と運動量(質量×速度)によって定義できる。原理的に、ビリヤード球のある時点での状態を知れば、次に起こることのみならず、過去に起こったことまで、予測に必要な全情報を得たことになる。時刻tでの状態がわかれば、物理法則から、時刻$t-1$と$t+1$での状態が決まる。脳内のニューロン集団の状態を定義できる、こうした変数とは何だろうか?

典型的には、当該時刻のニューロン集団ネットワークの状態は、どのニューロンが発火しているかで定義される。アクティブに情報を結線先へ伝達しているニューロンということで、これを**アクティブ状態**と呼ぶことにしよう。ただこれだと、神経ネットワークの状態の記述としては完全からほど遠い。回路の未現在のアクティブ状態だけからでは、近未来での回路の動作を予測するのが不可能だからだ。

来の挙動に影響を与えるニューロン特性にはほかにも重要なものがたくさんある。そんな特性のひとつが、短期的シナプス可塑性だ。そう、ニューロン集団の次なる動作は、現在発火中のニューロン群がどれかだけでなく、当該時刻の各シナプスの実効強度にも依存する——そして実効強度はシナプスの過去の挙動に依存する。短期的シナプス可塑性は、数百ミリ秒の時間範囲の中で変化しうる多種多様なニューロン特性のうちのひとつに過ぎない。こうした特性をして、ネットワークの**隠れ状態**を定義するとしよう。「隠れ」とは、神経科学者の刺す電極から隠れているという意味だ。

　ある時刻 t でのネットワークのアクティブ状態は、神経ネットワークへの入力と、時刻 $t-1$ でのネットワークの状態（アクティブ状態および隠れ状態）とに制御される。ここでも、波紋の喩え話が重宝する。池にふたつの雨粒が落ち、一個目が $t=0$、二個目が $t=100$ ミリ秒の時刻に落ちたとしよう。$t=101$ ミリ秒での池の状態は、入力（二個目の雨粒）と現在の状態（一個目の雨粒から広がる波）との相互作用に依存することとなる。ここが大事だが、二個目の雨粒の作る波紋パターンは、それが一個目の一〇〇ミリ秒後に落ちたか二〇〇ミリ秒後に落ちたかによって異なる。平たく言えば、$t=400$ ミリ秒に撮影された池の波紋のスナップショットを見ただけで、落ちた雨粒が一個か二個かのみならず、二個の場合にはそれらの時間間隔までがわかってしまう。池の直近過去の体験内容が、現在の状態に保持されているのだ。同様に、ニューロン集団ネットワークの応答は次のふたつで決まる。まず現在の入力、そして、直前に起こったことであり——後者は、ネットワークの現在の状態の中に表現ないし符号化されている。池の「応答」も神経ネットワークのものも、**状態依存**だと言える。実際、聴覚皮質や視覚皮質の記録でよく現れることだが、刺激への神経応答は先行刺激によって、またその先行刺激がどれだけ昔に生じたかによって、強く影響される[11]。原理的には、状態依存ネットワークでは単純な時間間隔だけでなく、音声内の単語といった複雑な時空間パターンも弁別できることが、コンピュータシミュレーションで示されている[12]。

集団時計

池の波紋や神経ネットワークの状態変化を用いて時間を知るというだけでは、次の本質的な質問に答えたことにならない。どんな暗号(コード)なのか？　すなわち、池の波紋や神経ネットワークの状態を時間単位へと翻訳するにはどうしたらいいのか？　実験研究や理論研究が示唆するところでは、脳が時間を符号化するひとつの方法は、ある瞬間にどのニューロンがアクティブかを定めることをもってする、というものだ。これの単純な形はすでに鳴鳥のＨＶＣニューロンにおける計時の議論で見てきた――どのドミノが現在倒れつつあるかを見ることで、最初のドミノが倒されたのがどれだけ以前だったかわかるのと同じように、どのニューロンがアクティブかを見ることで、歌が始まってからの経過時間がわかる。しかし、これは非常に単純な連鎖的コードに過ぎず、より一般的には、各瞬間は多数のアクティブなニューロンからなる集団によって表現される様式が考えられる。こうした時間符号化様式を**集団時計**と呼ぶことにしよう。この重要な概念を最初に唱えたのは、当時ヒューストンのテキサス大学医学校にいたマイケル・モーク。一九九〇年代にモークの出した提案では、ある種の計時は、小脳――解剖学的に独立した脳内位置にあってある種の運動タイミングに関与する部位――のニューロン集団が次々と交代していくダイナミクスに依拠するという[13]。たとえば、時刻$t=0$に提示された音などの刺激を引き金に、小脳の神経活動パターンが起こったとしよう。すると、時刻$t=100$ミリ秒で数千個のニューロン集団がアクティブになり、時刻$t=200$ミリ秒で別のニューロン集団がアクティブになるという具合。ニューロンの中には両方の時刻でアクティブなものがあって、またどのニューロンも単体では時間情報を運べなくても、集団時計なら、経過時間が一〇〇ミリ秒か二〇〇ミリ秒かの判別ができる。

喩えとして、夜間に高層ビルの窓を見て、各窓で部屋の照明がオンまたはオフであるのがわかるとしよう。各部屋の人間が各々独特の勤務スケジュールで、毎夜それが反復すると仮定する。ある窓では日没直後に照明オンになり、別の窓では日没の一時間後にオン、別の窓では日没時にオンになったのが一時間後にオフになり三時間後にまたオンになる。窓が百個あれば、二値の数列を書き下して各時刻でのビルの状態を表せる。日没時は101……、日没一時間後は011……、などなど——各桁はその窓で照明がオンかオフかを表す。当該時刻にどの窓が「オン」(1)か「オフ」(0)かが、ビルの**状態**(神経ネットワークのアクティブ状態と等価)を表す。この状態は、各軸が個別の窓を表すようなグラフ内の一点として表すことができる。できるといっても、一〇〇本の軸をもつグラフが必要になるけれど。図6・4に、ビルの状態(時間の各点)を表す方法について、三次元に限定して示す。第一、二、三桁の数字を三次元グラフのx、y、z軸で表す。こんなグラフを一〇〇次元空間で可視化することはできないにせよ、原理はまったく同じだ。時間の各点での丸を結ぶことで可視化できるのが、ビルの**軌跡**、すなわち、ビルの状態の時間変化の様子である。だから、ビルは時計であるように設計されたわけでなくても、ビルがビル固有の内部ダイナミクス(照明の変化パターン)をもつ限り、時間を知る用途に使える。

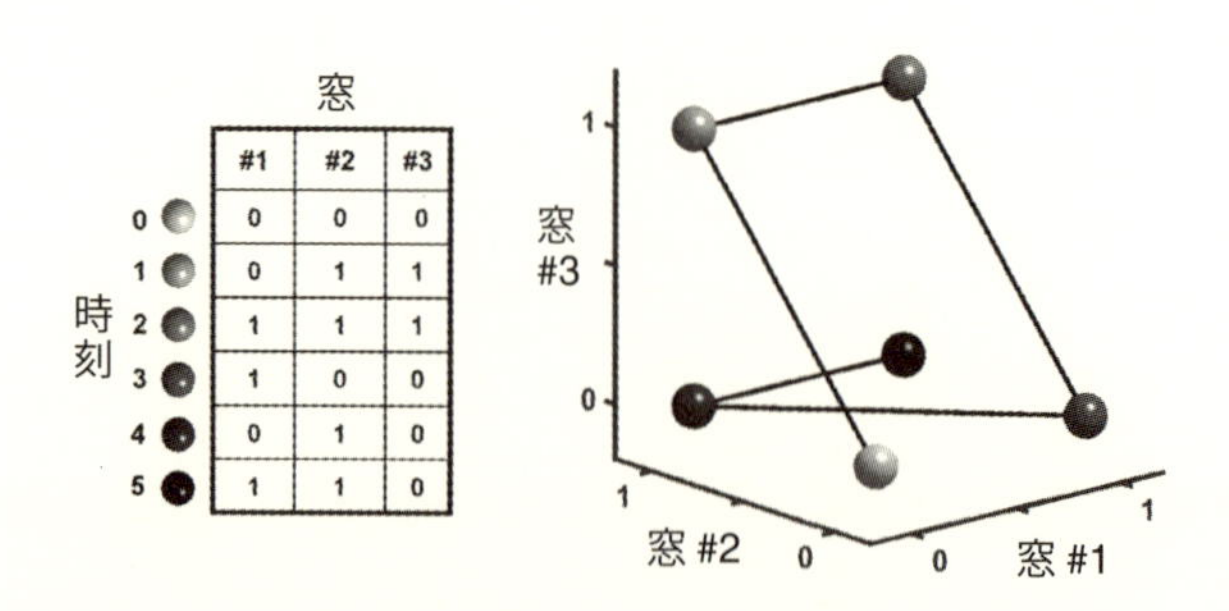

時刻	#1	#2	#3
0	0	0	0
1	0	1	1
2	1	1	1
3	1	0	0
4	0	1	0
5	1	1	0

図 6.4　ビルの窓の状態変化を用いた時間符号化。
各時刻（左表に示す）での 3 個の窓の状態と等価な情報を 3 次元空間内の軌跡（右）として表している。

事象特異的時計

これで、アクティブなニューロン群のパターンの変化をタイマーとして利用できる可能性がわかった。しかし、マイケル・モークの理論から得られる洞察の本質は、莫大な個数のニューロンからなる回路は単に**一個**のタイマーではなく、多数のタイマーだということだ。同じ回路に多数の異なるタイマーの機能をもたせることの利点はすぐにはわからないかもしれないが、この方略を使えばより強力な計算システムが作り出せるのである。

半熟卵ができる、パスタがゆであがる、ケーキが焼ける時間を計るのに、台所にあるタイマー一個をセットして使ってもいい。別のやり方は、目的ごとに三個のタイマーをもち——各タイマーに異なるアラーム音を出させることだろう。こんな三個もの機器を調理台に置いておくのは煩わしいかもしれないが、この事象特異的セットアップには重要な利点がある。台所に入っていってアラームが突然鳴り出したら、何の火を消すだか何をオーブンから出すだかが即座に知れる。

言い換えれば、事象特異的タイマーは現在進行中の事象の記憶としての機能も果たすのだ。

複数のタイマーを単一の神経回路内部にもつことの利点をよりよく理解するために、何千個ものLED照明がクリスマスツリーに巻きついている様子を想像してみよう。ライトの照明パターンは、スイッチを入れるたびに何らかの一貫したパターンで変化するとしよう。多くの種類のパターンが考えられる。ライト点滅が単純に連鎖するとか、高層ビルの窓みたいに何らかの高度に複雑な時間変化パターンとか。前者の連鎖的なパターンの利点は、暗号は読み解くまでもないということだ——一個目のライトは $t=1$ を表す、二個目のライトは $t=2$ を表す、……。欠点は、そうしたパターンは一種類だけであり——タイマーが一個だけしかないということだ。これに対して、複雑なパターンは読みにくいが、同じ一連のライトを用いて莫大な数のタイマーを作り出せる。

たとえば、今のクリスマスツリーの一連のライトにはスイッチが二個ついていて、一個はアリスが、もう一個はボブが制御するとする。たとえば、アリスのスイッチでは以下の空間パターンでライトが一秒間隔でアクティブになるとする（各数字は一列中のライトの位置を表す）。

$t=1$　5　10　15　20

$t=2$　6　12　18　24

$t=3$　7　14　21　28

……

一方、ボブのスイッチでは以下の照明順序になるとしよう（この例では各パターンが特定のアルゴリズムに従っていることに注意）。

t=1　1 2 3 4
t=2　1 4 6 8
t=3　1 6 9 12
……

さて、クリスマスツリーの写真を一枚見せられ、そのライト番号「8　16　24　32　……」がオンであれば、写真が撮影されたのはスイッチが入ってから四秒後であるとわかるだけでなく、スイッチを入れたのはアリスであることもわかる。このクリスマスツリー照明は、時間**かつ**空間を知っていることになる。どれだけの時間が経過したか、かつ、どちらのスイッチが入ったか、を示す測定データだ。

こんな具合に機能するたくさんのタイマーを脳がもちたい理由とは？　数ミリ秒から数秒の時間スケールでは、脳には単に時間がわかるだけでなく、特定の瞬間に物事をこなすことも必要だからだ。動物の運動タイミングの有名な一例として、瞬目条件づけと呼ばれる一種の古典的条件づけに関するものがある。音を提示してから二五〇ミリ秒後に角膜に空気の吹きつけをする、というのを何度も繰り返すと、ヒトその他の動物は音への反応として瞬きすることを学習する。けれども、音が鳴ったら直ちに瞬きをするわけではない。予期される空気の吹きつけに先行するタイミングで瞬きが起こるのだ。言い換えれば、動物は単に瞬きをすることを学習するのでなく、**いつ**瞬きをするかを学習するのである。この学習の重要性の説明としては、危険な刺激が角膜を傷つけるかもしれない状況下で自分の眼が長時間閉じっぱなしだとたぶんよくないからというのが定説になっている[14]。では、異なる音への反応としてふたつの異なるタイミングで瞬きすることを動物は学習できるだろうか？　これこそが、マイケル・モークが実証したことである。モークの研究室は、低い周波数の音が鳴った後では一五〇ミリ秒近く、高い周波数の音が鳴った後では約七五〇ミリ秒と、ウサギが瞬きのタイミングを学習できることを示した。しかも、小脳の損傷後にはタイミングを区別できる効果が消失したため、神経タイマーは小脳の回路内部にあることが示唆される。

複数のタイマーをもつことの重要性のさらなる例として、ピアノで二曲が弾けるピアニストを考えよう。一曲目の中では出だし一秒のところでドを鳴らす必要があり、二曲目ではミを鳴らす必要がある。従来型のタイマーだと、いつ一秒が経過したかがわかるという点では有用だが、どの鍵盤を一秒後に押せばいいかわからない。これに対して、異なるダイナミクスで変わる時空間パターンを異なるタイマー――たとえば、アリスとボブの使った異なる照明パターン――として用いれば、時間を知るだけでなく、各時刻に何をするべきか定めるという問題を解決できる。脳でこの方略を実装するには、一曲目の出だし一秒のところでアクティブなニューロン集団が、ピアノのドの鍵盤を押すのを司る運動ニューロンに結合し、二曲目の出だし一秒のところでアクティブなニューロン集団が、ミの鍵盤を押すのを司る運動ニューロンに結合するようにすればいい。

時間の符号化をしているとおぼしき神経活動の時間パターンとして、単純なものから複雑なものまで、神経科学研究で多数の例が観察されてきた。リスボンのシャンパリモー先端研究所の神経科学者ジョー・ペイトンらの研究では、聴覚刺激の短い時間間隔か長い間隔かに応じて、ふたつの「小窓」のうちのひとつに鼻先を突っ込むよう、ラットを訓練した。各試行でラットは、〇・六〜二・四秒の範囲内の時間間隔ぶん離れた二音を聞いた。間隔が一・五秒より短ければ左の小窓に鼻を突っ込むと報酬がもらえ、間隔が一・五秒より長ければ右の小窓に鼻を突っ込むと報酬がもらえた。ラットはこの課題をわりとうまくでき、たとえば、一秒と二秒の間隔に応じて、正解の小窓の方に約九〇％の試行で鼻を突っ込んだ。ラットがこの課題を行っている最中、線条体——運動およびある種の学習に関与する脳領域——にある数十個のニューロンから記録がとられた。これらのニューロンの多くは、多くの試行間にわたり一貫して、一試行中での同じような時刻に発火した。たとえば、二・四秒の間隔での刺激提示中、初期に発火するニューロンもあれば後期に発火するものもあり、いつ発火するかに従ってニューロン活動を並べると、A→B→C→D→E という連鎖的な活動パターンが観察された——複雑な振る舞いの活動パターンをここでは若干単純化しているが[15]。一・五秒という境界に近い間隔を提示した試行では、当然のことながら、ラットは誤ることが多くなった。面白いことに、これらの誤りを、ニューロンのダイナミクスに基づいて予測することができたのだ。たとえば、活動パターンが「走っちゃってる」（パターンが展開するのが平均よりも速い）とき、ラットは「長い」と反応することが多く、逆もまた然りだった。こういった研究は、これらのニューロンが動物の時間認識能力に寄与する確かな証拠と言えそうだ――もちろん神経科学の世界では、一研究だけではこれらのニューロンが実際に二音間隔の計時を司ると結論はできないが。

同様の連鎖的な神経活動パターンは、他の多くの脳部位でも観察されている。たとえばラット海馬のニューロンは、回し車で走るであるとか報酬のために運動反応実行前に所定の時間だけ待つといった課題を被験体が開始して以降、特定の時刻で発火したりする[16]。面白いことに、多くの研究において、課題の詳細に応じ、異なる活動連鎖が観察された。たとえば、課題の開始の手がかり刺激となったにおいに応じて、同じニューロンが異なる時刻に発火するといった具合。こうしたことから、これらのニューロンは単に絶対的な時間をたどっているのでなく、アリスやボブが引き起こした軌跡のように、時間を把握し、かつ、活動パターンを引き起こした刺激を「憶えている」のだということが示唆される。

動物が時間課題を遂行する際の神経活動の時間変化パターンでは、これよりはるかに複雑なものも神経科学研究で観察されている。こうした複雑な集団時計の場合、異なるニューロンが異なる時刻に発火を開始して、異なる時間長だけ発火活動を持続し、後になって再び発火したりすることもある[17]。こうした時空間パターンは試行間で再現性がある一方で、人間の目にはランダムにしか見えなかったりもする。場合によって神経活動の時空間パターンが見た目めちゃくちゃなのは不思議に思えるかもしれない。しかし、これこそが大事な点かもしれない。「ランダム」なパターンとつい言ってしまうが、その実体は、パターン内部においてあらゆる時刻ですべてのニューロンがだいたい等しい確率で発火している状態を指していたりする。そして、情報理論の分野では、すべての符号や要素が等確率で用いられるコードの方が情報の保持・伝送の容量に優れることがわかっている。たとえば英語は、特に高効率のコードというわけではない。文字ごとの使用率が莫大に異なっている。英語をタイプしてみると、キーボードの「e」キーを押す割合が全体の約一二・五％、それに対して「q」キーの使用率は〇・一％のみとなる。神経活動の、複雑で一見ランダムな時空間パターンは、神経科学者からすればエレガントでなく見えることがあるが、脳内に大量の集団時計を作るための最高効率の方式なのかもしれない。しかも脳内では複雑なパターンがある領域で使われることを発端として、より単純な連鎖的パターンの生成が別の領域で起きている可能性もある。

数百ミリ秒から数秒というスケールの中でさえ、脳では時間認識のために多重のメカニズムを駆使していそうだ。その証拠に、動物が時間課題を遂行中に、他の様式の神経活動も観察されている。時間経過に関連して生じる神経固有特徴として頻繁に見られる筆頭格が、**漸増型発火率**だ。砂時計で時間につれて砂の量が累積していくのと同様、ニューロンの発火率（単位時間当たりのスパイク数）が時間につれて線形に増加する。このようなパターンが観察される典型例は、動物が特定の遅延後に運動反応を起こすよう訓練される場合である。しかし、漸増型ニューロンが本当に計時役を果たしているのか、それとも脳内の他の回路から時間情報を読み出すことで適切なタイミングでの運動反応の引き金役になっているのかは、明らかでない[18]。

カオス

これまでの議論では、時計にとって最も重要な特性を不問にしてきた。すなわち、再現性である。もしもニューロン集団内部の神経活動の時空間パターンがタイマーとして用いられるものだとしたら、同じ文脈、同じ刺激への応答では同じパターンが繰り返し繰り返し生じなければならない。上述の研究例での実験データで、実際そうであることが確認されている——鳴鳥が歌うたびに同じ神経軌跡が観察される（試行間でかなりのばらつきがあるにせよ）。しかし、脳が具体的にどうやって同じパターンを繰り返し繰り返し作り出すという芸当をしているのかは、永年の謎である。

コンピュータモデルの示すところでは、再帰性結合をしているニューロンからなる神経ネットワークでは連続的に時間発展してゆく活動パターン——すなわち、時間符号化に向いていそうなパターン——を生み出せる。問題は、そうしたパターンには再現性がない場合が多いことで——実際、そうしたネットワークはカオス的に振る舞うことが往々にしてある。数学的に言えば、**カオス**という用語はノイズと初期条件（当該試行開始時でのシステム状態）に非常に敏感であるシステムを記述するのに用いる。古典的な例は、天気、そしていわゆるバタフライ効果。空間のどこか一点、時間のいつか一瞬での些細な出来事、たとえばアマゾンで二月一日正午に一匹のチョウが羽ばたきしたことが、ドミノ効果を起こしたあげくに一週間後のニューヨーク市の天気を変えることもありうるというものだ。カオスは、天気やビリヤード球をはじめ、非線形物理系でかつ自己フィードバックのあるシステムでよく観察される。ニューロン群のネットワークは、これら二条件を満たす代表例だ。第一に、ニューロンは非線形——すなわち、ニューロンの出力は受けた入力に対して線形な関係（比例関係）をもたない。第二に、すでに述べたように、皮質ネットワークはその特徴として高度なフィードバック、**再帰性**をもつ――すなわち、あるニューロンの時刻 $t = 1$ での動作が別のニューロンの時刻 $t = 2$ での動作に影響し、それが今度は最初のニューロンの時刻 $t = 3$ での動作に影響する。

非線形力学系を用いて時間認識するうえでどうカオスが問題になるかを理解するために、**ロジスティック方程式**と呼ばれる単純な数式を見てみよう（図6・5）。この式はある値 x（範囲 0〜1）が時間ステップの進行に伴って時間発展してゆく様子を記述するものだ。各ステップでの現在値は、ひとつ前の時間ステップでの x の値によって完全に決まる。その単純性にもかかわらず、驚くほど複雑なパターンが現れ、x の値の微かな違いが未来の x の値に劇的な違いをもたらしうる。

図6・5の表をある種のタイマーとして使えることに注意しよう。x の初期値が 0.9900 だったことを知っており、現在値が 0.5471 だと教えてもらえば、時間単位一六個ぶんが経過したことがわかる。だから原理的には、このロジスティック方程式に従う物理系を時計の用途に使える。しかし問題は、この系が極端にノイズや些細な測定誤差への感受性が高いことだ。たとえば、第二ランでは x が 0.9900 の代わりに 0.99001 から始まったとすると、一六番目のステップでは値が 0.5471 でなく 0.7095 になる。カオス系の状態、この例では x の値は、微小な乱れの結果として急速に発散してしまう。つまり、実際的には、系は同じパターンを繰り返し繰り返し作り出すことはない。カオス系で作った日には、めちゃくちゃな時計になる。

ニューロン間結合がランダムに決まるようなモデルでのコンピュータシミュレーションで、そうし

時間ステップ	第1ラン	第2ラン
1	0.9900	0.99001
2	0.0386	0.0386
3	0.1448	0.1446
4	0.4829	0.4825
5	0.9739	0.9738
6	0.0993	0.0995
7	0.3488	0.3494
8	0.8859	0.8866
9	0.3943	0.3922
10	0.9314	0.9296
11	0.2492	0.2551
12	0.7296	0.7410
13	0.7694	0.7484
14	0.6920	0.7343
15	0.8313	0.7609
16	0.5471	0.7095
17	0.9664	0.8038
18	0.1268	0.6150

$$x_{t+1} = 3.9\,x_t(1 - x_t)$$

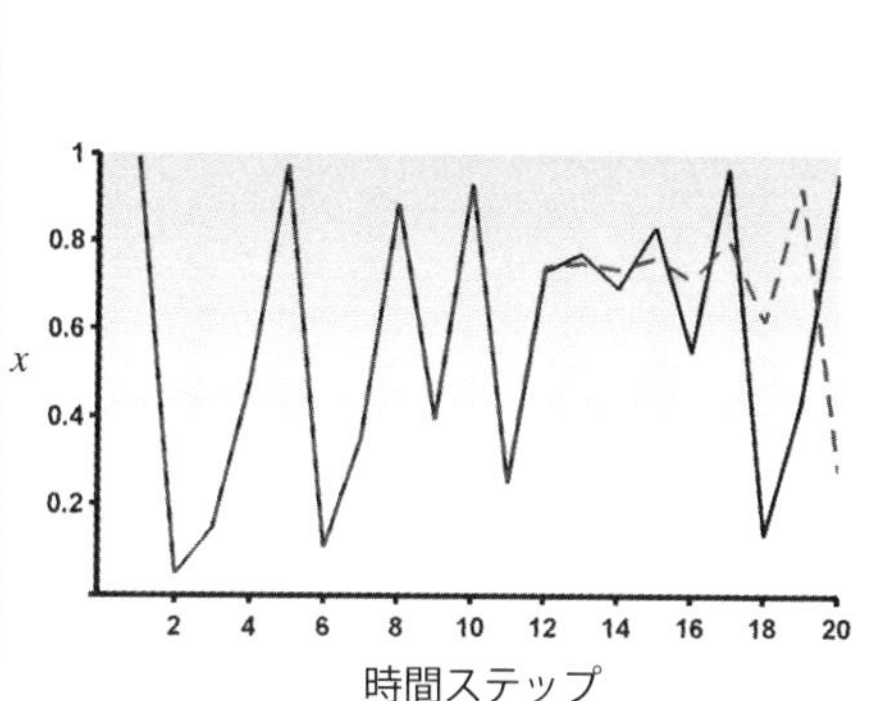

図 6.5　カオスを生じさせる数式の例。 この式では、後続の各時間ステップ（$t+1$）での x の値は現在の時間ステップ（t）での x の値で決まる。第1ランと第2ランで互いに近い x の値（それぞれ 0.99 と 0.99001）から始まっているのに、表とグラフに示すように、x の値は時間につれて発散してゆく。発散は当初は気づかない程度でも、18 回程度のステップの後ではふたつのランでの x の値は互いに無関係になる。

た**ランダム再帰性ニューラルネットワーク**なら各時間ステップでネットワークが異なる状態をもつような自己永続的な活動パターンを作り出せることが示されている。原理的には、こうした時空間パターンを用いて時間認識が可能だろう。ただ厄介なことに、一九八〇年代にイスラエルの物理学者にして計算神経科学者であるハイム・ソンポリンスキらによって、多くの場合においてそうしたランダム再帰性ニューラルネットワークから生じた活動パターンはカオス性をもつことが証明された[19]。これは神経科学者にとって深刻なジレンマとなった。一方では、大脳皮質は再帰的に結合したネットワークをなしていて、再現性のあるダイナミクスの神経活動パターンを作り出すことができる——そうでなければピアノの同じ作品を演奏したり名前のサインをしたりするのを再現性をもって行うことはできまい。他方では、理論研究の示唆によれば皮質ネットワークはカオス性をもつという。

大脳皮質の回路がカオスの問題をどうやって解決しているのかはいまだにわかっていない。再帰的ニューラルネットワークを用いて、カオス性をもたず——すなわち、繰り返し繰り返し誘起でき——複雑に変化するパターンを生成する仕組みについては、多数の理論が出されている。そのひとつのモデルの提案では、シナプス学習則を利用して特定のパターンや神経軌跡を「焼きつけ」ることで、要するにカオス性をもたないようネットワークに学習させればよいとする。少なくとも理論上は、ニューラルネットワークのコンピュータモデルのシナプスを適切に調整してやれば、カオス性をもたない複雑な軌跡を生成できる。図6・6に示すように、このアプローチを使えば、複雑性をもって時間変化する運動パターンを生成する強力な手段が手に入る。

このシミュレーションの図では、相互結合した八〇〇個のニューロンで構成されたネットワークが多数のラン（試行）にわたって動く中の、一〇個のニューロンの活動パターンを模式的に示している。各試行は短い入力をもって始まり、これによりシミュレーションのネットワーク内部の全ニューロンの初期状態が設定される。この初期状態から進んでいき、ダイナミクスに従って変化する活動パターンが時間的に展開してゆく——すなわち、ネットワークは八〇〇次元空間内にひかれた軌跡に沿って自律的に動いてゆく。これを可視化するには、三次元空間内の軌跡として単純化したものを多数の試行にわたっ

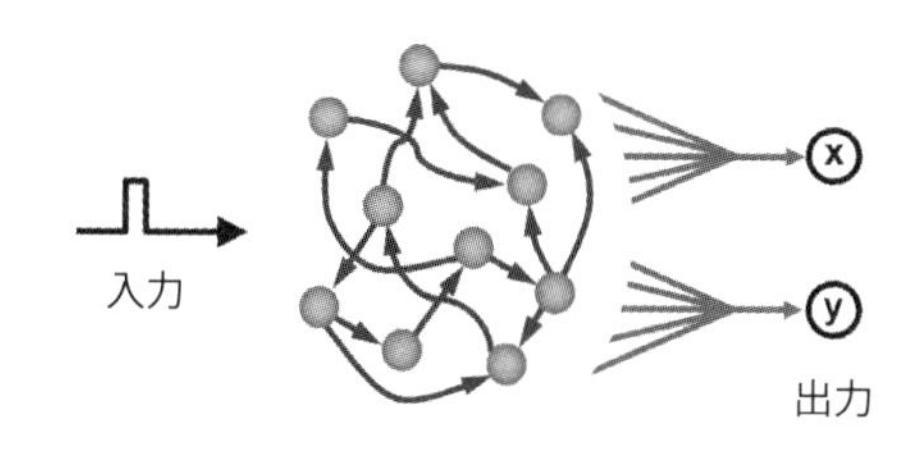

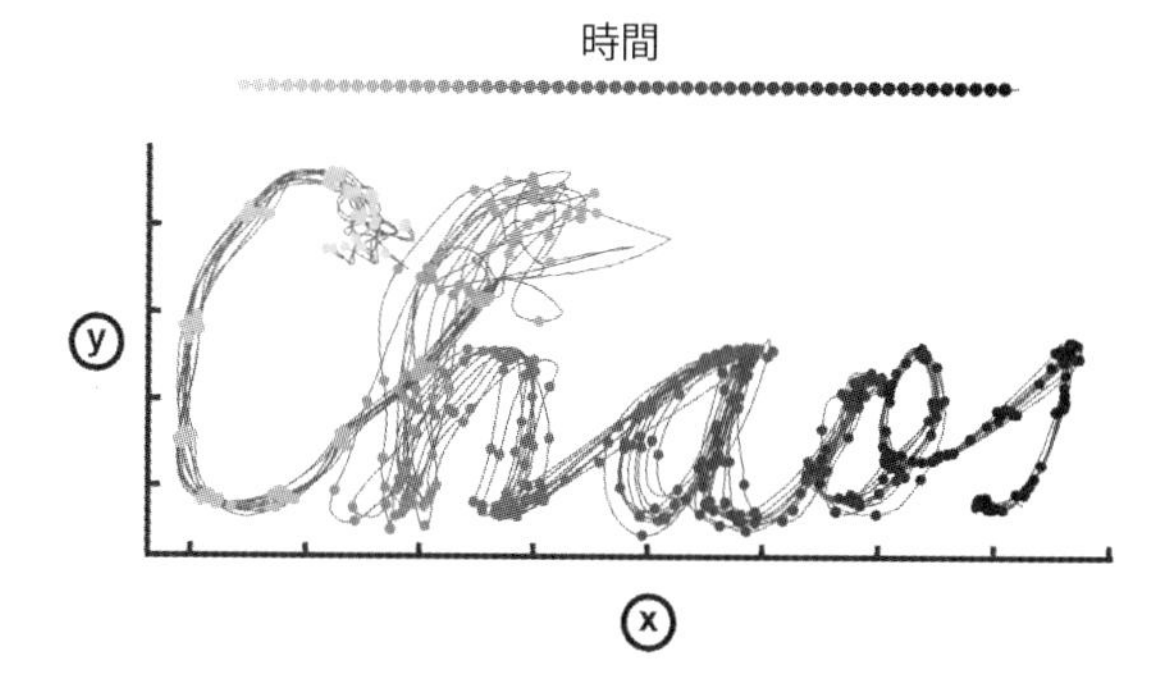

図 6.6　時間変化する運動パターンを生成する再帰的ネットワーク。
このシミュレーションでは、ニューロンを表す相互結合したユニット群（上図の中央で模式化）が再帰的ニューラルネットワークを構成している。再帰的ネットワークのユニット群は短い入力信号を受け取り、2 個の出力ユニットに連絡する。これら 2 個の出力ユニットの活動はグラフの x 軸と y 軸上のペン位置に対応する。訓練とは、再帰的ユニット群から出力ユニットへの結合の重みづけをある学習則で調整することである。訓練後、短い入力への反応として再帰的ネットワークは複雑な活動パターンを生成し、単語「Chaos」を書くような出力を駆動する。手書き数字といったような運動パターンは内在的に時間性をもつため、このネットワークは時間の符号化もしていることになる。曲線上に重ね描きした点の濃さは時間を表す。ネットワークがカオス的でないことは、「h」の書き始め部分で再帰的ネットワークに外乱を与えた後で運動パターンが回復する事実からよくわかる（10 試行を重ね描きしている）。（Laje and Buonomano, 2013 より改変）

て図示してやればいい。さて、このネットワークに秘められた計算能力を窺い知るため、再帰的ネットワーク内の八〇〇個のニューロンすべてをたった二個の読み出しニューロンにつなげ、これらは紙の上でのx軸とy軸に沿ったペンの動きを制御する運動ニューロンだということにしてみよう。やや直観に反してはいるが、この二個の運動ニューロンを駆動するもととなる再帰的ネットワークが、複雑な（より具体的には「高次元」の）時間変化パターンを生成してくれさえすれば、出力ニューロンにはほぼどんなパターンでも生成させられる（再帰的ネットワークから出力ニューロンへのシナプス強度を調整することで可能になる）。この図では、そのデモとして、二個の出力ニューロンを操って単語「chaos」を「書いて」いる。大事な点として、再帰的結合が適切に調整されたため、このネットワークにはカオス性がない。実際、軌跡途中でネットワークに外乱（衝撃）を与えたとしても、今していた作業に復帰してくれる。言うなれば、システム内部に記憶が存在する。再帰的ネットワークには、今までしていたことを憶えていられるという興味深い性質がある。衝撃を食らって元の軌跡から外れても、「復帰」して遂行中の課題を完遂できる。しかも、単語「chaos」を書くという行為は適切なタイミングでの運動制御を要するから、ペンの運動は時間認識に使えることになる。実際、図6・6の各点は時間マーカーである――現在のペン位置がわかれば、入力時刻からどれだけの時間が経過したかがわかるのだ。要点は、シナプス結合強度を調整すれば再帰的ニューラルネットワークにおけるカオスを「飼いならす」ことができるということだ。

ここらで止めよう。次の問いの方が大切だ。「このネットワークは単語『chaos』をそもそもどうやって書くのか？」（より正確には、単語「chaos」であるとヒト脳が認識する二次元パターンを生成する情報はどこにあるのか?）これは深遠な問いであって、従来型の計算および記憶の考え方から脱却するべく頭を整理する必要がある。単語「chaos」を生成する情報はまさにあらゆるところにあり、そしてどこにもない。このシミュレーションで使っているシナプス一個一個、ニューロン一個一個が、パターンに寄与している。が、真に必要な単一シナプス、単一ニューロンがあるかというと、それはない。パターンとは**創発**特性なのである。**全体は部分の総和以上のものなのだ。**

前述のネットワークなるものはコンピュータシミュレーションに過ぎない――いくつもの仮定を組み込んだ、単純化されたものだ。このシミュレーションで大脳皮質機能の何かしらの原理がとらえられるとなったとしても、あまりに単純で融通が利かないため、発話や音楽の根底にある複雑なパターンの認識や生成ができるようになるという脳の驚くべき能力を説明するにはとうてい及ばない。それでも、脳の行う計算の多く、特に本来的に時間に関わるものが、複雑性をもち時間変化する神経軌跡を生成する脳の能力によるものなのだという考え、そしてそうした神経軌跡を用いて、本に手を伸ばしてページをめくるとかピアノを演奏するとかいった能力の根底にある時空間パターンを生成できるのだという考えは、実験からの支持を徐々に得ている[20]。

時間認識の必要性は、脳が行わなければならないほぼすべての課題にわたっており、異なる課題には時間に関して独自の要求水準がある。二分音符と四分音符の弁別を要する場合もあれば、モールス符号で電文を打ったり、子音「p」と「b」の有声開始時間を検出したり、赤信号がいつ青信号に変わるか予

期することを要する場合だってある。この多岐にわたる時間の問題を解決するために、脳は多くの回路にわたり分散配置され相互関連をもつ計時メカニズム群をとりそろえている。しかし面白いことに、脳内の時計はヒト脳によって発明された時計とはほとんど似ても似つかない。

シナプス強度は時間とともに変わり、ニューロンの発火率は漸増したり漸減したりし、ニューロンは特定の周波数で振動し、ニューロン群のネットワーク活動は時間とともにダイナミクスに従って変化する。ニューロンというものが時間を知るべく進化したがゆえのことである。だから、脳内のどのニューロン、どの神経回路が時間を知る担当なのか、と問うことは、デスクトップPCのCPU内部の十億個のトランジスタのうちのどれがバイナリ論理演算担当なのかと問うのと少し似ている。全部がそうなのであり、それこそがそいつらの存在理由なのだ。

第Ⅱ部

物理の時間の本質と心の時間の本質

7:00

時間を管理する

時間と時計の関係は、心と脳との関係と同じ。
——ダヴァ・ソーベル

ニューロンの細胞核やその中の染色体は人の眼には見えないし、海王星の衛星だって見えない。時間の次元で言えば、ハチドリの羽ばたきの各時間長は我々の感覚器でとらえられないし、大陸の移動だってとらえられない。視覚の空間スケールの限界を超えて事物を見るために顕微鏡や望遠鏡を作るように、脳が計測できるより短いあるいは長い時間スケールをとらえるための方法や機械——言ってみれば時間顕微鏡や時間望遠鏡——が開発されてきた。時間望遠鏡を使って、ヒトと大型類人猿が共通祖先から約七百万年前に分岐したことを突き止めたり、数十億年後には太陽が赤色巨星となっていずれは水星と金星をのみこむだろうと予測したりできるようになった。ズームインする方向では、時間顕微鏡——高精度時計——を使って、一秒をどんどん細かい時間単位、ミリ秒、マイクロ秒、ナノ秒、ピコ秒、……、などと、ますますヒトの知覚や理解の範囲を超えたスケールへと時間を分割できるようになった。今日の原子時計では**アト秒**の精度で時間を追える——あまりに高精度なため、正直、科学の世界で接頭辞アト（10^{-18}）をあえて使うべき用例はほかに見つけにくいくらいだ。この、数十億年の時間スケールでの時間長を推定する能力、一秒をアト秒の時間単位に分割できる能力は、物理学の賜物であり、そして物理学を育んだもののひとつが、時間を知りたいという我々の欲望なのである。

天文学が種子となって、物理学の開花をもたらした。そして天文学がそもそも生まれたのは、自分を空間のみならず時間の中に位置づけたいという欲求からだった。とりわけ、季節の把握、一年の長さの確定、神々の崇拝儀式の時期決定のための手段として、初期の天文学は重宝された。時間を知る能力がそれから進歩していった筋道は、偶然ならず、物理学の革命と機を一にした。たとえば、時計工芸史上の画期的進歩が、物理学史の一大変革期のさなかに起こった。オランダの物理学者クリスティアーン・ホイヘンスが世界初の高精度振り子時計を開発したのが一六五七年、これはガリレオ＝ガリレイの死後一五年で、アイザック・ニュートンが未成年の頃だった。

時間と物理学はほどきがたく結ばれている。時間の本質についての問いが物理学の範疇(はんちゅう)であるというだけでなく、物理法則を解明できたおかげで科学者がずばぬけた精度の時計を作ることが可能になり、そしてその時計こそが物理法則の検証に用いられている。後続の章では、時間の物理学を探り、特に時間の本質についての物理学と神経科学の見解が互いに相容れるものか否かを問う。だが、時計的時間の物理学と歴史を探ることからまずは始めよう。

ニューロンと核拡散について

脳が異なるメカニズムを用いて展望的計時と回顧的計時を行うのと同様、科学の世界でも、計りたいものが過去のある時点から現在までの経過時間なのか、現在から始めて未来のある時刻までの時間なのかによって、根本的に異なる計時方法が開発されてきた。展望的計時のためには一般に従来型の時計を使えばよいが、回顧的計時のためには別種の「時計」に依らなければならない。幸運なことに、自然の中には回顧的時計がたんまりある。外界で（そして体内で）生じる変化は所定の規則に従って生じなければならない、という法則が宇宙を支配しているからだ。だからこそ池の波紋の例では、現在見ているものに基づいて数秒過去の様子を顧みることができる。法病理学者は現在の体温に基づいて死亡時刻を定めることができる。当該遺伝子の類似度に基づいてふたつの動物種の共通祖先からの分岐時期を定めることができる。しかし、何にも増して回顧的計時の一大変革となったのは、放射年代測定の発明だった。いったい放射年代測定とはどういう仕組みか？　原子などに経過時間がどうやって「わかる」というのか？　この問いに答えるため、放射年代測定と核拡散のおかげで神経科学の百年来のドグマが打倒できた経緯を見ていこう。

二〇世紀の間じゅう、身体の大部分の細胞と異なりヒト成人では新しいニューロンの形成は決して起こらない、というのが神経科学の定説だった。ところが一九九〇年代になって、新しいニューロンが脳の一部では生まれること――**成体ニューロン新生**と呼ばれるプロセス――を示す有力な証拠が、ラットやマウスの研究で着々と集まってきた。でもどうやって、一般にニューロンを死後脳でしか調べられないヒトでも、これが起きるかどうかわかるのか？　特定個人が死んだときの年齢ならわかっても、個々のニューロンに製造年月日が刻印されているとは考えにくい。

一九五〇年代から六〇年代前半にかけ、主にアメリカ合衆国とソビエト連邦の行った地上核実験によって、大気中の炭素の放射性同位元素^{14}Cの量がほぼ倍になった。濃度は一九六三年にピークを迎え、この年に部分的核実験禁止条約が結ばれてからは減少し始めた。こうした大気中^{14}C濃度増加は、あらゆる生命体に乗り移ることとなった。光合成を通じて植物が炭素を生化学的経路に取り入れ、そして我々の体内の炭素は植物由来であるため、核実験を原因としてヒトDNA内の^{14}Cが検出可能な量にまで増加した。細胞が「生まれた」(前駆細胞から細胞分裂してできた)ときにDNAに取り入れられていた炭素原子は、その細胞が生きている限りそのDNA内部にあり続ける。だから、新しいニューロンが成人でまったく形成されなければ、核実験の時代以前に生まれた人のニューロンには、現在も低濃度の^{14}Cしかないはずだ。だがもしもニューロンが細胞分裂で生まれ続ければ、一九五〇年代後半以降の^{14}C濃度増加のせいで、一部のニューロンでは高濃度となるだろう。スウェーデンの研究者が死後脳組織を分析した結果、一九五五年より前に生まれた人のニューロンのほとんどはDNA内部の^{14}Cが低濃度だった[1]。すなわち、大多数のニューロンは成人期に形成されたものではなかった。しかし、動物のデータから予測された通り、海馬の一部のニューロン集団での^{14}Cは高濃度だった。ヒト成人でも何がしかのニューロン新生があるという証拠だ。この、神経科学と核拡散との奇妙な交わり、そして放射性炭素の回顧的時計としての使用は、新しいニューロンはヒト成人では決して形成されないという従来のドグマをひっくり返す決め手となった。

では、さっきの問いに戻ろう。炭素原子などに経過時間がどうやって「わかる」というのか？　一個の原子が時間経過を把握していたりできるのか？　放射年代測定の原理を理解すれば、時間を知るのには多くの方法があり、脳と同様、工学的にも回顧的計時と展望的計時に根本的に異なるメカニズムが用いられることに気づかされる。

元素は原子核の陽子数で定義される。ある元素の同位体とは、保有する中性子数の異なっている亜種を意味する。こうした亜種のうち、不安定であるがゆえに放射性という名がつくものがある。時間とともに、安定的な原子配位へと崩壊するのだ。不安定といっても、その実は非常に安定的だったりもする。たとえば^{14}Cは、半減期五七三〇年で崩壊する。だから、最初に一〇〇〇個の^{14}C原子があれば、五七三〇年後には五〇〇個の放射性炭素原子があることが期待される。こうして、残存する放射性炭素原子の数をもって、回顧的計時の手立てとして使えることがわかる。このおかげで、化石の年代、洞窟壁画、先史時代の人工遺物、古代の写本、そしてニューロンまでも、どれだけ古いものかがわかるのだ。だが、五七三〇という数字はどこから来たのか？　炭素原子は自分がいつ崩壊することになっているかどうして「知っている」のだろう？　その答えは、「知ってなどいない」だ。意外なことに、放射性炭素年代測定が回顧的計時の最も信頼できる部類の方法である一方、単一の^{14}C原子は自分の年齢を知る何らの痕跡も有していないのだ。

放射年代測定の原理が頼みとするのは、時間を知る手立てのおよそ最も単純なものである。**偶然**だ。カジノ会場に千人が人質になり、各人がコイン十個をもっているとしよう。残忍ながら統計学好きな立てこもり犯が言う。自由の身になる唯一の道は、コイン十個全部を投げて十個とも表になることだ。コイン投げ勝負に平均一分かかるとすれば、現在室内にいる人質の人数に基づき、どれくらいの時間が経過したかが推定できる。明らかに、室内の人数が少なければ少ないほど、より多くの時間が経過したことになる。しかも、コインを投げて十個とも表になる確率を計算できるため、経過した時間の長さまでも推定できる。十個のコインを投げるとき、その十個すべてが表である確率は2^{10}分の1（1/1024）。この数字から、半数の人が自由の身になるのにかかるコイン投げ勝負の数は七一〇回、ということは経過時間は七一〇分、つまり一一時間五〇分だとはじき出せる[2]。だから、だいたい一二時間ごとに室内の人数は半分に減る。室内に二五〇〇人いるとしたら、その人たちは丸々一昼夜近く監禁されていたという見込みが高い。

放射年代測定はこれによく似た確率過程に依拠している。直観的理解のためだけに、ここでは^{14}C原子内部の中性子が、原子核を取り巻く電子の雲を突き破って原子核の縛りから抜け出そうと常に頑張っていると考えよう（実際には、中性子は電子と反ニュートリノを放出し、陽子となって炭素原子を窒素へと変えるのだが）。各原子はチクタクと時を刻んでなどいなくて、言ってみればそこにじっと居座って、絶え間なく賭けをしているのだ。今日、単一の^{14}C原子を人工的に作ったとしたら、そいつが五七三〇年経って窒素へと崩壊してしまっている確率は五〇%。五七三〇年後に調べてみてまだこいつが崩壊していないとなったら、そのまた五七三〇年後に崩壊している確率は？　やっぱり五〇%。コイン十個で繰り返し繰り返しコイン投げ勝負するのと同じように、その原子には賭けを始めてこのかた何千年になるのかなどという記憶や痕跡は一切ない。

放射性同位元素の崩壊を利用して時間を知る性能は、集団の統計に根差している。当初の放射性同位体原子の個数が多ければ多いほど、時間推定の正確性は上がる。一個の原子では経過時間についての情報は少ないが、集団となれば時間を知る頼もしい手立てになる。そう言えばこの方略は、脳内の集団時計という考えにある程度似ている。そこでは、時間を知る最良の方法は、ある瞬間でアクティブ状態であるニューロン集団を見ることだった。

我々の先祖はまずもって、回顧的計時より展望的計時にはるかに高い関心をもっていた。すなわち、時を把握する当初の目論見は主に自然の歳時だった。月の満ち欠け、冬の到来、獲物になりそうな動物の渡りのパターンを予測するのは、すべてこの上なく生存に有利となった。予言者、賢者、暦を告げる祭司、天文学者は、月、星、動植物の自然のリズム――それに数々の迷信――を使って、戦に出る、作物を植える、刈り入れる、宗教儀式を執り行う、結婚する、死者を埋葬する、そうした事柄に最適な縁起の日を決めた。こうした日取りを決めることは権力をもたらし、そして権力とともに無論のこと、権力の乱用をもたらした。暦を任されたローマの祭司は、自分の気に入らない為政者の統治期間を縮めたいために、暦の管理権限を悪用することがあったとされる。作家のデーヴィッド・ユーイング・ダンカンによれば、「高度に政治的な集団となった祭司連中は、自らのひいきする執政官や元老院議員に長期に政権を握らせておくように一年の長さを長くしたり、政敵の期間を短くするために一年の長さを短くすることがあった」[3]。

当然ながら、季節の移り変わりを予期しようとする大昔の試みは天空の二大物体に基づいていた。しかしうざったいことに、太陽と月とは互いに異なる運行に従う。何千年にもわたり、暦をあずかる人々の悩みの種は、太陽年が太陰月の長さで割り切れないことだった。地球が太陽の周りを一周するのには三六五と¼日かかる（人類史の大部分にわたり、一周をしているのは太陽の方だと考えられていたが）。月が地球の周りを一周するのには平均二九・五三日かかる。ゆえに一個の太陽年当たりに一二・四個の太陰月がある。紀元前五世紀、バビロニア人は無茶を思いついた。一九年の周期で、七年間は一年に一三カ月あって一二年間は一年に一二カ月あることにすればいい。エジプト人とローマ人は賢くも、季節のリズムや一年の長さを計る際には月の周期は単に無視すればいいことにした。しかし、問題点はまだあった。太陽年の日数は整数ではない。言い換えれば、地球が一周自転するのにかかる時間では、地球が太陽周りを公転するのにかかる時間は割り切れない。一年が三六五日からなるということにすると、百年後には夏休みが今より二五日早く始まることになる。

日と年とに何らかの折り合いをつけるため、ユリウス・カエサルは数学者、哲学者、天文学者を呼び集めた。かくして発明されたのが、閏年(うるう)。ユリウス暦は一二カ月、三六五日からなるが、四年に一度は閏年となり一日余分につけるとした。ユリウス・カエサルに敬意を表し、一二カ月のひとつはユリウス(Julyの語源)と命名された。人類史の画期的出来事ではあったが、ユリウス暦も完璧ではなかった。さらなる微調整が必要だったのだ。何百年もするうちに、暦の時間は太陽年からずれてきた。一年は三六五と¼日ちょうどでなく、三六五・二四二五弱なのだ。このずれに対処するため、一五八二年にグレゴリウス教皇が法令を出した。閏年は一〇〇年に一度の割合で省き、さらに、閏年を省くこと自体を四〇〇年に一度の割合で省くこと。今日我々は、グレゴリオ暦に黙従しながらも、地球の周回の不規則性をさらに考慮し、閏秒(うるう)を導入して、太陽年が協定世界時の標準にきっちり合うようにしている。一九七二年以降、二五回以上もの閏秒がこっそり我々の時計の中に差し込まれてきた。

時計の黎明期

暦では今日が何日かわかっても、今が何時かは教えてくれない。一日の中の時間を把握しようと、遅くとも紀元前四千年紀から、人類は太陽光の作る影を使ってきた。初期の日時計は単に棒を地面に突き刺したもので、周りに線を描いて一日のうちに太陽光が影を作るであろう場所を区分けした。大方の日時計では一日は一二期間に分けられていたが、人類史の大半を通じて、これらの「時」は現代でいうものと隔たりがあった。日の出から日の入りまでが一五時間ある夏の日だろうが、九時間しかない冬の日だろうが、太陽光での「時」は一二個あった。こうした日時計の示したのは相対時間——季節ごとに圧縮、伸長する時間だ[4]。

ローマ帝国期には、日時計はあまねく普及していた。そして始まったのは、自由形式の時から厳格な規律のある時計的時間への容赦ない変遷。やがて不平が出始めた。紀元前二世紀、ローマの詩人プラウトゥスはこんな抗議をしている。

時間の区切り方なんてものを最初に見つけた
野郎のちきしょうめ！　それからこんな場所に
日時計なぞ立てやがって、おれの一日一日を
ぐっちゃぐちゃに切り刻みやがる

野郎のちきしょうめ！　餓鬼のころは、
おれの腹がおれの日時計だったさ――何より
はっきりして、正しく、正確な時計よ。
この腹時計さえありゃあ、いつになったら
晩飯どき、ものを食うときかわかったもんだ。
だが昨今は、たとえ目の前にあったとしたって、
かぶりつけやしねえ、日時計様のお許しなしでは。
町はもうこんないまいましい日時計だらけで、［……］

時間を知るにはそれ以外の方法もあった。文字通りの時計というよりは、タイマーだが。水時計(クレプシドラ)は、小穴を通して水を流し、器が満杯、または空になるまでにかかる時間をもって、一定の時間長を示した。そして一三世紀あたりのどこかで、世界初の真の機械式時計が現れた。水時計の水と異なり、機械式時計は冬場に凍らなかった。そして日時計と異なり、夜でも曇りの日でも動いた。ここで首をひねる人がいるだろう――フライトに間に合うでもなく、観たい映画が始まるでもなく、職場でタイムカードを押すでもない時代に――なんでまた昼と言わず夜と言わず正確に時間を守ろうとがんばりたかったのか？　荒天も晴天も問わず、一定間隔で行う必要のあった事情とは、ずばり礼拝である。修道院は高度な統制集団であり、七世紀のサビニアヌス教皇令の通り、一日七回、鐘を鳴らして修道士を集め、祈り

をする決まりがあった。だから時計は、「単に一日の中の時間を把握し続ける手段というより、集団の動作を同期させる手段なのであった」[5]。修道院および教会が、機械式時間管理テクノロジーの調達の先駆けとなった。教会では鐘塔をこしらえるようになり、教会の時計を監視して鐘を鳴らして町への時報としたのは、多くは修道僧や司祭の役割だった――寝過ごすことのない限り。

ブラザー・ジョン、ブラザー・ジョン
寝てんの？　寝てんの？
朝の鐘やって！　朝の鐘やって！
ディン、ダン、ドン。ディン、ダン、ドン[6]。

振り子

ガリレオは、紐でぶら下がった錘が一周分振れるのにかかる時間が、振れる振幅とほぼ独立であるということに気づいた人類初の人とされている。だが、この洞察が時計作りに利用されるようになったのはガリレオの没後だった。とはいえ、ガリレオ存命中にも振り子のおかげで医療機器の草分けとなる発明が生まれた。**プルシロギウム**である。紐に錘がつけてあって、紐が水平定規に当ててある。定規のおかげで、紐の長さを短くも長くもできる。紐の長さを変えることで、プルシロギウムの振り子の一周分の時間長が患者の心拍にぴったり合うよう、医師が調節すればよい。こうして、紐の長さをもって、かなりの再現性のある心拍測定が可能となった[7]。

クリスティアーン・ホイヘンスはガリレオの洞察を実地に活かした初の人物で、世界初の高精度振り子時計を製作した。ガリレオより数学に優れ、紐にくっついて往復運動する錘の力学を微に入り細にわたって体得することができた。その数学的技量と多数の技術革新のおかげで、ホイヘンスが一六五七年に設計した時計は時間管理テクノロジーの飛躍的進歩を体現した。ホイヘンス以前には、最良の時計でも一日に約一五分ずれた。ホイヘンスの時計は一日に一〇秒だけ[8]。一〇秒ということは、一日二四時間に比して約〇・〇一％に相当する。ここまでの正確度は、時間管理の歴史の金字塔となった。ヒト脳の設計した中で、ヒト脳内の時計よりも優れた世界初の時計である。これまで見てきたように、最も優れた生物学的な時計として睡眠覚醒周期を司る概日時計は、約一％（一五分）の正確度――すなわち、二四時間の平均周期の概日時計では周期が二三時間四五分から二四時間一五分の間にゆらぎの範囲がほぼ収まる[9]。

けれども、ホイヘンスの振り子時計でも、文明史において科学技術上の当代喫緊の課題と目されるものは解決できなかった。経度問題である。

一五世紀末そして一六世紀初頭には、ヨーロッパの探検家が大洋を忙しく行き来し、新しい通商航路、島、大陸を発見しつつ、地球一周までもしていた。それとともに、途方もない時間を海上で迷子になって過ごしていた。自分のいる経度――東西軸上のどこに自分が位置しているか――がきちんとわからなかったからだ。緯度なら、太陽が最高点に達したとき（現地での正午）のその角度によってかなり正確に計算できた。しかし、太陽や月や星に基づいて自分の経度を高精度で計算する方法は未知だった。

ポルトガル、スペイン、フランス、イギリス、イタリアがこぞって、新世界の富を得ようと競い合っていたこの時代に、このことは甚大な経済的打撃となった。陸地を探す間に乗組員は壊血病や飢餓で次々死んでゆき、船長は船を座礁させ、巨額の財宝が海の底へと沈んだ。一七〇七年に起きたある一大惨事では、イギリス海軍元帥クロズリー・ショヴェル卿がシリー諸島への艦隊航行をしていたところ、五隻中の四隻が約二千人の乗組員ごと行方不明になった。この悲劇も受けて、イギリスのアン女王は一七一四年に経度法を制定し、海上で経度を正確に計算する方法を発明した者に、今日の貨幣価値でいう百万ドル以上もの賞金を与えるとした。

経度とは空間内の位置決めに関するものだが、それが時計といったい何の関係があるというのだろうか？　数学的に言えば、空間（距離）とは時間と速さの掛け合わせである（距離は時間×速さで求まる）。よって、一定の速さで動くものは、それが何であろうがどれだけの時間動いていたかがわかれば、距離の計算に使える。多くの事物は一定の速さをもつ。光、音、地球の回転など。脳は、音がほぼ一定の速さをもつことを利用して、音の方角を計算している。これまで見てきたように、声が左耳から右耳まで伝うのに約〇・六ミリ秒かかることから、誰かが自分の左にいるのか右にいるのかがわかる。任意の音が左耳と右耳に届くのにかかる時間差を利用して、声が真左から来ているのか、真右か、その間のどこなのかを脳ははじき出すことができるのだ。

地球は一定の速さで回転しており——二四時間ごとに一周期（三六〇度）回ることになる。よって、経度の角度と時間との間には直接対応がある。どれだけの時間が経過したかを知ることは、どれだけ地球が回ったかを知ることである。座って本書を一時間（二四分の一日）読んでいる間に、地球は一五（三六〇割る二四）度回転している。よって、大海原の真ん中にいて現地の正午を迎え、現在時刻がグリニッジ標準時の一六時〇〇分であることがわかれば、自分は「グリニッジから四時間」――グリニッジから六〇度ちょうど離れた経度にいる。問題は解けた。あと必要なのは、出来のいい**マリンクロノメーター**ただひとつだ。

一七～一八世紀の天才たちは経度問題を見過ごすことはできなかった。ガリレオ＝ガリレイ、ブレーズ・パスカル、ロバート・フック、クリスティアーン・ホイヘンス、ゴットフリート・ライプニッツ、アイザック・ニュートン、すべてこの問題に注意を注いだ。しかし結局のところ、経度賞をついに受賞したのは偉大な科学者ではなく、世界第一級の職人だった。ジョン・ハリソン（一六九三～一七七六）、ものづくりへの執念に極限までとりつかれた独学の時計職人である。

ハリソンらには当たり前の話だったが、時計で経度問題を解くには、振動する金属製のばね（ヒゲゼンマイ）を用いた機械駆動の時計でないといけなかった。振り子は使い物にならない。船の動きで揺れがひどく変わるからだ。加えて、陸や海での気温の上下で、振り子の錘（ボブ）を支持する金属棒の長さが変わる。実に、人工だろうが生物学的なものだろうが、温度変化は高性能の時計にとっては一大事なのだ。かくして、時計職人も生物進化も、温度変化に対して不変である時計を作り出すという難問に直面した。ジョン・ハリソンの初期の発明に、すのこ型振り子がある。異なる金属が互いに反対方向で組まれてできたロッドの組立でボブを支持したものだ。その結果、ひとつのロッドが熱によって長さが増加しても、反対方向の長さの増加によって相殺され――振り子全体の長さは変わらない。けれども、ハリソンの専門は機械式時計であり、そこで使えるためにハリソンは**バイメタル**を発明した。二種類の金属（それぞれ異なる熱膨張率）の板を貼り合わせたものだ。このように温度を考慮した金属片を使えば、異なる温度にわたって一定時間長を保てるようにヒゲゼンマイを調整できる。

そうした数々の進歩と卓越した職人的技量の結果、経度委員会の設定した正確度基準に適合した最初のマリンクロノメーターを作り上げた偉業で、ハリソンは後世に名を遺している。経度問題がこうして解けたことは、この先何度も何度も繰り返されることになる、空間をきちんと計りたければ時計を使うべし、という技術開発の潮流のよい手本となった[10]。

水晶振動子とセシウム

ハリソンら、熟練時計職人たちがきっかけづくりをしたおかげで、百年以上にわたって時計的時間の測定が徐々に進歩してきた。しかし一九世紀から二〇世紀へと切り替わったとき、時間に関する革命の息吹が訪れた。一日当たり一秒よりはるかに小さいずれしか生じない時計がどこでも当たり前になった時代、問題となってきたのは、そうした時計をすべて同期させるにはどうしたらいいかということだった。遠距離同士の二個の時計が合っているかどうか知ることがすでに至難の業だった。パリの時計とベルンの時計がちょうど同時に鳴るか否か知るにはどうすればいいか？　その解決法はふたつの新興テクノロジーにあった。電気とラジオ波である。二〇世紀初頭には、**電子調整**が注目された。ある場所の親時計から他の場所の子時計へと、無視できるほどの遅延で電気的信号を送るというものだ。時間調整は深遠な学術的テーマというわけではなく、鉄道、電信、金融業から要請があったものだ。そして実践的事案のご多分に漏れず、発明者は自らの発明を特許化したがった。スイスが時間工学のメッカだったことから、多くの特許出願がベルンの特許庁に寄せられた。そこでは一九〇二～一九〇九年にかけて、勤勉の誉れあったある特許審査官があらゆる特許に目を通しており、その中には時計の電子調整に関するものもあった。一九〇五年にその特許審査官、アルベルト・アインシュタインは、『運動物体の電気力学について』という論文を発表した。そこでは、絶対時間の考え方を否定することに加え、遠距離の時計を同期させる方法が短く述べられている[11]。

アインシュタインの研究成果の意味するところは次章で振り返ることとする。今は事実だけに目を向けておこう。二〇世紀初頭になって初めて、何世紀にわたる進歩の末にようやく、振り子時計も機械式時計も時代遅れになりつつあった――少なくとも、最先端の時間管理装置としては。一九二〇年代に世界初の水晶振動子（クオーツ）時計が発明され、その二〇年後に世界初の原子時計が作られた。

時計の正確さにとっては、計時基準（タイムベース）がすべてである。振り子時計の計時基準は、そう、振り子。水晶腕時計の計時基準は、当然ながら、一個の小さな水晶振動子。水晶振動子に電圧をかけると、一定の高振動数で物理的に振動するのだ。振動数は水晶の種類や形状など多くの要因に依存するが、デジタル腕時計の水晶振動子は一般に三万二七六八ヘルツ（デジタル的に都合のいい2^{15}、二進法では一〇〇〇〇〇〇〇〇〇〇〇〇〇〇〇）で振動する。こうした振動がデジタル回路で数え上げられ、時間が一秒ずつ区切られる。

今日では安物の水晶腕時計でさえ、最高の機械式腕時計の性能を上回る。だとしてもやはり、本格的な時間管理のためには原子時計の出番となる。原子時計はホイヘンスやハリソンには思いもよらなかったであろう正確度をもっている。ホイヘンスの振り子時計が一日に一〇秒ずれるとして、今日の原子時計が一〇秒ずれているためには今から四五億年前の地球誕生時すでに時計がスタートしていた計算になる[12]。

原子時計の計時基準は、思い描くのに若干のこつが要る。セシウムはじめ、原子には、**共鳴周波数**がある。その周波数の電磁放射を与えることで、その原子が「振動」する――詳しく言えば、原子核を「周回」する電子が高エネルギー準位に移る。セシウムの一三三同位体は、九一億九二六三万一七七〇ヘルツぴったりのマイクロ波放射で刺激すると共鳴を起こす。言うなれば、この放射の周波数が原子時計の計時基準の役目を果たし、セシウム原子が、この周波数の正しさを確証する較正器の役目を果たす。一九六七年、国際総会にて、秒の定義が「セシウム 133 の原子の基底状態の二つの超微細構造準位の間の遷移に対応する放射の周期の 9 192 631 770 倍の継続時間」(〔(独)産業技術総合研究所 計量標準総合センター 訳・監修『国際単位系(SI)日本語版』(二〇〇六)より引用〕となった[13]。時間の基本単位は、惑星の観察可能な力学から永遠に決別し、目に見えない単一原子の挙動の世界に置かれたのだ。

一八〜一九世紀の最先端の時計が遠洋航海に革命を起こしたのと同様、原子時計は情報化時代のナビゲーションに革命を起こした。スマートフォンだろうとミサイル弾頭だろうと、GPSは、四個以上の衛星と地上の受信機の距離を測定することで機能する。二万キロメートル離れた衛星からの光速信号が届くまでには約六六ミリ秒かかる。自分がその衛星から一〇メートル離れたとすると、信号が届くまでに三三ナノ秒(〇・〇〇〇〇〇〇〇三三秒)よけいにかかる。GPS受信機は伝送時刻と到着時刻の間のそうしたわずかな差を拾わないといけない。これを達成するため、GPSでは多数の衛星を宇宙に送るだけでなく、各衛星内部に原子時計を置いておく必要がある（アメリカの納税者と合衆国軍の提供する素晴らしい公共サービスだ）。異なる衛星同士から信号が届くのにかかる時間差を測定することで、GPS受信機は一種の三角測量をして緯度、経度、高度をはじき出すことができる[14]。現代の原子時計とGPS衛星なら、クロズリー・ショヴェル卿に自分の船の位置はおろか、船のどこに自分が立っているかまで教えることができただろう。

時間を売る

すさまじく正確な時計ができたことから、何時間やら何秒やらという漠とした時の流れを計るだけでなく、人々が自分の時間を使って作業するさまを計るのにも便利になった。正確な時計があまねく行き渡った先に現れたのが、時給だった。一九世紀末にかかる頃、ウィラード・バンディーという男が、工場長が作業員の時間を計って記録することの重要性を悟り、工場労働者の出退勤時刻を記録する方法を発明して、そうして**打刻**が始まった。バンディーの興した会社であるInternational Time Recording社は、合併で一九一一年にComputing Tabulating Recording社となり、後に社名変更して現在名は、International Business Machines〔IBM〕社となっている[15]。

ベンジャミン・フランクリンが「時は金なり」と書いたときは、日給のことを指していた。一日怠けることは、潜在収益ぶんの金額を失ったと同じ、という意味だった。「時は金なり」は現代では加速度的に真実味を増している。株式売買人がミリ秒の先手を打つことで莫大な儲けが生じる。それに、テレビを観るという単純な行為すら一種の時間金融取引である。視聴者は自分の時間を投げ打って己の欲せざる行いをする――コマーシャルを観る――代わりに、「無料」の娯楽番組を得る（後日の購買行動の形で結局支払っている）。ウェブ上の音楽やビデオのサービスの場合、広告を我慢して見なくてよくするために使用料を払うのは、「自分の時間を買い戻す」ことになる。

社会学者ルイス・マムフォードは、「蒸気機関などではなく、時計こそが、近代の産業化時代の鍵となる機械である」と論じた[16]。時計が産業化時代の鍵となる機械だったなら、情報化時代の鍵となる機械でもあり続けている。時計は人間の生活をどんどん小さな時間単位に区分けする。ビジネス会議は分単位。スピードデーティングでは三分間の「デート」。黄色信号の時間ぎりぎり〇・何秒をかすめれば、赤信号無視が増えて大騒動にもなりうる[17]。しかしもっと重要なことに、情報化時代をまさに定義する機械、コンピュータは、現代の時計なくしては存在しえない。時計（クロック）は人の動作を同期させるのみならず、コンピュータの毎秒行う何十億もの演算を時間通りに行わせるのである。

時間を知りたいという人間の探究は、ある意味では、成功し過ぎた。数世紀前には時計同士で時間がそうそう合っていなかった。現代では、一周回って戻ってきている。ただし今度は、時計が精密でないからでなく、精度が高過ぎるからだ。アインシュタインの一般相対性理論によれば、いかなる時計によって計られる時間も重力の影響を受ける。したがって、同じ原子時計でも、GPS衛星に搭載されて宇宙に打ち上げられた後は、速く動くことになる（この効果はGPSが動作するために計算に入れてやらない

といけない）。事実、最新鋭の光学原子時計が二台、ひとつは床でもうひとつは机に置かれたとすると、互いに時間がずれていく。どっちの時計が本当の時刻を指しているのか？　この問い自体が正しくないことを次に見ていく。

今日、他の何物の測定よりも時間の測定は高精度で行える。事実、空間は時間の中に包摂されてしまっている。メートルの定義は、光が 1/299,792,458 秒のうちに進む距離となっている[18]。しかし、現代の時計がすさまじいのは分解能と正確度だけではない。レンジもそうだ。塩一粒、人間ひとり、トラック一台の重量を計るのには三種類の非常に異なるタイプのはかりが必要だ。対照的に、原子時計はGPS衛星からのラジオ波の信号のナノ秒単位の遅延を計るのにも、地球が太陽の周りを一年かけて回る時間の測定にも使うことができる――そして、地球の進みが遅くなっているのに応じて適切な閏秒を挟むことにも（地球の公転は地質学的、気象的事象の結果として不規則になりうる）。人のおよそ考えうる装置、ましてや製作しうる装置で、現代の時計までの正確度やレンジをもつものは存在しない。しかし技術的事柄はおいたとして、我々が時間を計る能力をもってしても、時間の本質の解明にはいまだそれほど迫っていない。時間はなぜ一方向にのみ流れるのか？　過去と未来は現在と根本的に異なるのか？　あるいは、ヒト脳が欺くせいでそう思えるだけなのか？　こうした問いに、次に当たっていくことにする。

8:00

時間とはいったい何物か?

存在というものを完全に芯まで説明しようとすると厄介なことが多々ある中で、どうにもならないものの筆頭として浮かび上がるのが「時間」である。時間を説明する？　存在の説明なくしてはできぬ。存在を説明する？　時間の説明なくしてはできぬ。時間と存在の間の深遠で隠微なつながりを解明することは［……］将来的課題である。

——ジョン・ホイーラー

ヒト脳は、原子時計を作る方法、原子をかち割る方法、月に行って帰ってくる方法、組織や遺伝子を生体から生体へと移植する方法を編み出したばかりか、自分自身の内部過程をもひもとき始めている。こうした優れた芸当ばかり見ていると、我々が単に並外れて賢い類人猿に過ぎないということを忘れがちだ。

脳は、進化の行き当たりばったりな「設計」原理の産物である。過去七千万年くらいの大部分をかけて、霊長類の脳は進化の過程で変わってゆき、対向性のある親指で巧みな手指使用をし、物体を認識し、他個体を同定し、社会的技能や結束を発達させたおかげで生存と繁殖の可能性を高めてきた。この過程の中では、読みを覚えたりピタゴラスの定理を導出したりする進化的選択圧はまあわずかだったと言ってよいだろう。こうしたことを我々ができるのは、ヒト脳の臨機応変な計算能力の証である。それでも

1,000 +
40 +
1,000 +
30 +
1,000 +
20 +
1,000 +
10

脳にはあまたのバグ、限界、固有のバイアスがある。脳がうまくこなせない課題の試供品として、上図の数字の並びを心の中で足し算してみよう。

半数以上の人は答えが五〇〇〇だと言う。でも正しい答えは四一〇〇。顔を認識したりこの文を読んだりする方がどう見てもはるかに複雑な計算課題でありながら、どうして脳は単純な数値計算がこうもできないのか？　この問いへの、不完全ながらも模範的な解答をすれば、計算課題を行う進化的選択圧はわずかだったからとなる。完全な解答は、もう少し根っこが深い。いかなる計算装置——脳だろうがデジタルコンピュータだろうが——の組立部品にも、実行に適している（あるいは適していない）課題というのがある。どんなヒトも、筆算を要するくらいの数の割り算ではそこらの電卓にとうていかなわない。ニューロンが低速でノイズを含む計算素子だからだ。ニューロンは、速さの点でもスイッチ的性質の点でも、デジタルコンピュータを構成するトランジスタには遠く及ばない[1]。

数値計算や、無意味綴りの記憶や、コインを四枚投げたときに二枚が表になる確率を直ちに直観したりは、脳が実行に適していない課題の数例である。このような現実に直面して、脳固有の限界やバイアスが科学の進歩にどの程度の制約をかけるかをも問うべきかもしれない。そのために脳が進化したわけでないような問いに答えるとき、脳のアーキテクチャゆえの得手不得手はどう出てくるか？　それを理解するために脳が進化したわけでないものの代表は、ひとつは脳自身。もうひとつは時間の本質だ。

再び、現在主義と永遠主義

人類は、時間を計るという探求に乗り出して以来、着々と正確度を高めていった。前章で見たように、その探求は途方もない成功を収めたが、時計的時間を計ることにかけての成功の一方で、いまだに意見の一致を見ていないことがある。正確なところいったい我々は**何を**計っているのかという問題である。

時間とは何か？　ここで問うているのは**時計的時間**や**主観的時間**の意味ではなく、「時間」という語のおそらくいちばん深い意味、つまり時間の本質だ。哲学や物理学ではあまたの説がある[2]。こうした理論には相互排他的なものもあれば、同じ主題の若干の言い換えといったものもある。しかし、第1章で見たように、本書のねらいからすれば**現在主義**と**永遠主義**がふたつの代表的見方をうまくとらえている。

復習しておくと、**現在主義**によれば現在だけが実在し、あらゆる存在は絶え間ない現在の中にのみ存在する（本書で現在主義という用語を用いるとき、時間が絶対的であることは含意しない）。過去とは、もはや存在しない宇宙の形態であり、未来とはいまだ定まっていない形態を指す。**永遠主義**では、時間とは開けた次元の形で**空間化**されており、その次元内では過去も現在も未来も同等に実在する。宇宙は一本の時間次元と三本の空間次元からなる四次元の「ブロック」となる——いわゆる**ブロック宇宙**である[3]。

現在主義と永遠主義について曖昧性を排した会話をするにあたって、言語は今も昔も妨害物となる。たとえば、「実在」や「存在」といった言葉は、現在主義と永遠主義のどちらのもとでの物言いかによって、大幅に異なる意味をもちうる。現在主義の文脈では、「恐竜が存在する」という命題は偽である。しかし永遠主義では、この命題は真という議論もありうる。恐竜は別のいつかの瞬間には存在をしており、自分が**今**だと考える瞬間が実在するのと等しくその瞬間だって実在するのだから。だから現在主義と永遠主義を「実在」や「存在」という言葉で定義しようとするのでなく、現在主義あるいは永遠主義の世界観から「実在」や「存在」を定義する方がよさそうだ。現在主義では、「実在」とはそれが**今**、**今**だけに**存在する**ことを意味する。現在なるものが唯一、何物たりとも存在しうる瞬間だからである。対照的に、永遠主義の立場で言うところの「実在」は、ブロック宇宙全体の中のいつでもどこでもいいから、恐竜やら未来の子孫やらを含めて、とにかく**存在する**何かのことを指す。

言語にはその本質上、現在主義の観点が仮定されている。現在主義と同様、動詞の活用では現在というものが特権的参照枠である。実のところ、現在主義および永遠主義という用語は、哲学で言うところの**時制的**時間および**無時制的**時間というものにそれぞれ関係している。時制的時間は、常に現在を基にしている。「わたしは今日の朝と昨日の朝にジムに行った」という文は過去の事象を現在との関係性において定義している。この文言は今日には真だが、明日には真ではなくなり（三日坊主なもので）、百年前には確実に真でなかった。対照的に、出来事を無味乾燥に記録した「二〇一六年一月一日午前八時、ジム。二〇一六年一月二日午前八時、ジム。」は無時制的時間の例である。このリストが今日において真だとしたら、明日にも真のままで、ある意味では百年前にだって真だろう。カレンダー上で隣の四角が「隣の」日を表すごとく、事象群が連続体上に同時存在しているイメージだ。時間が空間化されているかのようである。

時間なんて必要か?

時間の本質について、現在主義にも永遠主義にもうまく当てはまらない説もある。たとえば、物理学者ジョージ・エリスはその筆頭で、四次元ブロック宇宙でありながら過去しかもたないとする妥協案を唱えている。この、いわゆる**成長ブロック宇宙**説では、現在とは次第次第に、不確定なる未来を、絶え間なく成長し続ける不変なる過去へとフリーズさせてゆく波面であるとみなされる[4]。

時間とは抽象概念に過ぎないとする説もある。宇宙の振る舞いを説明するときにとても便利に使える概念なのであって、しかし質量やエネルギーと異なり、時間は物理学の基本的構成要素ではなかろうというのだ。この見方をよりよく理解するために、実際的場面で時計的時間は常に変化によって計られることを思い出そう。どれだけ正確か不正確かは別として、時計は常に何らかの物理現象での変化を定量化している。この事実の帰結として、何らかの時間的でない物理測度を用いて時間を表現することが常に可能である。たとえば、水晶時計ではよく、一日の中の時間を示すのに円板上で一周する目盛りが切ってあり、分針が12から6まで動いたとき、三〇分が経過したという言い方をする。でも、一八〇度が経過したという言い方でもよいのではなかろうか？　はたまた、計時基準（タイムベース）の振動数が一ヘルツの振り子時計の場合、三〇分が経過したと言う代わりに、一八〇〇周期が経過したと言うこともできるだろう。そもそも、時間の基本単位（秒）は何らかの純粋な時間の単位で実は定義されておらず、セシウム一三三の共鳴周波数に対応する放射の周期が九一億九二六三万一七七〇周期あることという定義になっている。これは地球が自転軸周りに二四〇分の一度回転するのにかかるのとほぼ等価である。こうした秒というものが一二六個あることは、二〇一四年冬季オリンピックでスキーの滑降の選手が丘の天辺からふもとまで位置を変えるのに要した時間の大きさに相当する。要するに、時計的時間は、変化を標準化するときの約束事としてとらえることができる。時間は、多様な物理系の変化率の間での等価関係を確立する非常に使い勝手のいい方法を提供してくれる（この見方を**関係主義**と呼ぶことがある）。物理学者エルンスト・マッハは一九世紀にこう述べている。「時間を用いて事物の変化を計るというのは我々の能力のまったく埒外（らちがい）である。事は正反対なのであり、時間とは抽象であって、事物の変化という手段を用いることでのみ手が届くものなのである」[5]。

時間とは物理系の状態変化の測度であるという考え方は、脳で時間を知る仕組みについてのこれまでの章では暗黙の前提だった。池に落ちる雨粒の作る波紋を計時装置として用いることができるのと同じように、脳は神経ネットワークのダイナミクスを用いて、内部ネットワーク状態と外界で生じつつある変化との相関関係を確立できるということを見てきた。だから一秒ごとに指で何かを軽くたたくタッピング課題は、究極的には、脳内の変化というものを人工時計の変化に合わせるという作業に帰着する。

結局のところ、脳で時間を知るという言い方をするとき、所詮はこの程度の意味でしか使っていないのである[6]。

時間についてのこうした、しっちゃかめっちゃかな用語や理論――現在主義、永遠主義、時制的時間、無時制的時間、成長ブロック宇宙、関係主義、などなど――は、時間とはいったい何物かに関する見解の一致が見られていないという事実の現れだ。とはいうものの、物理学者と哲学者にまがりなりにも好まれている説があるとすれば、永遠主義であるのは間違いない。しかし、永遠主義はただ単に直観に反するのみならず――人間誰しも同じように抱いているに違いない、現在とはもはや存在しない過去といまだ存在しない未決定の未来との間の界面であるという感じ方を、はなから否定する。永遠主義は、時間が流れるという我々の主観的な感じと相容れない。時間内のあらゆる瞬間が空間内のあらゆる場所と同じく実在するからだ。だから、物理学者と哲学者が永遠主義の立場をとるというのなら、よくよくの理由が必要だ。本章と次章ではこうした理由のうちふたつを検討する。先取りしておこう。(1)物理法則の中では、「ここ」が空間内のある恣意的な点であるのと同じく、**今**は時間内のある恣意的な瞬間であることがひとつ。もうひとつは、(2)アインシュタインの特殊相対性理論は、時間内のあらゆる瞬間がブロック宇宙の時間軸上に永続的に配置されることを含意するようであることだ。

現在不可知論

宇宙の基本原理の演繹(えんえき)に成功したことは、人類種の英知がなしとげた最高の偉業かもしれない。物理法則はその強力さゆえに、古代人を悩ませたさまざまな謎の説明枠組みからついに神仏に退散いただくに至った。夜空に埋め込まれたあのたくさんの光点は何か？　なぜ日は昇りまた沈むのか？　日食や月食、自然災害、異常気象はもはや、古代の何千年にわたって人類が崇めていた数千の神々の仕業だとはみなされない。

ニュートンが最初の一歩を踏んだ。我々の日々の現実に宿る物体一般——落下しつつあるリンゴから惑星運動まで——の振る舞いを支配する法則を記述したのだ。アインシュタインは、特殊相対性理論と一般相対性理論で、ニュートンの法則を拡張（そして修正）した。アインシュタインが与えてくれた道具立てで、ビッグバン後の宇宙的事象を把握したり、空間と時間が独立でないことを理解したり、重力を力そのものとしてでなく時空の曲率として説明したりできるようになった。しかし、惑星や恒星と異なり、原子の構成要素となると、また独自の規則——アインシュタインの法則に従わないもの——をもつようだった。二〇世紀初頭の数十年間で、量子力学の分野がこうした規則を解読した。この面妖な量子の世界の中では、素粒子が重ね合わせ状態で存在し（同時に空間内の複数の点を占めるかのように振る舞い）、もつれた素粒子同士がたとえ互いに何光年離れていようとも瞬時に影響を及ぼし合うかのようだ。

だが、これほどまでの目を見張る成功と我々の暮らしを変革させる影響力がありながらも、物理法則は、人類史を通じて最も再現性のある観察とも言うべき、「現在は特別」という気持ちを説明するのにかけては、情けないほど無力である。現代思想家クレイグ・カレンダーはこう説いている。「物理学の数式は、たった今どの事象が生じているのかについては云々しない——「現在地」マークのない地図のようなものである。現在の瞬間なるものは数式の中には存在しない、したがって時間の流れなるものも存在しないのである」[7]。

物理学の基本法則は、なぜ時間が前へ前へとだけ進もうとするかのようであるかについても、言葉をもたない。ニュートンとアインシュタインのしたためた数式、電気と磁気を記述する数式（マクスウェル方程式）、量子の世界を一言で表す数式（シュレーディンガー方程式）は、事象が前向きに展開するのか後ろ向きかについては何も言っていない[8]。これらの方程式は**時間対称**であると言われる。ロサンゼルスからサンフランシスコへのドライブがサンフランシスコからロサンゼルスへのドライブと等しく現実的であるのとまったく同様に、ニュートンの法則は事象の展開が順方向か逆方向かを云々しない。月が地球の周りを、地球が太陽の周りを玄妙なダンスのごとく回る様子の動画を見せられるとしよう。ニュートンの法則を用いてこのダンスの数学的記述ができる。すなわち、一組の方程式を書き下すことでこれら三個の天体の運動をシミュレートできる。この作業終了後、今更にして、方程式を作る材料に使った先刻の動画は間違えて逆再生してしまっていたと告げられたとしよう。今の仕事は全部やり直し？　そんなことはない。書いた方程式は正しいままである。実際の順方向の軌道を説明するには、変数tの符号を逆転しさえすれば終わりだ[9]。同様に、後になってこの動画が千年前のものだったことがわかったとしても、書いた方程式はそれでも正しいまま。ニュートンの法則は時間の方向のみならず、過去、現在、未来に関しても云々しないのである。相対性理論や量子力学の方程式についても同じことで、物理法則は、時間方向や特定の時刻に何ら特別な意味を付与しない。過去、現在、未来はすべて対等なのである。

こう思うかもしれない。「確かに、惑星の運行を定める方程式が順方向にも逆方向にも成り立つのは了解できる――とにもかくにも、惑星の軌道の動画は順再生でも逆再生でも同じくありえそうに見えるのだし。でも当然、私が経験上不可能と知っていることは、物理法則だって禁じているはずだ。風船は非破裂化しない、落ちてしまったグラスは非損壊化しない、今飲んでいるアイスティーの角氷は非溶解化しない。物理法則はおそらくこうした事柄が起こりえないことを保証しているだろう！」驚くべきことに、そんなことはない。

時間の矢の謎に対する標準的な答えは、一九世紀オーストリアの物理学者ルートヴィッヒ・ボルツマンが出している。熱力学第二法則に統計的解釈を加え、孤立系のエントロピーは時間経過とともに絶えず増大する傾向に進む、と述べた。エントロピーとは、無秩序度合いに相当するものととらえてよい。たとえば、サイコロ一〇個を入れた箱を振ると、サイコロの配置は無秩序あるいは「見た目ランダム」になり、箱は高エントロピー状態にあると言える。しかし、サイコロ一〇個すべてをバランスをとって積み上げて柱状にしたなら、系は高度に秩序化された配置にあり、非常に低いエントロピー状態にあると言える。

エントロピーが時間の矢と具体的にどんな関わりがあるかを理解するため、ひとつの箱の左半分に水素原子二個をまず入れたとしよう。しばらくしてからこのように問う。「箱の左半分にあるか右半分にあるかという観点で、二個の原子のいちばんありそうな配置とは？」箱に見られる状態としては三つの可能な状態（配置）がある。両方の原子が左にある（LL）、両方の原子が右にある（RR）、一個が左に、一個が右にある（原子は互いに区別がつかないので、LRとRLの状態は同一である）。各状態の確率は、¼LL、¼RR、½LR（RL）。だから、いちばんありそうな状態は、原子二個が半々に別れた状態である。一個ずつ一方という状態に二通りがあるからだ。この等分状態に実際になっているのを見た後で、箱をもう一度のぞいてみたとき、箱の状態が初期状態に「戻って」いる確率は、実はかなり高い。二度目にのぞいたときに、両方の原子が箱の左半分にあるという初期状態に戻る確率は、¼ある。この、原子二個の入った箱が全宇宙をなすとすれば、全宇宙が時間的に逆戻りしたと言えるかもしれない。初期状態と区別がつかない状態（少なくとも、原子の精密な位置を問わないこの程度の粗い分析レベルで）へと戻ったからだ。

しかし、二個でなく一万個の水素原子（これでも原子の数としてはちっぽけ）を箱の左半分に放ち、約半数ずつの原子が左半分と右半分とにある状態に系が至るまで待ったとしたら、その後で原子すべてが左半分にある状態へと戻る確率は、今度は想像できないほど低い。一グーゴル分の一（一グーゴルは10^{100}、全宇宙の素粒子数よりも大きい）よりもさらにさらに小さい。だから、箱の原子が当初の状態へ戻る見込みはありそうにないと言うときの見込みのなさは、宝くじに当たる程度の見込みのなさではなく、一カ月間、毎週宝くじに当たり続けるほどの見込みのなさですらない。一カ月間、毎週宝くじの当たりくじが風に乗って居間に吹き込んでくるほどの見込みのなさなのだ（正直、これの確率をどう計算したらいいのかまったく見当がつかないが、要は、そんなことは起こらなかろうということ）。箱の原子が当初の状態に戻るのが果てしなく見込み薄であるという言明は、実のところ非常に深遠である。なぜなら、これは読みかえれば、箱の原子は時間を「逆戻り」することは決してないことになり、ゆえに時間の矢の概念が現れるからだ。

熱力学第二法則は、エネルギー保存則が法則であるというのと同じ意味では、法則ではない。むしろそれは統計的主張と言える。孤立系の状態が元に戻ることは、馬鹿ばかしいほど起こりそうにないとしたうえで、なおかつ法則に則ってはいるのである。だからもし床に落としてグラスを壊しておきながら、見ているうちにグラスがひとりでに接ぎ合わさって調理台に飛び乗って戻ったとしても、このことは物理学の基本法則を犯したということにはならない――ニュートンもアインシュタインもお墓の中でひっくり返る必要はない。なぜか？　グラスが落ちると、床にぶつかるグラスでは位置エネルギーが大気分子の運動の増加という運動エネルギーに変換される（だからこそグラスの壊れた音が鳴る）。エネルギー保存則のおかげで、全エネルギー量は保存され（例外はない）、そして少なくとも原理的には、これらの全大気分子がいつか逆向きの配置をとり、もらったのと同じエネルギー量を行使して、グラスの全破片を元通りの形にぶつけ合わせて元通りになったグラスを調理台に置き直してしまうことを、禁じるものは何もない。

だから熱力学第二法則は、風船が非破裂化することも、グラスが非損壊化することも、角氷が非溶解化することも禁じはしないのだが、次善の策として、そうはならないはずだということを実質的に保証する。なので、このいわゆる**時間のエントロピーの矢**というのが、なぜ世界の全事象が時間の矢に従って展開するのかについて、かなりよい説明を与えるように思える。しかし不幸なことに、エントロピーの矢というものそれ自体、当初の見かけほど、実はちゃんとした矢印ではない。

両方向矢印

箱には今、水素原子が全部で一〇個あり、特定の時刻（時刻tとする）に四個の原子が左側、六個が右側にあるのを観察したとする——この状態を［4、6］と表すことにしよう。一〇個の原子を五個ずつの二群に分ける場合の数は他のいかなる配置よりも多いので、最大エントロピーの状態は五個ずつ左右にある配置［5、5］となる。だから次の時刻、$t+1$では、［3、7］状態よりも、［5、5］状態——エントロピーの増加——を観察する見込みの方が高いと予想できる。しかし、未来をのぞいてみる代わりに、過去をのぞいてみて、ひとつ前の時刻$t-1$で箱の状態のいちばん見込みの高いものは何かを問うてみよう。そう、同じロジックで、答えはやっぱり［5、5］のはずだ。系についての追加情報が何もなければ、［4、6］配置を観察した後のいちばん見込みの高い状態が［5、5］なのであれば、観察する前のいちばん見込みの高い状態もまた［5、5］でなければならない。ちなみに今回の場合に関しては、箱の同じ側に一〇個の原子がある状態から系がスタートしたとは一言も言っておらず——それどころか、箱はもしかしたら［5、5］配置からスタートしたのであって今の［4、6］状態というのはたまたま仕方なく起こったゆらぎなのかもしれない。

これはちょっと衝撃的だ。熱力学第二法則を時間の矢として使うつもりだったのに、時間的に順方向でエントロピーが増加するはずだと予測され、かつ、時間的に逆方向でエントロピーが増加するはずだと遡測（そそく）される、と知ったらがっかりである。時間のエントロピーの矢は両方向矢印であるようだ。時間がなぜ一方通行の気がするのかという問いに対する熱力学的説明が意味をなすのは、隠れた前提がついていたからだ。前述の最初の例では、すべての原子が箱の左側にある状態――すなわち、極端に低いエントロピーの状態――からスタートした。最低値からスタートしたエントロピーは増加する**しかない**。だから熱力学第二法則から時間の矢が現れるためには、宇宙が低エントロピー状態からスタートしたという前提が要る。

時間それ自体が、およそ一四〇億年前のビッグバンとともに始まったとよく言われる。そしてビッグバン直後においては、宇宙はまさにごく低いエントロピー状態だった。そうなると、時間の矢の問題はこんなふうになる。「このような低エントロピーを初期状態として宇宙が産声を上げたのはいかにしてか？」ルートヴィッヒ・ボルツマンはこの問いに答えることの重要性を意識しており、巧妙な仮説を提案した。この宇宙の低エントロピー状態とは、かつてはより高いエントロピーの宇宙だったものの一時的なゆらぎの結果なのだと。もしこの提案がボルツマン自身の法則に背いているように思えるとしたら、ある意味そうだからだ。だが、先に述べたように、熱力学第二法則がそもそも統計的なのである。エントロピーの減少は、確率は低いものの、不可能ではないのであって、じゅうぶんな時間さえあれば、起こりそうもないことが起こりうる。関連してはいるがもう少し現代的な、低エントロピーの謎に迫る仮説が、**多元宇宙**というシナリオである。はるかに大きな多元宇宙の中の、局所的で低エントロピーの領域として、この宇宙が始まったとするものだ[10]。とにもかくにも、どうして宇宙が低エントロピー状態で始まったかについて一般的に受け入れられている理論はなく、言うまでもないが、宇宙の開始に関連する――そしてそれゆえ時間の開始にも関連する――問いが近々に解決する見込みは薄い。

熱力学第二法則は、時間が絶え間なく前に進む理由について——あるいは少なくともこの宇宙がビッグバンの時点での不可解な低エントロピー状態からこのかたエントロピーのじわじわとした増加を来しつつある理由について——ひとつのありうる説明を与える。しかし、時間の矢の原因に関しては他の仮説もある。ひとつは、時間的に逆転しえない過程（「矢印」）が量子力学の中に埋め込まれているとするもの。量子の世界を支配する方程式（シュレーディンガー方程式）を含め、一切の既知の物理法則は時間逆転可能であると先に述べたし、実際そうである。しかし量子力学には、シュレーディンガー方程式で記述できず、一世紀近く科学者を悩ませてきたもう一段階の問題がある。感光板へ一個の電子を発射したとすると、シュレーディンガー方程式を用いればその電子が時刻tで所定の位置に観察される**確率**が求まる。しかし、電子が存在する場所を実際に**知る**には、測定を行わなくてはならず、シュレーディンガー方程式は、測定の段階自体で何が起こるかを記述しない。測定をするまでは——たとえば、電子が感光板に当たった位置を知るまでは——電子はあらゆる可能な場所に同時に存在すると言われる。電子の位置を測定するという行為そのものによって、電子がある特定の場所に存在することが決まる——これを、測定する行為による電子の**波動関数**の崩壊と言う。しかし、測定手続きのいったい何が波動関数を崩壊させるのか（あるいは崩壊などということがそもそも起こるのか）については見解の一致が見られていない。物理学者の中には、量子力学の測定段階によってこの宇宙で時間の矢が規定されると唱える人もいる[11]。この量子力学の解釈枠組みでは、電子の位置がいったん測定されてからは、もう後戻りはできない。事実、測定がいったんなされると、どのスリットを電子が通過したのかをシュレーディンガー方程式を用いて遡測するのは不可能である[12]。

仮に、量子力学によってこの宇宙で時間の矢が規定されるとしても――多くの人がこれはありそうにないとしているわけだが――量子力学も他のいかなる物理法則も、「今」というものに特別な重要度を付与しない、という事実は残る[13]。物理学の基本の方程式は、「時間」にとっての「今」が「空間」にとっての「ここ」にあたると含意するようである。我々は永遠主義のブロック宇宙に暮らすのだと多くの物理学者や哲学者が考えるのはそのせいでもある。しかし多くの人々にとっては、筆者自身もそうだが、これが永遠主義を利する議論だと言われてもあまり得心がいかない。それよりも、次に見ていくように、アインシュタインの相対性理論がおそらくは永遠主義を受け入れるべきいちばんの理由だろう。

9:00

物理学における時間の空間化

物理学者を信じる我々にとっては、過去、現在、未来の区分けは単に、しぶとくはあるが錯覚に過ぎない意味しかもたない。

——アルベルト・アインシュタイン[1]

バスケットボールがあれほどエキサイティングなのは、ひとつには勝敗の行方がときに時計との闘いになるからだ。最後のシュートをする選手は、時計がゼロを表示してブザーが鳴る前にボールを放たなければならない。会場の時計がゼロを示す前にボールが手から離れれば、そのシュートはカウントされる。これらふたつの事象のどちらが先に生じたかの判定は完全に客観的だと普通は思うだろう。ボールは時計がゼロになる前に選手の手を離れたか、離れなかったかのふたつにひとつだ。ところが実は、そうではないのである。

思考実験として、勝利が決まるシュートがコートの一方の端で放たれ、コートのもう一方の端にある原子時計がゼロを示す前にボールが選手の手を間違いなく離れたのだと、レフェリーが判定するとしよう。何らかのハイテク装置を用いて、レフェリーが後から確認したところ、ボールが放たれたときに時計の方では一ナノ秒（十億分の一秒）きっかり残っていた。で、これはNBAの決勝戦の第七戦だったため、宇宙船に乗った飛行士が望遠鏡越しに試合を観戦していて、途方もなく速いその宇宙船は光速の半分の速さで進んでいるとしよう[2]。シュートが有効判定だったと知り、宇宙飛行士は思わずレフェリーのお母さんをおとしめる類いの表現を吐いてしまう。宇宙飛行士から見れば間違いなく、ボールが放たれたよりも**前**に時計はしっかりゼロになっており——したがってシュートを得点にカウントするのはおかしいからだ。シュートがカウントされるか否か、どちらが優勝チームになるべきか、についてのこれらの相異なる報告は、情報が宇宙船まで届くのにかかる時間の長さとかいった時間遅れとは一切関係がない——そういった時間遅れはみんな計算に入れた上でということにしておこう。勝ったチームは勝つべくして勝ったという記述も、レフェリーが勝利を献上してしまったという記述も、端的にふたつの同等に正当な現実なのである。

どうしてこんなことがありうるのか？　ある観察者にとってはふたつの事象がある順序で起こり、別の観察者にとっては反対の順序で起こるなんてことは可能なのか？　もしそうなら、それは時間の本質にどう関わるのか？　こうした問いに答えるためには、アインシュタインの特殊相対性理論を掘り下げてみないといけない。

特殊相対性理論

アインシュタインの『運動物体の電気力学について』というこの控えめなタイトルからは、この論文が科学の行方を変革するものになるとはわかろうはずがなかった。アインシュタインは、この論文で提示した理論——特殊相対性理論——を導くにあたり、ふたつの原理から出発した。第一の原理が、「一定の速さで動くあらゆる観察者にとって物理法則は同じである」というものだ[3]。アインシュタインはこのいわゆる**相対性原理**をガリレオから拝借した。ガリレオはこの原理を述べるにあたり、こう指摘した。一定速度で滑らかに進む船の中にいる観察者にとっては、船が実際に動いているか否かは知りえない――現代風に言えばさしずめ、機上でくたくたの身でふと目を覚ますと、飛行中なのか地上走行中なのか滑走路上で停止中なのか、いっとき混乱するようなものだ。相対性原理の帰結として、速度とは、常に何か別のものとの関係性において定義される。車が時速一〇〇キロメートルで進んでいると言うときは、地球上の静止物体との関係性においてであることを暗黙に意味している。たとえば「時速八〇キロメートル」と書いてある最高速度標識との関係性においてとか。だが厳密に言えば、正しい基準系、絶対的な基準系などは存在しない。対向車線で近づいてくるパトカーとの相対速度では、この車は時速一〇〇キロメートルを優に超えるはずだ。しかも、この車が止まっていて広告掲示板が時速一〇〇キロメートルで進んでいるという言い方も等しく正当である。だから、任意の物体の進む速さは、選んだ基準系に相対的なのである。ただしひとつだけ例外があり……

「何もない空間中の光速は一定であり、それを発した物体の動きとは独立である」。これが、アインシュタインの出した第二の原理である。一見、光速が一定という概念は当たり障りなく聞こえそうだが、相対性原理と合わせれば、これは絶対時間という概念を打ち砕く。光速が一定ということの帰結を理解するため、まずは常識的な速度の概念の意識合わせをしておこう。あなたが時速一〇〇キロメートルで進む列車に乗っていて、列車の進行方向に弾丸を発射したとして――撃った銃は時速三〇〇キロメートルで弾丸を撃ち出すものだとすると――あなたから見て弾丸が時速三〇〇キロメートルで遠ざかってゆくことになる。わたしが駅のホームに立っていてこれを目撃していたとすれば、わたしから見た弾丸の速さは――直観通りに――列車の速さプラス弾丸の速さで、時速四〇〇キロメートルとなろう[4]。次に同様のシナリオを、今度はアインシュタインの第二原理の、光速が一定という文脈で考えてみよう。あなたの列車は今や秒速一〇万キロメートル（光速の三分の一）という途方もない速さで進んでおり、あなたは列車の前方に向かって弾丸ならぬレーザー光線を向けたとする。レーザー光線の先端は秒速三〇万キロメートル（光速の概数、以下 c で表す）で自分から遠ざかってゆくことになる。あなたから見て光線が秒速三〇万キロメートルで進んでいるなら、先刻と同様、わたしから見てその速さは列車の速さプラス光線の速さで、秒速四〇万キロメートル（1.33 c）となるはずだ。ところがこれは、観察者自身の速度によらず誰から見ても光速が c に等しいと言って譲らない光速一定の原理に対して、重大な違反となってしまう（またこれに関連して、特殊相対性理論の言う、何物も光速を超えて進むことはできないという結論にも違反してしまう）。事実としては、あなたもわたしも両方とも、あなたのレーザーから放たれた光線がまったく同じ速さで進んでいると報告するのである。

直観レベルからすればこれは極めて不可解だ。一秒経てば、あなたから見ればレーザー光線の先端が列車の前方三〇万キロメートルのところまで進んでいるはずだ。しかしわたしから見ても光線が同じ速さで進んでいるので、わたしにとっては光線は駅のホームから前方三〇万キロメートルのところにあるはずで、**かつ**、列車が秒速一〇万キロメートルで進んでいるとわかっているので、列車は一〇万キロメートル先の線路にあるはずだ。したがってわたしの基準系からすれば、列車と光線との間の距離は両者の位置の差分であり、三〇万マイナス一〇万、イコール二〇万キロメートルとなる。でもあなたから見ればたった今、光線はあなたの前方三〇万キロメートルのところにあることになってたじゃないか！　**何かがおかしい。**簡単に言えば、光速が絶対であるということの代償として、空間と時間の方は、絶対であってはならないのだ！　あなたとわたしの計算が合わないのは、実はなんと、ふたりが時間あるいは空間を同じように体験していないからなのだ。

一九〇五年はアインシュタインにとって「奇跡の年」だった。ベルンの特許審査官の仕事を続けながら、画期的な論文を四篇も発表したのだ。特殊相対性理論の論文で、アインシュタインは一連の方程式を導き、速度の関数として時間が伸長する（そして空間が圧縮する）様子を数式で表した。面白いことに、オランダの物理学者ヘンドリック・ローレンツが初めて記述したことからこれらの方程式はローレンツ変換と呼ばれている。だが、ローレンツは自分の方程式の帰結を完全には把握しておらず、それが上述のふたつの原理から導出できるとも気づかなかった。せっかくなので、時間に関するローレンツ変換の簡約版をちょっとだけ見ておこう[5]。時間の歴史において、時間についての最重要の方程式のひとつだからだ。この方程式は代数学のみを用いて、列車で進むあなたの時計で与えられる時刻（t^{you}）を、駅のホームに立つわたしの時計上の時刻（t^{me}）へと変換する（あなたがわたしの横を通り過ぎた瞬間にふたりともストップウォッチをスタートさせたと仮定する）。式において、vはふたりの間の速度を表し、定数cはここでも光速である。

$$t^{\mathrm{me}} = \frac{t^{\mathrm{you}}}{\sqrt{1 - \frac{v^2}{c^2}}}$$

cは極めて大きい数のため、日常の速度では、v^2/c^2の項はゼロに近く、分母は$\sqrt{1}$すなわち1に非常に近い。したがって、t^{me}はほぼt^{you}に等しい。これはまさに我々の日常体験である。我々のもつ時計はすべて同じ進度で時を刻み同期がとれているが、それはいくら我々が動いていると言ったところで我々の動きは（光速に比べて）低速だからである。しかし、光速に近い速さでは、時計は互いに異なる進度で時を刻むことになる。光速の三分の一の速さで進む列車上のあなたの例に戻れば、あなたの時計で言う一秒間の進み（$t^{\mathrm{you}}=1$秒）で、t^{me}では一・〇六秒になる。莫大に違うわけではない、が、もしあなたが光速に非常に近い速さ、たとえば$v=0.999c$で一年間（$t^{\mathrm{you}}=1$年）進み続けていれば、t^{me}は二二年以上となる。これは、時間があなたの側で伸長したのだという言い方ができる。あなたがひとつ歳を取るうちにわたしは二二歳も歳を取ったのだ[6]。

時間伸長を実証する初期の実験の実施方法は、民間旅客機に原子時計を積み込んで、その時間を地上の原子時計と比べるというものだった。幾度もの東回りフライトを重ねながら、これらふたつの時計で何百時間も記録していった（地球の自転があるのでフライトの方向は重要である）。特殊相対性理論の予測通り、ワシントンのアメリカ海軍天文台に置かれた原子時計と比べて、飛行する時計は遅れた――数百億分の一秒[7]。

これをはじめたくさんの実験が、時間は絶対的ではないことを確証した。ニュートンは間違っていた――時計的時間は「外的な何物にも左右されることなく等しく流れる」わけではないのである。

振り子の往復運動だろうと、視交叉上核ニューロン内の Period タンパク質の量だろうと、時計的時間は常に変化によって測られ、変化とは局所的な現象である。ある物が置かれた局所的環境によってその変化率が影響されうるという話はよくわかる。だからこそ冷蔵庫が発明されたわけで――冷蔵庫のトマトは調理台のトマトよりも「老化」が遅い。実際、時間を振り子時計やショウジョウバエの概日時計で計られるものとするなら、それは周囲の温度によって変容しうる。しかし温度は、異なる時計の変化率に対して異なる影響の仕方をする――か、あるいは全然影響しない。たとえば、第7章で論じた放射性同位元素の半減期は絶対零度近辺であってもほぼ同じである。対照的に、ありとあらゆる時計の変化率に及ぼす速度の効果は、絶対的であり交渉の余地がない。あらゆる物理過程は、それが原子時計だろうが人体だろうが、空間内を移動する速さに依存してその変化率が遅くも速くもなる。これ自体が異様かもしれないが、アインシュタインの特殊相対性理論からの帰結にはさらに不可解なものがある。

列車とホームの思考実験に戻って、あらゆるものが低速で存在する日常世界をもう一度考えてみよう。動く列車内で、弾丸を互いに反対方向に発射する例を考える。あなたは長さ二〇〇メートルの列車の中央にいて、列車はホーム上に立つわたしに相対的に秒速一〇〇メートルで進んでいるとする（図9・1）。列車の先頭がわたしの横をひゅっと通り過ぎる瞬間、あなたは二挺の拳銃を撃ち、その弾丸はやはり秒速一〇〇メートルで進む。一方の弾丸は列車の先頭の窓に向かい、もう一方の弾丸は最後尾の窓に向かう。あなたの視点からは、弾丸は同じ速さで進んでいて、同じ距離だけ水平に進むはずだから、

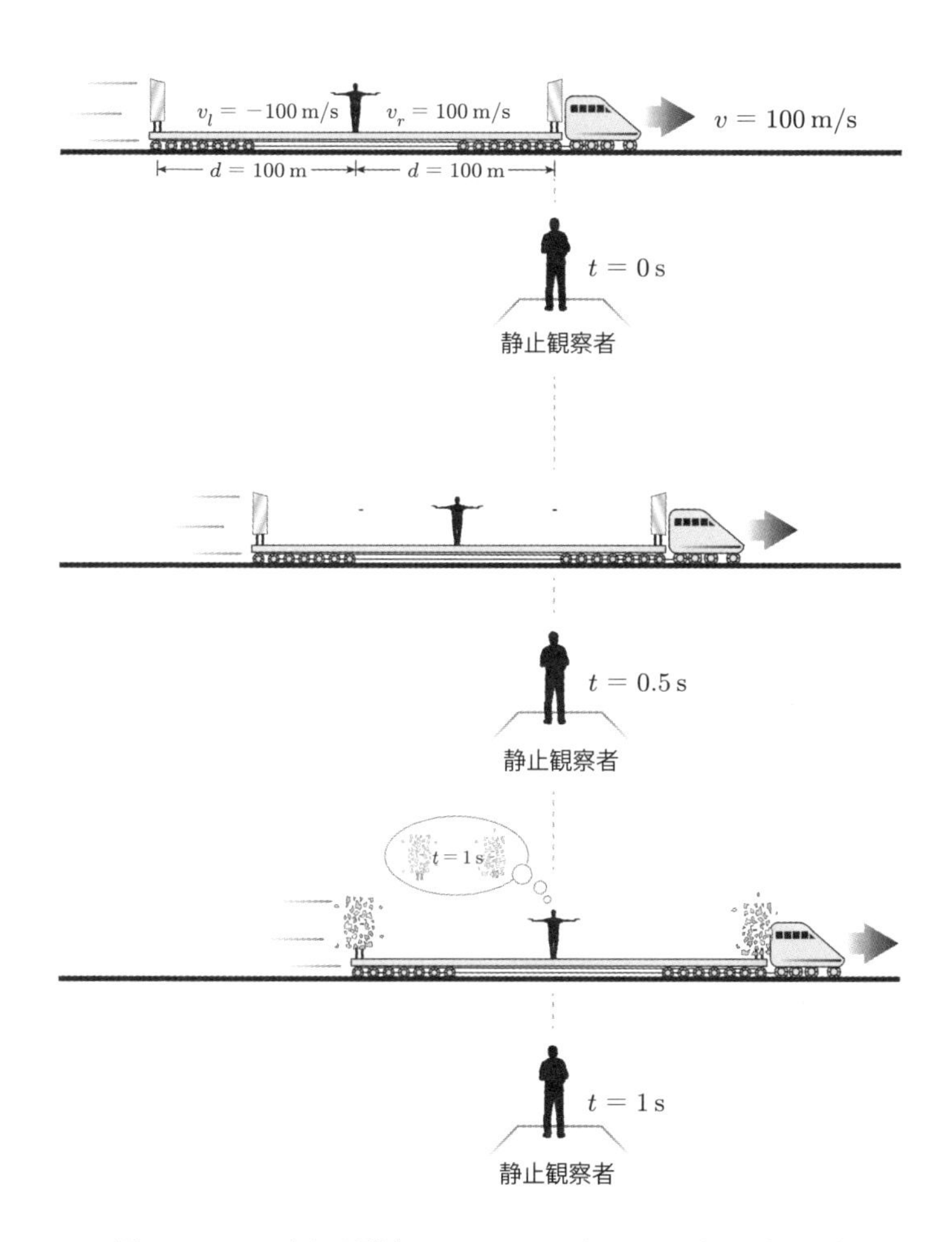

図 9.1　ニュートンの列車。ニュートンの法則では、動く列車の中央にいる観察者が互いに反対方向にふたつの弾丸を発射すると（$t = 0$）、列車の先頭と最後尾の窓はあらゆる観察者にとって $t = 1$ 秒のときに同時に壊れることになる。

両方の弾丸が列車の先頭と最後尾の窓を同時にぶち壊すことになる——あなたが引き金を引いたちょうど一秒後に。わたしの視点からは、前方に進む弾丸は秒速二〇〇メートル（列車の速さプラス弾丸の速さ）で動き、弾丸は二〇〇メートル（列車の長さの半分、プラス、列車が一秒に進む距離）進んで先頭の窓に達するので、先頭の窓は一秒後に壊れることになる。わたしから見ると、後方に進む弾丸は秒速一〇〇メートル（列車の速度）マイナス秒速一〇〇メートル（弾丸の速度は反対方向に進むためマイナスとなる）で動く。別の言い方をすれば、わたしから見ると、弾丸は空中で静止しており、列車の最後尾の窓がその弾丸に向かって突進してぶつかる（面倒なので、真空でかつ重力が小さな惑星の上での話にしておこう）。列車の最後尾は拳銃発射位置から一〇〇メートルの距離なので、これにもちょうど一秒かかる。ニュートンなら予測したであろうように、あなたとわたしのどちらの視点でも、列車の先頭と最後尾の窓は同時に壊れるだろう。この場合、同時性は絶対的であると言える。あなたの視点で同時に生じるふたつの事象は、わたしの視点でも同時に生じるからだ。

では同様の思考実験を、はるかな高速、はるかな長距離で行ったらどうなるか考えてみよう（図9・2）。あなたは今や、長さ四〇万キロメートル[8]となったとてつもなく長い列車の中央にいて、列車は光速の三分の二、秒速約二〇万キロメートル（0.667 c）で進んでいる。先ほどと同様の状況を作り、あなたの列車の先頭がわたしのところに到達した瞬間、あなたは二挺の素粒子拳銃（なるものが発明されているとして）を撃ち、その弾丸はやはり秒速二〇万キロメートルで進む。これらの素粒子弾丸は互いに反対方向に、列車の両端の窓に向かって進む。先ほどと同様、あなたは列車の中央にいるのだからあなたから見れば両方の窓が同時に壊れることになる。両方の弾丸が秒速二〇万キロメートルの速さで二〇万

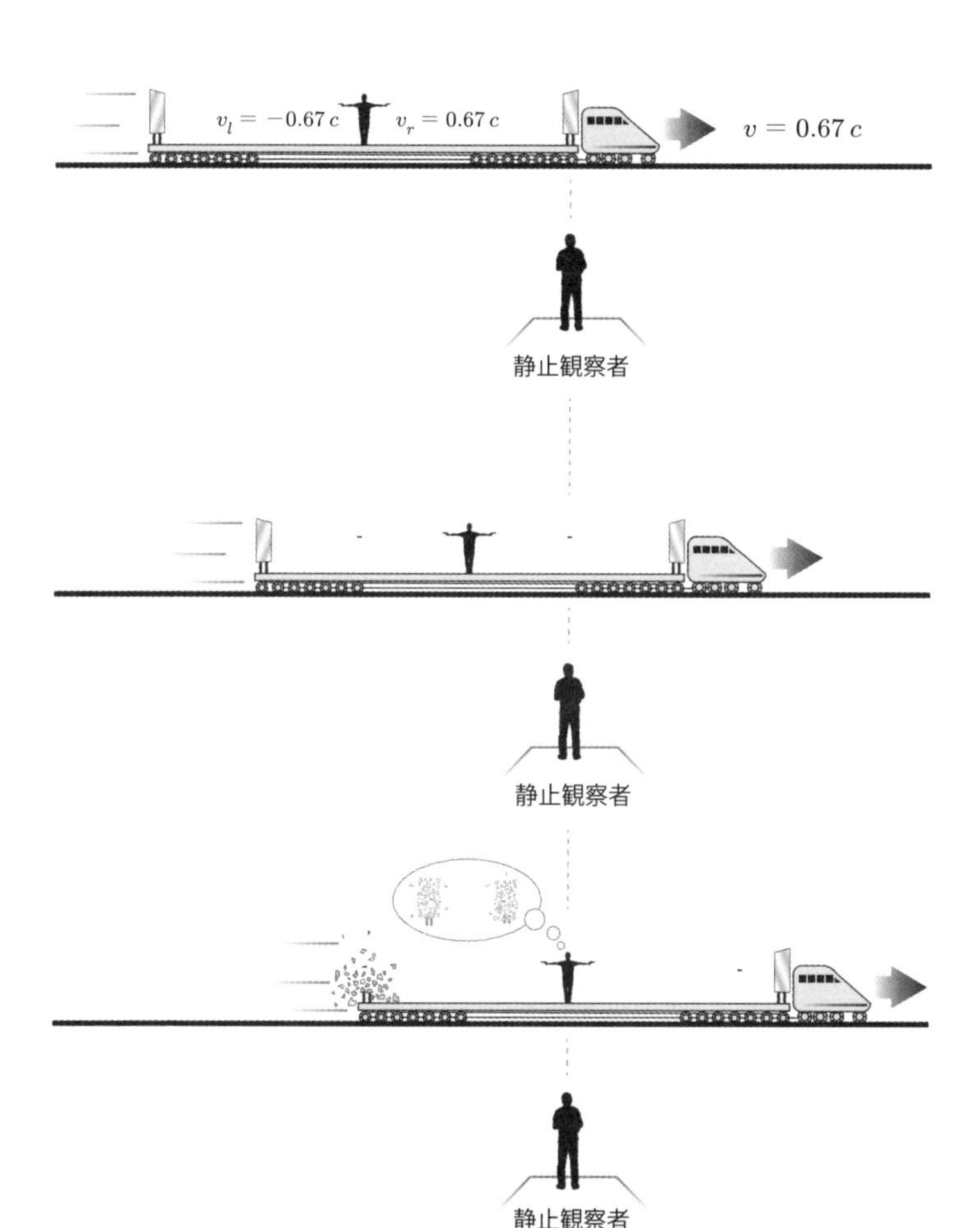

図 9.2　アインシュタインの列車。高速では、特殊相対性理論によれば観察者が違えば体験する時間や空間も違う（だから空間や時間について作図するのがとても厄介になる）。車内の時計もホーム上の時計も、先頭の窓がホーム上の観察者に到達した瞬間に $t = 0$ となるようにしておく。車内の観察者とホーム上の観察者が正対したときに、車内の観察者から見れば両方の窓が同時に壊れ、ホーム上の観察者から見れば最後尾の窓はすでに壊れているが、先頭の窓はまだ無傷である。

キロメートルの距離を進まなければいけないので、これはあなたが拳銃を撃ってからあなたの時計でちょうど一秒後である。そしてまた先ほどと同様、列車の後方へと向かう弾丸はわたしから見れば空中で止まっていて（列車の速さマイナス弾丸の速さはゼロだから）、最後尾の窓が秒速二〇万キロメートルの速さで弾丸の方へとぶっ飛んで来る。でもわたしから見たとき、前方の弾丸が進む速さはどうなるだろう？　わたしから見て両方の窓が同時にぶち壊れるためには、前方の弾丸が列車の全長と等しい距離（当初の距離である全長の半分に列車が進んだ距離を加えたもの）を水平に進むのにかかる時間が、後方の弾丸に最後尾の窓が届くまでにかかる時間と同じでなければならない。前方の弾丸は、後方の弾丸が進む二倍の距離を窓に向かって進まなければならないので、光速をはるかに超えた速さで進んでいなければならないはずなのだが、特殊相対性理論により、前方を進む弾丸の速さは秒速約二七万七〇〇〇キロメートル（0.92 c）となる。だから明らかに、わたしから見たら、先頭の窓と最後尾の窓は同時には壊れないことになる。あなたから見れば両方の窓が同時に壊れ、わたしから見れば最後尾の窓が先に壊れるのだ！　この不一致は、列車の異なる部分からの信号がわたしやあなたまで届くのにかかる時間に関する伝送遅延とは一切関係ない[9]。そうではなく、こうした一見矛盾する体験は、ふたつの異なる、しかし等しく正当な、現実を表している。同時性、そしてまさにふたつの事象が生起する順序は、相対的な問題なのだ[10]。

これらの思考実験の結果をもう少し深く考えてみよう。あなたの基準系からは、どの瞬間でも常に、両方の窓とも無傷か両方とも壊れているかのいずれかである。でもわたしからすれば、最後尾の窓が壊れていて、先頭の窓が壊れていないという瞬間があることになる。これはこの上なく異様な話のはずだ。あなたにとっては両方の窓が壊れた状態で、わたしにとっては一方の窓だけいまだ無傷である、なんてことがどうして起こりうるのか？　あなたとわたしが別の宇宙にいるとでも言うのだろうか。

この謎のひとつの解決は、時間の空間化――すなわち、ブロック宇宙である。過去から未来にわたるあらゆる事象がブロック宇宙のどこかの点に――永遠主義で言われているように――永続的に位置していると仮定すれば、同時性の相対性は謎ではなくなり、観測者の立ち位置によって空間内のふたつの物体が見かけ上揃っていたりいなかったりするという事実と同じくらい当たり前になる。高速道路に並ぶ二本の電信柱は路肩に立って眺めれば揃って見え、道路の中央にいれば揃っては見えない――遠近法の問題だ。同様に、両方の窓が同時に壊れるように見えるというのは、あなたの視点からは時空でそれらが「揃って」いるがわたしの視点からは違うから。これが、特殊相対性理論が永遠主義の非常に説得力ある論拠になるということの理由である[11]。

面白いことに、アインシュタインが特殊相対性理論の論文を最初に発表した際には、時間をブロック宇宙の第四の次元とみなすべきだとは論じていなかった。チューリッヒ時代のアインシュタインの教授であったヘルマン・ミンコフスキー（伝え聞くところでは、学生時代のアインシュタインのことを「のろまな犬」

と思っていたらしい）こそが、空間と時間の関係についての特殊相対性理論の過激な予想を初めて理解した。一九〇八年、かつての教え子の研究成果に乗っかって、ミンコフスキーは仰々しく公言した。「爾後、空間それ自体、時間それ自体は単なる影へと消え去る運命にあり、二者のある種の合体のみが、独立なる実在性を保つこととなる」。

ミンコフスキーは空間と時間を合体させて時空としてしまった。アインシュタインの特殊相対性理論を発展させて幾何学的に再定式化し――標準的な三本の空間次元に、時間次元を加えた。ミンコフスキーの洞察は、空間と時間は相対的であるが、空間と時間の融合は絶対的だとしたことだった。あなたが宇宙船で旅に出てジグザグと航行し、わたしが地上に残ってあなたを遠くから観察するとすると、あなたの帰還時には、あなたがどれだけの時間を旅していたか、あなたがどれだけの距離を旅したかについてはあなたとわたしの時計は不一致であるが、あなたが時空のどれだけの「距離」を旅したかについてはあなたとわたしの間で一致することになる。ミンコフスキーの四次元宇宙を単純化すると、単一の空間次元をグラフの横軸で表し、時間次元を縦軸に表すことができる。静止状態は縦軸に沿った運動からなる――時間は流れているが、空間内のわたしの位置は同じ。対して、あなたの宇宙船の旅行は斜めの運動で表される。両方の軸に対する位置の変化に基づいて、時空の中を進んだ距離を計算することが可能であり――あらゆる観察者の間で一致する値となる。この距離は、いわゆる**固有時**（「局所」的時間）、すなわちあなたの宇宙船内の時計で計ったときの時間に関係する。

特殊相対性理論が**特殊**と呼ばれるのは、重力の影響を無視できる単純化された宇宙に当てはまるからだ。特殊相対性理論を発表した後、もっと一般的な理論を作り出そうとアインシュタインは辛苦の一〇年を費やした。その結果が、かの傑作——**一般相対性理論**——であり、重力と加速度との等価性を確立したのである。ニュートンの万有引力の法則は、重力と質量と距離の関係を記述するものだったが、重力とは**本質的に**何かについてはきちんとした洞察を与えていなかった。一般相対性理論は仰天するような答えを与えた。重力とは力そのものではなく、時空のゆがみなのだと。一般相対性理論はさらに、ミンコフスキーが空間と時間を合体させて時空としたことの妥当性を理論的に裏づけた。見方によっては、一般相対性理論は特殊相対性理論よりもさらに永遠主義の強力な論拠となりそうだ。一般相対性理論の方程式の解の中には時間旅行の可能性を許すものがあるからであり——すなわち、所定の前提と初期条件から始めれば、こうした方程式は時間を後ろ向き、前向きに飛び越えることを許すのである。一般相対性理論の詳細な議論は本書の範囲を超える——筆者の専門範囲は言うに及ばず。しかし幸運なことに、本書の目的からすれば、特殊相対性理論でじゅうぶん、永遠主義とブロック宇宙を支持する論拠の重要部分がとらえられる。

過去、現在、未来が同等に実在するという考えは、我々の現実感の知覚をないがしろにするのだから、物理学者と哲学者が現在主義よりも永遠主義を好むというのなら、よくよく説得力のある理由が必要だ。そうした理由の三つをこれまで見てきた。

1. 物理法則では、「ここ」が特別でないのと同じく「今」は特別ではないため、空間内のすべての場所が実在するのと同等に、時間内のすべての時刻が実在することが含意される。
2. 特殊相対性理論では、ある観察者にとって同時であると体験されるふたつの離れた事象が別の観察者の基準系では同時ではなくなり、したがってすべての時刻はブロック宇宙内部に永続的に配置されるとする[12]。

3．一般相対性理論の方程式の解には、時間旅行が可能であり、したがって過去や未来がある意味ですでに「そこにある」永遠主義的宇宙に我々が暮らしていると含意するものがある。

とはいえ、永遠主義に肩入れするこうしたまことしやかな議論がある一方で、認めておかなければならないことがある。人類がこれまで行ってきた観察のうちで最も頑健ではっきりしている部類に属するものを、物理法則は説明できない。すなわち、**現在は特別であり、時間は流れる**という観察だ。

時間の物理学と神経科学は折り合いがつくか？

本章の題辞が示唆するように、アインシュタインは永遠主義者だったが[13]、現在というものが特別な感じがすることには頭を悩ませたようだ。アインシュタインとの議論について述懐する中で、哲学者ルドルフ・カルナップがこの点を詳述したのは有名な話である。

かつてアインシュタインは、現在という問題に深刻に悩んでいると言った。現在を経験することは、人間にとって特別な意味をもつ。過去や未来とは本質的に違った何かがあるが、この重要な違いは、物理学には現れないし、また現れることもできないと彼は説明した。この経験を科学では把握できないということは、彼にとって、手痛くも避け難い諦観のようであった。客観的に起こるすべての事柄は科学で記述できる、と私は指摘した。出来事の時間的系列は物理学で記述される一方、時間に関する人間の経験の独自性は、過去・現在・未来に対する異なった態度をも含めて、心理学によって記述し（原理的には）説明することができる[14]。〔I・プリゴジン、I・スタンジェール著、伏見康治・伏見譲・松枝秀明 訳『混沌からの秩序』（一九八七）みすず書房 より引用〕

カルナップが示唆したように、時間が流れない宇宙に我々が暮らすという考え方と、時間は確かに流れている感じがするという事実との折り合いをつける唯一の方法は、時間の流れという感じ方を心が生み出すトリックに過ぎないとみなすことだ、と多くの物理学者と哲学者は考えている。

実際問題として、物理学者にとっては一般に、時間の物理学と神経科学との間の不和など無視しても差し支えない。特殊相対性理論と一般相対性理論の方程式は実験データを途方もなくよく説明する――使っている人間がたまたま永遠主義者だろうが現在主義者だろうがお構いなしに。そうであっても、この「ブロック宇宙／時間の流れ」のパラドックスは深遠な問題だ。数理物理学者ロジャー・ペンローズはこう述べている。

時間の流れについてわれわれが意識している感じと、（驚くほど正確な）理論が物理的世界の現実について主張していることとの間には、深刻な食い違いがあるように私には思える。この食い違いは、われわれの意識的な知覚の根底にあるはずだと想定されている物理学について、何か深遠なことを告げてくれているに相違ない［……］[15]〔R・ペンローズ 著、林一 訳『皇帝の新しい心―コンピュータ・心・物理法則』（一九九四）みすず書房 より引用〕

同様に、物理学者にして作家のポール・デイヴィスは書いている。

私の意見では、最大の未解決の謎は、物理的時間と主観的あるいは心理的時間のあいだの派手な食いちがいにかかわるものである［……］たぶん心的な「裏口」を通じて獲得された、流れる、動く時間というどうしようもない強い印象は、非常に難解な謎である。それは脳内の量子過程と関連しているのだろうか？ それは物質的対象の世界のなかに「あって」、われわれが単に見逃しているにすぎない、客観的に実在する時間の量を反映しているのだろうか？ それとも、時間の流れは結局のところ、純然たる心の構成物――幻想あるいは混乱――である、と判明するのだろうか？[16]〔ポール・デイヴィス 著、林一 訳『時間について―アインシュタインが残した謎とパラドックス』（一九九七）早川書房 より引用〕

時間の流れのような自明のものが、脳がこしらえた錯覚だなどと、どうしてそんなことがありうるだろうか？ この問いへのひとつの答えはこんな感じになる。ひと巻きぶんの写真フィルムのように、ブロック宇宙のことを一連の静止フレームと考えることができる。ひとつの映画フィルムに、多くのフレーム――それぞれが各時刻を表す――があったとしても、すべてのフレームはひと巻きの中に共存していると言うことができる。ホームムービーが一連のフレームの形で記録されるのと同様、ブロック宇宙のたくさんのフレームの中に人は存在する。これらのフレームの各々で人の心には直近過去のフレームの記憶がある。この、単一時刻において複数時刻への統合的アクセスができることが、時間の流れの主観的な感じ方に何らかの形でつながるのだ、という仮説が立てられている。一匹狼の物理学者ジュリアン・バーバーは、このことがカワセミ（魚狗（かわせみ）というくらいで、たぐいまれな漁の腕前をもつ）の運動を通じて観察されると説明する。

ある瞬間に運動が見えると思うとき、その背後にある実際のメカニズムとしては、動いていると知覚される対象のさまざまな位置に対応するデータを、その瞬間の脳はもっているのである。どの瞬間にも、さまざまな「静止画」を同時に脳はもっているのだ。脳は、データを意識へと提示するにあたり、何らかの仕組みで「動画再生」をしてくれるのだ［……］カワセミの飛行が見えると私が思ったとき、私が実際に入手したのは、その飛行の際に生じたカワセミの静止画六〜七枚、しかもそれらの神経細胞パターンとして符号化されたものなのである。この脳の活性化パターンは、何枚かの静止画の符号化されたものの同時存在であるにもかかわらず、ただひとつのものに属する［……］[17]

第1章で触れたように、バーバーは、他の少数の物理学者とともに、極端な部類の時間の空間化仮説を支持している。永遠主義のブロック宇宙を取り上げて、時間軸に沿って切り刻み、それらスライスすべてを**プラトニア**と呼ばれる無時間の宇宙にばらまくのである。バーバーの論じるところでは、すべての可能な瞬間——すなわち、すべての瞬間を形作るすべての異なる物質配置——は無数の静止した**今**として存在するという。

永遠主義のもっと標準的な見方という文脈で、物理学者ブライアン・グリーンは同様の考えを示すことで、ブロック宇宙のスライスの中に閉じこめられているにもかかわらず我々が時間の流れを知覚するのはどうしてかの説明を試みている。

> 時空のなかのどの時刻も（つまり、どの時刻でスライスした時空の断面も）、一本のフィルムのなかの一コマのようなものである〔……〕ある瞬間に存在しているあなたにとっては、その瞬間こそが「今」であり、「今」であり続ける。しかも、個々の断面のなかにいるあなたの思考と記憶は、時間はその瞬間に向かってよどみなく流れてきたと感じさせるのに十分なぐらい豊富かつ鮮明だ。「時間は流れる」というこの感覚をもつためには、それまでの各時刻のコマが次々と照らし出されていく必要はないのである[18]。〔ブライアン・グリーン 著、青木薫 訳『宇宙を織りなすもの—時間と空間の正体（上）』（二〇〇九）草思社 より引用〕

各瞬間にて、先行する瞬間瞬間の記憶を脳がもっているのは疑う余地がない。第6章で見てきたように、脳は先行事象の文脈において各事象を符号化するダイナミクスをもった系なのだ。さもなければ発話を理解するのは不可能に決まっている。何しろ、各単語の意味は先行単語の文脈において（またときには、第12章で見るように、後続単語の文脈において）こそ解釈されるのだから。ただ、脳が現在のフレームから先行フレーム群へアクセスできたとしても、時間の流れが錯覚だという考えは筆者にはしっくりこない。現状、「ブロック宇宙／時間の流れ」のパラドックスに対するこの「ある瞬間の中に別のいくつもの瞬間がある」という解が神経科学と一貫しているかどうかはまったく定かではない。

ブロック宇宙は神経科学と相容れるか？

脳は錯覚製造所だ。そしておそらく、大方の神経科学者や心理学者は、時間の経過の主観的感じは錯覚だということに同意するだろう。だから、時間の流れのことを心のトリックということにしてしまうのはあながち理不尽でもない。ただ問題は、「錯覚」という言葉が物理学と神経科学では違った意味で使われうることだ。物理学者が時間の流れは錯覚だと示唆すれば、それは我々の心にのみ存在し、外界の特徴ではないという意味である。神経科学者が時間の流れの主観的感じは錯覚だと言えば、あらゆる主観的体験がそうであるように確かにそれは心的構成概念なのだが、外界に**実在**する何らかの物理現象を、忠実な再現ではないにせよ、表現する心的構成概念だという意味となる。

脳は進化の産物であり、そして進化的成功とは、物理法則（少なくともそのいくらか）を動物が潜在的に把握して活用できるかを見る、それなりに厳しい能力検査に受かることである。たとえばカワセミの飛行は、ニュートン則を駆使する神経系の能力なしには不可能だろう。飛行および着水速度を制御するために流体力学の原理を適用することに加え、カワセミは未来へと自分の位置を外挿して、遊泳中の魚の将来の位置に合致するようにせねばならない。しかも、水中と大気との間にできる光の屈折のため、視覚では魚の真の位置の情報がもたらされないかもしれない。動物種によってはこの光学的効果を補正するものもある[19]。

要は、神経系は物理法則をしっかりと計算に入れているということだ。このことは、運動制御——一回ひねり伸身二回宙返りを行う体操選手の能力など——のみならず、主観的で心的な体験にも当てはまる。色、音楽、においの知覚は主観的で心的な構成概念、つまりは**クオリア**の例である。外界に存在しないという意味では錯覚だが、それぞれ、電磁波の波長、音波の特定パターン、分子の化学構造というように、実在する物理現象と各々が相関しているという意味では適応的である。ただ、波長四七〇ナノメートルの電磁放射に「青」的な性質は本来的に何もないし、硫黄化合物に腐敗的な性質は内在的に何もない——そもそも、動物や人ごとに、同じにおいを嫌悪的とも中性的とも魅力的とも感じうる。

我々の主観的体験についての適応的価値の可能性を考えるため、脳が心の上に授けてくれるいちばん親密な錯覚の話に戻ろう。**身体意識**である。第4章で論じたように、自分の指めがけて誰かが金槌を振り下ろそうものなら、たまらない痛みがするだろう。ところが、痛みは脳内で生成されるにもかかわらず、脳内で生じているようには知覚されない。なぜか、痛みは外界へと投影され、自分の手なる肉塊がたまたま置かれたまさにその場所へと投影される。脳は、四肢を構成する骨や筋肉や神経の所有感という錯覚を生み出すことにこだわるあまり、肢を切断でなくしてしまったとしてもなお意固地にこの錯覚を生み出すことがある。だから痛みとは、心的構成概念であるという意味で錯覚なのである。だとしても、痛みが自分の指へと投影されて感じられるというとき、金槌は錯覚であるとか、金槌は指をたたかなかったとか言い出す人はいない。したがって、身体意識の錯覚は無用の長物などではなく、外的事象（金槌が指をたたく）と内的な主観的体験（痛み）との間には非常に強い相関があるのだ。自分自身の最も大切な所有物を守るためには、痛みを**肌で感じる**能力を脳に賦与する以上の方法があろうか。身体意識は心と身体の究極の統合であり、世にあるコンピュータと周辺機器とのインタフェースのうちでも最も洗練されたものである。

「錯覚」という言葉の異なる意味、また主観的体験と物理現象との関連の可能性についていくらかの洞察を得たところで、時間の流れとは実際に存在しない物理現象の心的構成概念であるとする永遠主義の考えへの反論をふたつ、これから吟味してみよう。

進化。もし我々が、時間が本当に流れる現在主義的宇宙に暮らしているなら、この流れを主観的に感じることが適応的である理由をいくらでも想像できる。色や痛みの意識的な知覚が、外界の重要な事象と相関するから適応的なのだというのと同じ理屈で、時間の流れの感じ方は、外界での事象の展開と相関するから適応的なのだと言えるかもしれない。時間の流れの主観的な感じがあればこそ、カワセミの飛び込みを知覚体験できるばかりか、時間的に展開するあらゆる外的事象を予期し、再現し、反芻（リハーサル）することができる。また、時間の流れを感じることは、遠く離れた未来に飛んでいく、心的時間旅行に出るという能力にだって必須だったかもしれない（第11章）。しかし逆に、もし我々が、時間の流れが実在しない永遠主義的宇宙に暮らしているなら、時間が流れているかのように知覚するのにどんな進化的優位性があっただろう？　もちろん、あらゆる生物学的特性が進化的利点をもたらさなければいけないこともないが、大部分は、特に時間の流れの感じに匹敵するほど顕著で万人共通のものについては、進化的利点が実際にある。我々の時間の主観的な感じ方が、心に生じる錯覚、それも「錯覚」という言葉の最も深い意味でのものだとする見解は、そいつは無用の長物だと言っているも同然であって、強力な適応の結果として脳がその主たる任務である未来予測をしやすくなったという考え方とは、真っ向から対立する。

意識と神経ダイナミクス。「ブロック宇宙／時間の流れ」のパラドックスに対する「ある瞬間の中に別のいくつもの瞬間がある」という解には、一フレーム内における意識について語ることに意味があるという暗黙の前提がある。脳がどうやって意識を生み出すかはわからない一方で、意識状態と強く結びつく神経固有特徴は確かに存在する。たとえば、脳が意識状態（覚醒）と無意識状態（徐波睡眠や麻酔下）の間を移行する際に起こる最も明白な変化は、脳活動の時間パターンであり、特に脳波の周波数において見られる。脳波とは神経活動の同期とタイミングの度合いを大域的に見るもので、睡眠時の脳波の特徴は遅い律動であり、覚醒時に対応するのは非同期の神経活動および速い律動の脳波である[20]。全般的に言って、意識の神経科学について少しだけわかっていることから考えると、それは高度なダイナミクスをもつ過程であり、単一フレームの文脈で意識を語ることは、映画の単一フレームだけからネコが生きているか否かを見定めるようなものかもしれない。呼吸はあるか？　心拍はあるか？　体内の各細胞内部の分子は能動的に動いて熱力学第二法則に対する進化の対抗手段、すなわち代謝を行っているか？　生命とは継続的な代謝的変化によって定義される。代謝がなければ、動物は生きているとは呼べない。動物が生きているか否かを見定めるには、映画の一フレームだけではなしに、先行フレームや後続フレームも見る必要がある。しかし、生命というものは永遠主義への反論たりえない。生きているか否かを見定めようというときには単一フレームに限って考える必要はないからだ（判断を下すには映画の複数フレームを見ていけばよい）[21]。これと関係しているのがゼノンの矢のパラドックスだ。無限に小さな時間スライスで見たとき、飛翔中の矢は動いていると言ってよいだろうか？　ある意味では答えはイエス、物体の瞬間速度というものが定義可能だから。しかし矢と異なり、意識主体は自分自身の「運動」について、こうした瞬間フレーム内部で気づきを生じていなければならない。だから問題は、ブロック宇宙の一スライスで意識という現象を維持できるのか、それとも意識には何らかの時間的厚さが必要なのかということになる。すなわち、意識とは何枚かの時間スライスにまたがってのみ存在しうるものなのか——つまり、映画のフレームの静止画像というよりは音楽になぞらえるべきものなのか？　スティーブン・ピンカーは、静止フレーム内部の意識というものを理解する困難さをにおわせながらこう言っている。「物質は空間のなかで拡張するが、意識は時間とともに存在する。「われ考える」から「われあり」にいたるまでに、まさに時間の経過があるのだ」[22]〔スティーブン・ピンカー 著、幾島幸子・桜内篤子 訳『思考する言語（中）』（二〇〇九）NHK出版 より引用〕。

次に見ていくことだが、意識によって語られるものは我々の周りで展開してゆく出来事の連続的記述でもなければ線形的記述でもない。むしろ、切れ切れに生み出されると言うべきだし、外的事象の意識的気づきが作られるには何百ミリ秒もかかる。だから、瞬間的な意識を云々することにはたして意味があるのか、また意識の現象が本当に、「ブロック宇宙／時間の流れ」のパラドックスに対する「ある瞬間の中に別のいくつもの瞬間がある」という解と相容れるものであるかは、よくわからないままである。

物理法則からは、我々が四次元のブロック宇宙に暮らしているという明白な言明は引き出せない。ブロック宇宙は確かに特殊相対性理論と一般相対性理論の最も一貫性のある**解釈**を与えてはくれるが、物理学の中でさえ時間の本質について見解が一致していないということが広く認識されている。時間の本質について、すべての物理学にわたって筋の通った解釈を行おうという試みが現在も必死で行われている。一般相対性理論と量子力学では時間の役割に根本的な違いがあって、それゆえに、量子重力理論──一般相対性理論と量子力学を統一しようという試み──を追求するにあたって時間というものが障害となっている。そしてまた、過去、現在、未来がすべて同等に実在することを示す実証ももちろんない。それればかりか、永遠主義と現在主義との区分けができる実験予測すらあまりないといったところだ。いちばん明白な検証は、時間旅行だろう。結局のところ、時間旅行の話はすべて、我々がブロック宇宙に暮らしていることを暗黙の前提にしている[23]。特殊相対性理論も一般相対性理論もその方程式を見るならば、時間旅行を許してはいるが、それは極端に──まったく不可能ではないにせよ──奇抜な条件でのことだ。たとえば、特殊相対性理論の場合は、超光速通信だったり[24]、一般相対性理論の場合は、負のエネルギーで固定化されたワームホールだったりする。だから今のところは、物理法則については永遠主義との一貫性の方が高いにせよ、永遠主義を支持する直接の実証もなく、ましてや理論的証明もない。

だから問題はこうなる。「物理法則（あるいはそれらの我々の解釈）を何とか改訂して、時間の流れの意識的体験を説明できるようにする必要があるか、それとも神経科学の方で、時間の流れの主観的感じについてそれらしい説明の仕方を見つけ出す必要があるか？」ブライアン・グリーンはこのジレンマを明解にまとめてくれている。

肺が空気を吸い込むように、人間の心が容易に捉える時間の基本的性質を、科学は捉えることができないのだろうか？　それとも人間の心は、勝手に作り上げた時間の性質（本来的なものではないがゆえに物理法則には現れてこない特質）を、無理矢理時間に押しつけているのだろうか？　もしも昼間にこう問われれば、私は後者の立場に立つだろう。しかし、夜のとばりが降りて、批判的な思考力がしだいに日常生活にすり寄ってくるにつれて、前者の考え方に抗い続けるのは難しくなるのだ[25]。〔ブライアン・グリーン 著、青木薫 訳『宇宙を織りなすもの―時間と空間の正体（上）』（二〇〇九）草思社 より引用〕

時間の流れとは心の作る虚構なのか、それとも現在の物理法則の網をくぐり抜ける何かなのかを見極めるのは、物理学と神経科学の接点に横たわる比類なく複雑な問題である。そしてこの謎が仮にこれほどまでの難問でなかったとしても、さらに考慮すべき問題点がある。物理法則とヒト脳は互いに独立ではないという事実だ。ヒト脳の内部の仕組みが物理法則に従わねばならないという単純なことではなく、物理法則の我々の解釈はヒト脳のアーキテクチャごしに行われるということだ。時間の流れのような自明なことについて脳が出す答えの信頼性を疑わねばならないとしたら、現在の物理法則についての脳の解釈の不偏性だって疑わねばならないのではないか？　次に見ていくように、人類種は時間の概念を理解する能力を進化させるにあたり、空間を理解する能力のための回路を流用してきたようだ——言い換えれば、脳自体が時間を空間化しているようなのである。このことから、ひとつの魅力的な問いが立つ。「現在の物理法則についての我々の解釈が特定方向に寄るのは、脳での時間の表現方法や思考法のせいなのか？」

10:00

神経科学における時間の空間化

アインシュタイン理論のある側面は、時間の心理（少なくとも言語に表現されたもの）に対応している。それは時間が空間と重要な点で等価であることだ。

——スティーブン・ピンカー〔スティーブン・ピンカー 著、幾島幸子・桜内篤子 訳『思考する言語（中）』（二〇〇九）NHK出版 より引用〕

一九二八年、アルベルト・アインシュタインはダボスの分野横断的会議に出席した。学会参加者のひとりは、かのスイスの心理学者ジャン・ピアジェ。数量、空間、時間といった抽象概念についての推論を子供がいかに学ぶかを研究し、発達心理学の分野に革命を起こした人物だ。子供は数や空間や時間の理解において画一的な進歩の仕方をする、というピアジェの洞察のことをアインシュタインは、ピアジェの理論は「あまりに単純なため天才にしか思いつけなかったろう」と言ったとされる[1]。

著書『児童における時間概念の発達』の中でピアジェは書いている。「本研究は、一五年以上前にアルベルト・アインシュタイン氏のご好意により賜った数々の質問に鼓舞されたものである。氏がダボスでの哲学・心理学の初の国際講演での座長を務めておられたときのことであった」。ひとつの問いは「人の時間の直観的把握は、原初的なのか派生的なのか？」というものだった。言い換えれば、人間の時間概念は生得的なのか学習性のものなのか？　アインシュタインは時間の本質について考えることだけでなく、人が時間についてどのように考えるかについて考えることにも時間を費やしていたようだ——これもまた世にも深遠な問いである。

子供と時間

アインシュタインの特殊相対性理論は二〇世紀はじめの数十年に大流行となり、幅広い分野の科学者の思考に影響を与えた。ピアジェもそのひとり。時間の速度依存性に関して、心理学と物理学とに類似の何かがしかがあるか知りたがった。「私が証明したい仮説は、心理的時間はその速さに、あるいはその速さをもつ動きに依存するということである」（その速さとは、対象あるいは子供自身が動く速さのこと）[2]。

子供の心に時間がどのように表現されているかを垣間見るべく、ピアジェは子供に数多くの単純な課題を行ってもらった。そのうちのひとつでは、玩具のカタツムリ二匹が、平行線上を数秒間動く。たとえば、青色と黄色のカタツムリが同じ時刻で同じ位置からスタートして、同じ時刻にストップするが、青色のカタツムリは速く動いていたため遠くまで進んでいる。五～六歳児は誤って、遠くまで進んだ方のカタツムリの方が止まるのが遅かったと答えた[3]。

ピアジェの研究はじめ幾多の後続研究で、子供は空間と速さの概念を理解して初めて、時間を理解できるようになる——少なくとも出来事の時間長についての質問に正しく答えられるようになる——ということが示されている。たとえば、異なる距離、異なる速さ、異なる時間長で進む玩具の汽車についての質問をされると、五～九歳児は距離と速さの方が時間長よりも正しく答えられる割合が高い。それより年長の子供であっても、対象が動いている時間の長さについては誤りを犯すことが多かった。ある研究では、一一～一二歳児の四二％が、長い距離を短い時間長で進んだ玩具の汽車のことを、長い時間長で進んだ汽車だと誤って判断した[4]。

子供が時間概念を理解できる発達時期が遅いひとつの理由は、我々が時間を測定して定量化する方法が過度に複雑なことにある。時間の単位は複雑で恣意的な階層構造で表記される。月は二八～三一日のいずれかからなり、一日は二四時間で、一時間は六〇分で、一分は六〇秒（メートル法にならっていない）。さらに、同じ時間に対して異なる表記ができて、八時四五分と九時十五分前は同じこと、なのに八時四五分には午前と午後がある。そしてややこしさをさらに極めることに、時間の表記にはモジュロ演算〔ある除数で整数の割り算をしたときの余りの数を求める計算〕を用いており――八時四五分の三〇分後は八時七五分ではない。

時間の言い回しや時間表記法が何かの悪の組織によって幼い脳を混乱させる目的のためだけに設計されたかのようである以上、子供が時間関連の概念を把握できる発達時期が遅いのは特に不思議ではない。とはいえ、子供が時間よりも先に速さについての問いをうまく扱えるようになるのは興味深い。我々は一般に速さのことを、空間と時間という、より根本的な概念に思えるものとの関係で定義するからだ。特殊相対性理論に触発され、ピアジェは時間よりも速さの方が心理的には上位だと考えていたようだ。若干不明瞭ながらピアジェはこう述べている。「それゆえ相対論的時間とは単に、物理的および心理的時間の構築における最も素朴なところに当てはまる原理、すなわち先述の通り、幼児の時間概念の根幹にある原理を、非常な高速、特に光速の場合にまで拡張したものに過ぎないのである」[5]。要するに、相対時間とその速度依存性の考え方を子供は直観的に把握するというのである。

空間と時間と言語

第1章で、ヒト以外の動物では時間よりも空間の「理解」の方が基本であると述べた。食物を口に入れる、餌動物の隠れた木の陰を見る、といった単純な行為も、空間に関する何らかの内的表現——行ったり来たりができない一次元の時間次元を扱うのに要する以上に洗練された表現——を必要とする。マウスは複雑な迷路の走行学習ができることがよく知られている。ミツバチは巣箱と花の間のナビゲーションが正確に行えるのみならず、具体的な花畑の場所について他のミツバチと交信することもできる。動物はまた、時間情報を抽出するよりもはるかに直接的な方法で、感覚情報から距離などの空間手がかりを抽出することができる。たとえば、網膜上のヘビの像のサイズはそのヘビが遠いか近いかについての情報をもたらし——そのおかげで適切な行動指針についての素早い意思決定ができる。動物の神経系では、過去、現在、未来という時間的連続体の明示的表現の能力ができあがるより早く、上下左右といった空間座標を表現する洗練された方法が先に進化した。

こういった論法と一貫する理論として、我々が時間概念を把握する能力は、空間のナビゲーションや表現や理解のために進化した神経回路を流用して作られたとする説がある[6]。認知心理学者ラファエル・ヌニェスは書いている。「過去四十年の間に研究者間で見解の一致をみた考え方は、ヒトが時間を概念化する際には第一義的に、空間——はるかに扱いやすい次元——でのとらえ方をするというものだ」[7]。

　この理論に合うものとしていつも挙げられる証拠は、時間について語る際に空間的な言葉がよく使われるということだ。いみじくも、言語学者ジョージ・レイコフと哲学者マーク・ジョンソンはこう論じている。「時間に関する経験はほとんどすべてメタファーに基づいて理解される自然な種類の経験である（「時間」を空間に関係づけたり、「時間は動いている物体である」［……］というメタファーによって理解される）」（G・レイコフ、M・ジョンソン著、渡部昇一・楠瀬淳三・下谷和幸訳『レトリックと人生』（一九八六）大修館書店より引用）[8]。空間に関する形容詞や副詞に頼ることなく時間長について話すのは実に大変だ。「あれはすっきりと**短い**コマーシャルだった」。「我々は時間について**長い**こと研究してきている」。同様に、過去や未来について話すときも空間的な言葉を借用する。「返答をいただける日はもう目の**前**ですな」。「**振り返ってみれば**あれはひどいアイデアだった」。「クリスマスは正月に**近い**」。

　英語では、時間を空間化する際には過去を自分より「behind（後方）」に置き未来を「in front（前方）」に置く。でも、あらゆる言語で空間的メタファーが用いられてはいるものの、時間は必ずしも同じような空間化の仕方をされているわけではない。ボリビア西部とチリ北部にまたがる高地で話されるアイマラ語では、過去を表す語「nayra」には「目」や「視覚」の意味もあり、未来を表す語「qhipa」には「背中」や「後ろ」の意味もある。アイマラ族が時間を概念化する際の空間の使用法では、根本的に異なる視点がとられていることが示唆される。発話中の身振りを調べることで、ラファエル・ヌニェスはアイマラ族独特な空間・時間の見方を認めた。アイマラ語母語話者のビデオでは、「古い時代」について話しているとき前を指さすことが多く、未来のことを言うときには後ろの方を身振りで指した[9]。この視点の逆転は一見風変わりに感じるかもしれないが、実はそうでもない。というのも、過去に何が生じたかわかるのと同様、自分の前方に何があるかは見てとれるし、未来のこと、そして自分の後方にあるものは、わからないものだ。

水曜日

仮に我々が時間の経過や流れのないフリーズした時空ブロックに暮らすとしても、主観的には時間は確かに流れていると感じる。そして言語はこの事実を反映して、ここでも、空間次元からの借用をする。「時が**過ぎ去ってゆく**」。「世界の終わりが**近づいて**いる」。「今日の一日は**飛ぶような**速さだった」。でも誰が、何が、過ぎ去ったり近づいたり飛んだりしているのか？　わたしが時間内を動いているのか、わたしが止まっている脇で時間の川が流れているのか？

こんなことを言われて判断に迷った経験があるかもしれない。「今度の水曜の会議は二日ぶん前にずれた」。会議室に顔を出すのは月曜日か金曜日か？　「前に」というと一般に、動きの向きととらえられる。だから、静止した日程の上を自分が動いていて、日程的に前にずれたというのなら、会議予定は遠のくことになって、金曜日。でも、自分が止まっており、時間自身を脇で流れるものと概念化するなら、会議が前にずれると自分に近づくことになり、月曜日。一番目の解釈（金曜日）は自分が動くイメージ、二番目の解釈（月曜日）は時間が動くイメージとされる（図10・1）。

この曖昧性は、何かとの相対的なものとして運動は定義されねばならないというガリレオの相対性原

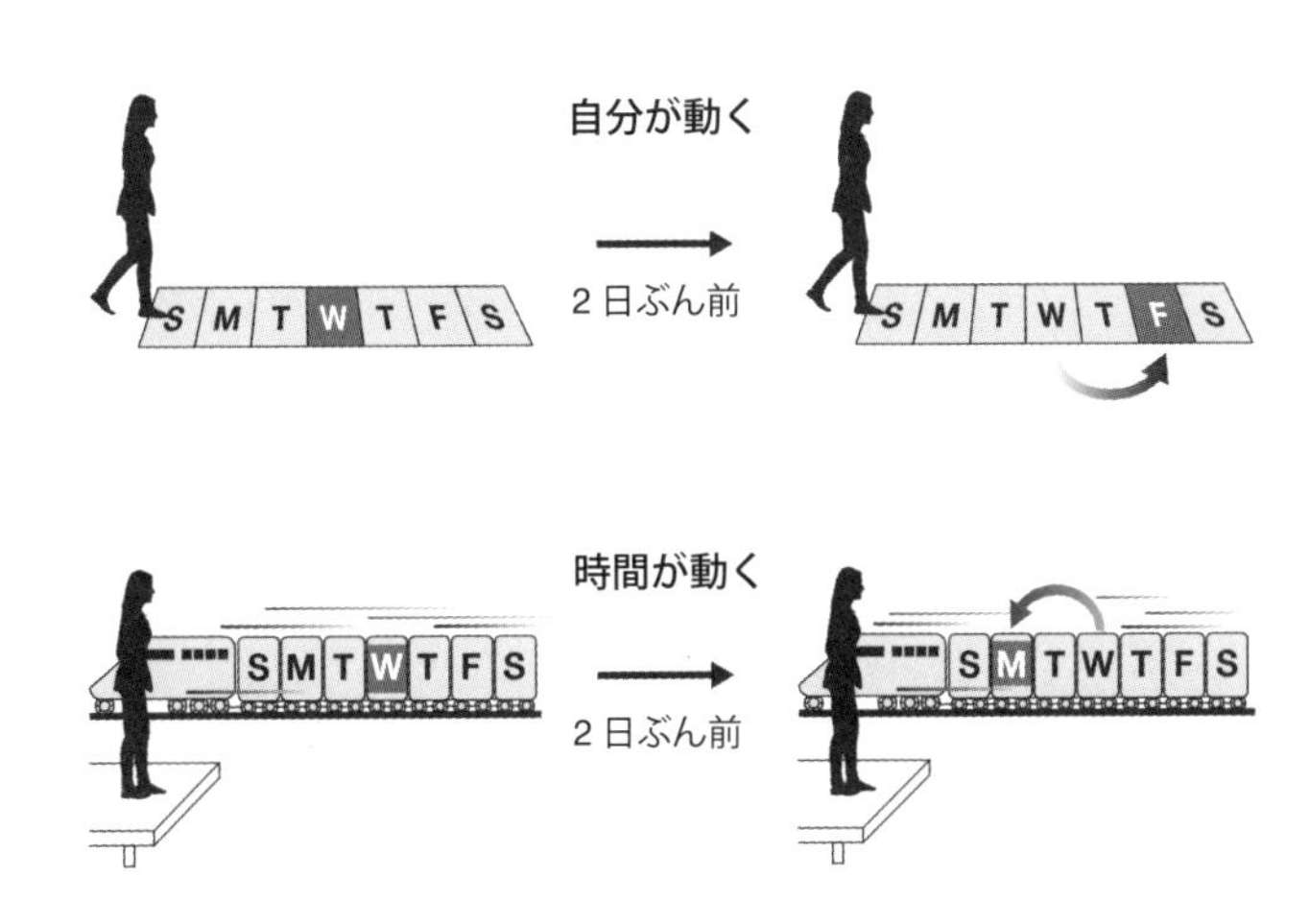

図 10.1　自分が動くイメージと時間が動くイメージ。

理の言語版である。これまで見てきたように、「あなたとライオンとの間の速さは時速一〇キロメートルだ」といった言明では、誰が運動しているのかに関して定まっていない。そもそも、虚空においては誰が誰に向かって動いているか定めようという行い自体がまったく無意味であり――すべては相対的なのだ。とはいうものの実際問題としては、あなたとライオンのどちらが能動的に動いているのかを知るのは実に有益だ。ではそれをはっきりさせるために、「ライオンは時速一〇キロメートルであなたに向かって走っている」と言おうか。ライオンの速さは標準的な基準系たる地面に相対的であると暗黙に了解されている。しかし、時間方向に動くことについての言明となると、標準的な基準系なるものは存在しない。複数の研究事例によれば、水曜日の会議予定が二日ぶん前にずれたとすれば何曜日になるか問われると、ほぼ五分五分に分かれ、約五〇％の人は会議が月曜日だとし、残りの人は金曜日だと考える。興味深いことに、こうした視点はがっちり固まってはいない。実は、直近の身体移動に依存して答えが変わるという。たとえば、誰かのお迎えのために空港にいる人に水曜日問題を出すと、五一%が金曜日だと答えたのに対し、到着便から来たばかりの人では七六%が金曜日と答えた。空間内の歴然とした移動を体験したばかりの旅行者は、自分が動くという心的状態にいたのだと解釈できる。別の研究の示すところでは、実際の身体移動は必要条件ではなく、空間内を移動することについて考えてもらうだけでも月曜日と金曜日の選択割合が影響されうる[10]。

言語学的には、空間と時間の関係は非対称的なものである。時間について話すときには空間のメタファーが多く用いられるが、空間の記述に時間のメタファーが用いられることは少ない（空間での距離を記述するにあたって「ここから一〇分のところに住んでいます」のように時間単位を用いることはままあるが）。この非対称性をもって、時間を概念化する能力が空間の理解の上に成り立っている証拠と主張されてきた。けれども、言語学的な議論のみでは、こうした結論をじゅうぶんに正当化することはできない。ひょっとしたら、時間について話すときに空間的な言葉遣いを借用するのは、もっと一般的な理由からかもしれない。より自然で豊かな次元だということで、空間というのはメタファーの普遍的源泉なのかもしれない。それこそ、ほぼあらゆることの記述で空間のメタファーが使われる[11]。「彼が自分の兄から**距離を置いて**からというもの、わたしたちはとても**近く**なった」。「ネコというものはとっても**お高く**とまっている」。「今日という日は、**浮かれた**気持ち、**沈んだ**気持ち、皆さんさまざまでしょう」。しかし、空間と時間には、言語以上のとても深いつながりがあることが実はわかっている。メタファーや言語はさておき、時間の実際の知覚の仕方に空間が影響するのだ。

カッパ

互いに数フィート離れた場所にふたつのライトがあるとする。それぞれのライトは素早く点いて消え、ふたつのフラッシュ間の時間間隔は八秒。そして、被験者はこの時間間隔を推定し、その時間長ぶんだけボタンを押し続けるよう求められる。問いはこうだ。「ふたつの光の間の距離は時間知覚（具体的には、知覚された間隔の時間再生のされ方）に影響するか？」この問いに答えようという初期の研究例のひとつでは、ライトが八、一六、三二インチ離れていた場合（フラッシュ間の時間間隔は八秒で一定）、フラッシュ間の平均時間推定値はそれぞれ六・五、七・一五、八・〇五秒だった[12]。だから答えはイエス、すなわち空間（ライト間の距離）は時間知覚に影響する。このいわゆる**カッパ効果**は、幾度も、幾多の方法で示されている。たとえば、別の研究ではコンピュータ画面上に三個のドットをフラッシュした。一個は左側、一個は中央、一個は右側。ドットは時間的には均等に配置され、第一ドットは時刻 $t_1 = 0$、第二ドットは時刻 $t_2 = 0.5$ 秒、第三ドットは時刻 $t_3 = 1$ 秒に出た。被験者の課題は、第一間隔（$t_2 - t_1$）が第二間隔（$t_3 - t_2$）に比べて時間が長いかどうか答えることだった。これらの時間間隔は同じだったのに、反応はドット間距離に強く影響された。第一ドット（左側）と第二ドット（中央）の距離が第二ドット（中央）と第三ドット（右側）の距離よりも大きいとき、第一間隔の方が時間的に長いと判断されがちになったのだ[13]。

カッパ効果で明らかになったこととして、二事象間の距離は、それらの間の時間の量を人が判断する際に大きな効果を与える。脳内での空間と時間の間のこうした関係をさらに裏づけるのが、これと正反対の現象である。常に同じ距離であるふたつのフラッシュの間の時間遅れを増加させるにつれ、それらの間の空間的な距離の推定値が徐々に増加するのだ（こちらの錯覚は**タウ効果**と呼ばれる）。

　カッパ効果とタウ効果の両方の存在は、空間と時間の対称的関係を示すように思われる一方で、非対称性を示唆する実験もある。認知心理学者リーラ・ボロディツキーの行った研究の示すところでは、時間長が距離の判断に影響する効果よりも、距離が時間長の判断に影響する効果の方が大きいことがある。ボロディツキーと共同研究者ダニエル・カササントはＭＩＴの学生に、コンピュータ画面上でゆっくり伸びていく線分を観察してもらった。線分は一～五秒の範囲の時間をかけて、異なる長さに伸びた。それぞれの線分を観察した後、線分が提示されていた全時間の長さ、**または**、線分が伸びきったときの距離を、再生することが実験参加者に求められた。結果はやはり、同じ時間長でも、推定された時間長は線分の伸びきった距離に強く影響された。三秒間提示された線分がたくさん伸びたら、その時間長は三秒と正しく判断されたのに、少ししか伸びなかったら、推定時間長は二・七秒近くだった[14]。これに対し、線分がどれくらい長い時間提示されていたかは、線分の距離の推定値にはほとんど効果がなかった。冗談交じりにボロディツキーは所見を述べている。「子供はおよそ九歳までは出来事の空間的要素と時間的要素をきちんと区別できない、とピアジェは結論した。認知科学の現在の知見の多くと同様、我々の発見の示唆によればピアジェは彼の観察した現象については正しかったが、子供がそうした混同をうまく仕分けられるようになる年齢については間違っていた。見たところ、ＭＩＴの学部生でも自分の体験の空間的要素と時間的要素をきちんと区別できないようである」。

時間か記憶か?

車のダッシュボード上の走行距離計と時計とは、没交渉である。一時間かけて一〇〇キロメートル走行しても、ロサンゼルスの交通渋滞にはまってたった一〇キロメートルでも、車の時計は六〇分経過を告げる(もちろん、特殊相対性理論の些末な効果は無視している)。これとまったく異なり、カッパ効果のおそらく示唆していることは、秒スケールでの計時を司る脳内の時計が、脳の走行距離計——きちんと言えば、距離の推定を司る神経回路——によってなぜか影響されるということだ。でも、カッパ効果の起こっているときに実際に脳内でスピードアップする時計があるというわけでは必ずしもない。以前の章で述べてきたように、時間錯覚は記憶のゆがみの結果としても生じうる。

時間の知覚の研究で用いられる実験パラダイムでは、ある特定の時間間隔を判断して、かつ、別の何かと比較するためにその時間間隔を憶えていることが、実験参加者には常に要求される。だから脳内の何らかの神経ストップウォッチを用いて前述の第一課題(ふたつのライトが異なる距離で八秒間隔でフラッシュするとする)を解こうとするならば、それを使用して八秒を計時し、次にはその数量を記憶に一時保存し、それから記憶に保持されたその時間長ぶんを時間再生するのに再びストップウォッチを使用する。したがって、カッパ効果が生じるのは、距離が時計のスピードそのものを変容させるからでなく、知覚された時間長の保持とか記憶などを変容させるからかもしれない。

脳には大小についての情報処理を司るひとつの多目的システムがあるという提案がなされている——

詳しく言えば、頭頂葉の中に、空間的であろうと時間的であろうと数量的であろうととにかく量についての情報処理に特化した回路がある、という提案である[15]。だとすれば、空間のせいで生じる時間錯覚は、こうした回路が大小に関する情報を保持する際の相互作用の結果として起こるという可能性がある。たとえば、小さな時間量と大きな空間量を保持していると、時間量が上方向にバイアスされるかもしれない。これは一種の**平均への回帰**の効果と考えることができる——記憶にふたつの量を保持することで、両方ともが互いの特徴のいくばくかをもらってしまう。脳内に大小に関する共有のシステムがあるとする説と合う事柄として、時間判断が影響を受ける原因は距離だけではない。刺激の明るさやサイズも、刺激がどれだけ長く持続して感じられるかに影響する。それどころか、前に触れたように、小さい数（一など）と大きい数（九など）のいずれかを同じ時間だけ画面にフラッシュしても、大きい数の方が少し長く持続していたと判断しがちになることを示唆する研究例まである[16]。

空間的な量と時間的な量の両方を表現する単一脳領域の存在のさらなる証拠は、メンタルタイムラインなるもの——デカルト座標で言う一次元（グラフの時間軸）の時間表現が心的にも存在するという考えである。正規の教育を受ける恩恵を授かった人が、時間のことを概念化するときには、短い時間間隔（または過去）を左側に、長い時間間隔（または未来）を右側にした一本線とすることが多い。このメンタルタイムラインおよびそれと空間との関係は、多くの方法で明らかにすることができるのだが、そのひとつがこのいかにも暗号めいた命名の、**STEARC効果**である。異なる時間長の多くの音が逐次現れるのを聴き取り、各音の後でそれが何らかの参照時間長に比べて短かったか長かったかを、ふたつのボタンのいずれかを押すことで答える課題だとしよう。実際やってみると、何とこの時間課題の成績は、ボタンの空間的位置に依存するのだ！　短い時間長を左手の人差し指で押す方が、その逆の配置、つまり「短」ボタンを右手で「長」ボタンを左手で押すのに比べて、反応が速く正答率もよいのである。言い換えれば、短い時間長を答えるのは、右手でよりも左手での方がより自然だということだ――まるで、自分の神経回路の中で心的な時間の線（メンタルタイムライン）が左から右へと張っているかのように[17]。メンタルタイムラインのさらなる証拠は、これまたリーラ・ボロディツキーの研究室からのもの。右大脳半球の下頭頂皮質に脳卒中を来すと、しばしば半側空間無視を発症する。左側にある対象にあまり意識がいかなくなるのだ。たとえば、半側空間無視の患者は食事プレートの左半分の食べ物を食べなかったり、顔の左半分を洗い忘れたりさえするかもしれない。ボロディツキーらの出した証拠によれば、半側空間無視の患者ではメンタルタイムラインに沿って過去と未来についての情報を置くことにも障害を来すという――その結果、事象間の時間的文脈の記憶能力が損なわれるというのだ[18]。

空間と時間がもっと基礎の段階、個々のニューロンにおいて混交しているという証拠もある[19]。たとえば、前述したように、神経科学では数十年来、空間を表現するニューロン活動の記録の実績がある。具体的には、海馬にある場所細胞が、動物が室内の特定の場所にいるときに好んで発火するというものだ。最近の知見では、ラットがトレッドミル上を走行した距離を符号化している細胞が、海馬に少数あると示唆されている。たとえば、ある「距離」ニューロンはラットが五メートル走行した後で――どれだけ長時間ラットが走行していたかとはだいたい独立に（ということは、トレッドミルの速さとは独立に）――発火する。ラットがトレッドミル上を走行していた時間の長さを符号化していそうな細胞もあって、たとえばラットが二〇秒走っていた後で――この場合も、走った距離とはだいたい独立に――発火するものがある。けれども、大多数の細胞ではもっと複雑な振る舞いをして、発火パターンは位置、走行距離、経過時間、速さの何らかの複雑な混合で決まる。

総括すれば、海馬の――あるいは脳の他のいかなる場所でも――ニューロンがどのように空間的および時間的な大小を測定し、表現し、保持しているかは、まだわかっていない。それでも、言語学的、心理物理学的、神経生理学的な証拠に基づけば、空間と時間が我々の神経回路の中で真の意味で絡み合っているのは明らかである。

物理学と神経科学における相対性理論

直近の数章にわたり、空間と時間の関係について、物理学と神経科学には興味深い対応物があることを見てきた。こうした対応物をおさらいしつつさらに膨らませてみよう。

時間は相対的である。アインシュタインが説いたのは、光速が絶対である一方、時間と空間は相対的であり、高速では時計は遅くなるということだ。アインシュタインはまた、主観的時間の相対性についてもほのめかした。こんなことを言ったとされている。「かわいい女の子といっしょに公園のベンチにすわっていると、一時間も一分間のように過ぎるが、熱いストーブの上にすわっていれば、一分間も一時間のように思える」[20]〔アリス・カラプリス 編、林一・林大 訳『増補新版 アインシュタインは語る』（二〇〇六）大月書店 より引用〕。第4章で論じたように、経過時間の主観的感じが相対的なのは**本当**だが、それは文脈、情動状態、注意、刺激特徴（たとえば距離と速さ）、被験者が向精神薬の影響下にあるか、などの多数の要因に依存する。

空間と時間は独立ではない。 特殊相対性理論では空間と時間のトレードオフがあるとされる。非常な高速で空間を進むと時間がゆっくりになり、静止を保つことは時間軸に沿って進むための「最速の」方法である。主観的に言っても、空間と時間には相互依存性がある。たとえばカッパ効果は、同じ時間間隔ぶん離れた二事象が互いに大きな距離ぶん離れて生じる（より高速な移動を表す）ほど、時間間隔がより長く判断されがちになる[21]。

同時性の相対性。 特殊相対性理論の論理的帰結としていちばんの驚きは、わたしの視点での同時な二事象が、わたしに相対的に運動している誰かの視点からは同時でないということ――すなわち、同時性は相対的だということだ。まだ論じていなかった点だが、同時性が相対的なのは、主観的観点からでもそうである。たとえば、光と音の速さの違いが百万倍にもなるため、同じ出来事からの視覚信号と聴覚信号は感覚器に異なる時間遅れで届く。それなのに、コンサート会場の安い席から交響曲を聴いてもシンバルのクラッシュの光景と音は同時に知覚される。音が届くまでに一〇〇ミリ秒近くの遅れがあってもだ。第12章で見ていくことになるが、身の回りの世界で展開してゆく数々の出来事の都合よい記述形態を作り出すために、我々にとって同時だと知覚される内容の知覚は、脳が勝手にでっち上げているのだ。

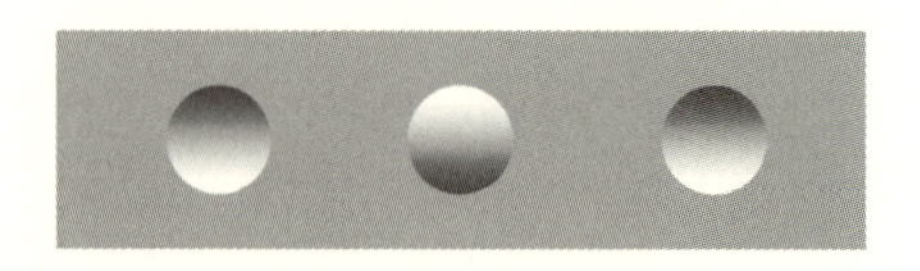

図 10.2　凹凸錯視。中央の、下側のエッジが暗い方の円形は、膨らんでいる（ページから飛び出ている）ように見え、上側のエッジが暗い方の円形はへこんで見える。脳が、光は上方から来るものだと仮定しているからである。

ピアジェはこうした対応物に心奪われていたひとりだ。時間の相対性について子供が内在的にもつ考え方と、アインシュタインの相対論的時間との間に、思いのほか深いつながりがあると信じていたようである[22]。けれども、特殊相対性理論と我々の時間知覚との間にいかなる見た目の対応物があっても、それは見た目だけのこと。物理学における空間と時間の相互依存性は、この宇宙についての何やら深遠なことを明らかにはしても、時間の心理学については何も語らない。距離が時間判断に影響しうるという事実は、空間と時間の真の物理的性質について何も明らかにはしないが、脳のアーキテクチャについては何やら深遠なことを明らかにするのである[23]。ではいったい何を？　この問いにはきっと、複数の答えがある。まず、人生最初の息をしてから人生最後の息をするまで、脳は見る、聞く、体験する物事の統計量を記録し、我々を取り巻く世界に意味づけをするのに使えるものはどんなパターンでも使う。図10・2の画像を見てみよう。

おそらく、三個の円形のうち、中央のものを見ると膨らんでいるような――ページからでっぱっているかのような――錯覚が生じ、両側の円形ではへこんでいるような――ページに穴が掘られたような――感じの印象が生じるだろう（このページを上下逆さまにすると、これらの円形はただ方位だけが異なっているとわかり、そして中央の円形が今度はへこんでいるように見える）。この錯覚が起こるのは、生まれ落ちてからこの方、人間の視覚系が世界の統計量のサンプリングをし続けているという事実の帰結なのだ。光は一般に上方から来るので、壁に膨らみがあれば下半分に影を落とし、穴があれば影は上半分にできる。

脳が光源についての事前情報を用いて三次元形状を推定するのと同じく、脳は過去経験を用いて時間や空間についての推論をする。誰しも、物体や動物が空間と時間を――一般的にはかなり限局した速度範囲で――動き回るという観察の巨大データベースをもっている。したがって、距離と時間が相関することを我々は知っている。窓を伝う雨粒を見ている子供は、経過時間につれて、雨粒の移動距離が大きくなることを見てとることができる。脳内の時計はおよそ完全とは言い難く、完全な時計がない以上、判断にあたって我々は事前の体験を利用する。実際、ふたつのフラッシュ光の間の距離などという、どうでもいい情報が時間判断に影響するとはいってもその影響は比較的小さく、脳の時計自体の不正確さとだいたい同じ範囲内である。このことが意味するのは、脳内にもし不正確なストップウォッチしかなくて、二個の玩具の汽車がどれだけの時間ぶん進んでいるかを知る必要があれば、それぞれの汽車が進んだ距離を計算に入れて推定をするのは理に適っているということだ[24]。

神経回路の中で空間と時間が絡み合っているのには少なくともふたつの理由があるのではないかと筆者は疑っている。第一に、進化そのものと同様、脳は大いにご都合主義的であり、すでに存在する特徴をいつだって借用し再利用している。時間概念を理解する能力が獲得できた一因は、空間のナビゲーションと概念化のために進化した回路を流用したからだと思われる。第二に、脳は外界のパターンから情報を漁るのに長けていて、空間的な間隔と時間的な間隔が強く相関する以上、脳は時間経過の最良の推定値を得ようとして距離というものを用いるのだ。

永遠主義によれば、時間は空間化されている。時間のあらゆる瞬間がブロック宇宙内部に配置されフリーズしていて、時間の流れとは心によって作り出された錯覚だとする結論しか残されない。でも、逆向きの錯覚が生じている可能性もあるのではないか？　脳のアーキテクチャゆえに物理法則を我々が解釈する仕方が偏っているのでは？

物理学者リー・スモーリンは、物理学において時間が徐々に空間化されたために、時間の本質についての我々の概念が偏ってしまっていると示唆する。「時間を固定できるという能力［……］は科学には大きな助けとなってきた。なぜなら、実時間上で展開する運動に頓着せずに済むからである［……］しかしその有用性を超えて、この発明には深遠な哲学的帰結がある。なぜなら、時間とは錯覚であるという議論を支持するからである。時間を固定する方法はうまくいきすぎて、大方の物理学者が気づかぬうちに、自然の理解の仕方に手品のトリックがかけられてしまっているのである」[25]。

脳それ自体が時間を空間化することがわかった今、こうも問える。永遠主義と現在主義のどちらかを選ぶ主体であるはずの器官のアーキテクチャが永遠主義と共鳴する事実ゆえに、永遠主義を受け入れてもいいとつい思ってしまうのだろうかと[26]。言い換えれば、時間を空間っぽい一次元として表現する理論と数学的方法を作り出したがゆえに、脳が時間を概念化するこうした仕方により、現在主義よりも永遠主義の方がしっくりくるのかもしれない。この問いに答えるのは難しいが、次に見ていくように、ヒトの心はまったくもって永遠主義的宇宙に暮らしている。心的に言えば、過去と未来は存在するのみならず、正当な旅行先なのだ。そもそも、過去、現在、未来とひっきりなしに心的に行きつ戻りつすることこそ、人類種を特徴づける一要素なのである。

11:00

心的時間旅行

不死であるというのは無意味なことだ。人間を除けば、すべての生物は不死である。なぜなら、彼らは死というものを知らないから。

――ホルヘ・ルイス・ボルヘス〔ホルヘ・ルイス・ボルヘス 著、土岐恒二 訳『不死の人』（一九九六）白水社 より引用〕

二〇一一年三月一一日、日本の東北地方でマグニチュード九・〇の地震が起き、それを引き金に大津波が起こって、沿岸部を直撃した。約一万五千人が犠牲になり、数十万人が家屋を失った。その後の復旧作業中に、「津波碑」の存在が多数報じられた。被害区域のそここに見つかった石碑に、「ここより下に家を建てるな！」といった警告が数百年前に刻まれていたのだ[1]。場合ごと町ごとに、こうした警告への留意の度合いは違った。しかし石碑を作った人々は明らかに、遠い未来に思いを馳せ、いつか自分と同じような人たちが、家屋を建てるべき場所について迷うだろうと想像していた。石碑を作った人々は未来に手を差し伸べて助言をしていたのだ。自らの悲劇的体験を元に。

心理学者トーマス・ズデンドルフとマイケル・コーバリスは、心的に未来に飛んでいく能力のことを、**心的時間旅行**と呼んでいる[2]。そして第2章で触れたように、石を加工して道具にするとか、未来の食料を確保するために植物を植えるとか、小屋を建てるとか、給料のために働くとか、老後のために蓄えるとか、そういったことができるのはすべて、異なる未来を見晴るかし、現在の行いによって未来の形が変わることを理解するという我々の能力あってこそのものである。再び心理学者エンデル・タルヴィングからの引用となるが、心的時間旅行ができる能力は、「ヒトと自然との関わりに大きな変化をもたらした。食料、住まい、外敵防護がどうなるか不確定であるといったような、自然の気まぐれに何とか合わせるように自らの知性を用いるのでなく、ヒトはこうした問題を予見して、それらの予測不能性を緩和するために手を打つようになった」[3]。

エンデル・タルヴィングやトーマス・ズデンドルフをはじめ、多くの心理学者は心的時間旅行をヒト固有の認知能力であるとし、さらに心的時間旅行はヒトがヒトであるための重要な要素だとも考えている。

再訪と予訪

筆者の子供時代の記憶に、ロジャーウィリアムズ公園内の湖のほとり沿いの散歩がある。冬のことで、湖はそこここで凍りついていた。愚かな話で、厚みを試してみていたら氷が割れ、冷えた湖水にどぶんと漬かってしまった。この出来事を思い出して心的に再現できるのは、意味記憶とエピソード記憶という、ふたつの種類の記憶のおかげである。人間の記憶のこれら二種類の区別は、「知っている」と「憶えている」の違いだと表現されることがある。意味記憶とは知識のことで、たとえばその公園の名前だったり、その公園はプロビデンス市にあるだったり、プロビデンス市はロードアイランド州にあるだったり。また、この話の意味が通るのに必要な、水は氷になるだったり、氷水は冷たいだったりといった、もっと基本的な事実の知識も意味記憶は包含する。エピソード記憶の能力とは、このエピソードを心的に再体験し、心の目に氷が見え、冷たいという情動的内容を思い起こし、水深が浅かったおかげで岸に自力で這い上がるのはわりに簡単だったと思い出す能力のことだ。

意味記憶とエピソード記憶の区別でよく見過ごされるものが、タイムスタンプの有無である。水は氷になると知ってはいても、この重要な情報自体をいつ習ったかは知る由もないに違いない。ネパールの首都を知ってはいても、それがカトマンズであることをいつ習ったかわかるだろうか？ 人間の意味記憶は、世界についての知識を保持しているが、どんな特定の情報を獲得した日付をも、また獲得した順番さえも、保持していない。「ピクルスはキュウリ」と「レーズンはブドウ」、先に学んだのはどっち？これに対して、コンピュータ上のすべてのファイルに日付がくっついているように、エピソード記憶には一般に何らかのタイムスタンプがある――必ずしも正確な日付ではなくても、何年頃とか、何歳頃とか、大ざっぱに人生での何か思い出深い出来事より前に起きたか後だったのかとか。ファーストキスと、人生で起きたいちばん無様なことを憶えていれば、たぶんどちらが先だったかわかるだろう（これらふたつが異なるエピソードだったことを祈るが）。

エピソード記憶と、心的に時間的前方へ飛んでいく能力は、意味記憶の能力に大きく依存する。予定している南国ビーチでの休暇へと心的時間旅行をするのは、砂、太陽、海岸、ピニャコラーダの実用的知識なしには難しかろう。エピソード記憶を築くためのインフラという役目を意味記憶が担っているということの考え方と合うものとして、子供では意味記憶の方がエピソード記憶よりも先んじて出現することが発達研究から示唆されている。たとえば、萌黄色だの葡萄鼠色だのといった新しい色名を教わった四歳児は、適切に着色されたアイテムを選ぶ課題でその知識を利用することがすぐにできるようになる。でも、**いつ**そうした色名を覚えたかを問われると、ほんの数分前に習った色をずっと昔から知っていたとよく主張する[4]。

いわゆる**前向性健忘**の人は一般に、新たな意味記憶**および**エピソード記憶を保持する能力を失う――ただし、自転車に乗れるようになるといった運動課題をはじめ、さまざまな種類のいわゆる**手続き記憶**とか**潜在記憶**といったものは獲得可能である。過去に覚えた意味記憶（たとえば、家族の名前とかフランスの首都とか）はおおむね残っているが、健忘症患者によっては自分の昔のエピソード（健忘が発症する前に起こった出来事）を思い出す能力も低くなる[5]。

当然のことながら、健忘症の人は昨日何をしたかを述べるのに苦労する――これは健忘症の定義も同然だ。では、健忘症の人は前もって計画を立てるとか明日何をしているかを述べるとかにも苦労するだろうか？　この問いへの答えはどうやらイエスであるようだ。この二〇年にわたる研究でだんだんとわかってきたのだが、健忘症患者によっては、過去に飛んでいくのにも未来に飛んでいくのにも苦労するのである。そうした患者のひとり、イニシャルKCで通る人物は、バイク事故の結果、海馬に広範な損傷を被った。エピソード記憶の大部分を失ったのに加え、自己の未来について考える能力に顕著な障害を来した。以下は、KCとエンデル・タルヴィングとの対話からの抜粋である。

ET：未来についての質問をもう一度やってみましょうね。明日あなたは何をしているでしょう？

［一五秒の空白］

KC：わかりません。

ET：質問は憶えてますか？

KC：明日わたしが何をしているだろうかって？

ET：はい。それについて考えようとするときのあなたの心の状態を表すとしたら？

KC：空白、でしょうね[6]。

KCは確かに過去、現在、未来の概念を理解していた。出来事を時間的に順序づけられたし、自分の兄弟の死去のことを知っていた。KCの障害は、ズデンドルフとコーバリスなら心的時間旅行と呼ぶであろうものにかなり限定しているようである。これをはじめ数々の観察は、心的に時間を行ったり来たりするのには、過去についての自伝的情報の保持や再構成に用いるのと同じ認知能力が必要だという考え方と合っている。

動物における心的時間旅行

心的に過去や未来へ飛んでいく能力はホモ・サピエンスに固有なのだろうか？　時間がわかり、外的な出来事を予期する生来の能力は、あらゆる動物にあることを見てきた。食物が到来する前にベルの音に反応して唾液を分泌したり、食物の探索に出られるように夜明け前に目覚めたりできる。動物によっては、未来に入念に備えるかに見える行動も知られている。鳥類は巣を作り、ビーバーは巣を守るためにダムを作り、リスはドングリを貯蔵する。でもこういった行動から、動物が何らかの意味で未来のことを考えていたり、時間概念を把握していたりしていると考えていいだろうか？

むろん、時間がわかることは、未来について考えることと同値ではない。時計は時間がわかるが、時間概念を理解はしない。しかも、営巣や貯食をするからといって、動物が自分の振る舞いの長期的帰結を理解していることにはならない。芋虫が自分の身体をくっつけてサナギになるための理想的な場所を探すからといって、「わたしが美しいチョウに変態するのにもってこいの場所だ」と内心ひとりごちていると言い出す人はいないだろう。動物において長期的計画に見えるものの大方は、実際は組み込まれた本能であるようだ。心理学者ダニエル・ギルバートはこう言っている。「うちの庭に木の実を蓄えるリスは、転がり落ちる石が重力の法則を知っているのに近いかたちで、未来について知っている」[7]〔ダニエル・ギルバート 著、熊谷淳子 訳『幸せはいつもちょっと先にある—期待と妄想の心理学』（二〇〇七）早川書房より引用〕——実際、冬というものを経験したことのない幼弱リスでもドングリを貯蔵する。動物はあらゆる種類の行動を、それを行う理由やその長期的重要性を理解することなしに行う。これまで知られてきているところでは、ヒトでさえ、かなりの複雑な行動に及ぶにあたり、九カ月後の未来に何が生じるかについてはおよそ考えなしだったりする。

しかし、動物における多くの未来指向的行動が組み込みのものだという事実は、動物が心的時間旅行をすることが**できない**ことを意味しない。それどころか、動物が心的時間旅行をするや否やは、動物認知と進化心理学の分野で熱い議論の最中である。

心的時間旅行が可能な動物の筆頭候補に、カラス科の鳥類（カケス、カラス、大ガラス）がある。イギリスの心理学者ニコラ・クレイトンは、カケスの仲間の「アメリカカケス」に未来指向的な心的時間旅行ができるか調べようという研究を牽引してきた。アメリカカケスは少量ずつの食物を空間的に分散した場所に蓄え、卓越した空間的記憶のおかげで、蓄えた食物を後で回収できる。前述のように、単にそうした貯食だけから心的時間旅行ができるとは直ちには言えないが、クレイトンは数多くの賢い操作を用いて、単なる食物貯蔵本能をはるかに超えた行動だと言えそうな数々の証拠を得た。アメリカカケスは芋虫（ガの幼虫）も落花生も食べるが、新鮮であれば芋虫の方を好む。たとえば、新鮮な芋虫と落花生を選んでよいとなると芋虫をとるが、落花生と死後五日経って悪くなりかけの芋虫を両方提示すると、芋虫を毛嫌いして落花生をとる。そこで次の問いが浮かぶ。新鮮な芋虫と落花生の両方を貯食してよいが条件ごとに四時間後**あるいは**五日後になってからでないと貯蔵場所に戻れないとなれば、アメリカカケスはどちらを選んで回収するか——芋虫か、落花生か？　四時間遅延後は、芋虫を貯食した場所を探索する割合がはるかに高かったが、五日後になって戻ってくる条件では、落花生の場所を好んで探索した（隠した場所から立ち上るにおいに基づいて選んでいないことを保証するため、貯食された食物は回収段階の前にいつも実験者が抜き取っていた）。たとえば、四時間群では八三％の割合でカケスはまず芋虫の場所を目指したが、五日群ではこの値は〇％だった。芋虫が五日後には賞味期限切れになってしまったとわかっているかのようだった。

別の実験でクレイトンらは、アメリカカケスが犯罪行為に及ぶ習性にうまく目をつけた。貯食をしている他個体を見た者が、後でそれを盗んだりするのだ。その対抗手段としてカケスは自分の食物を再貯食する習性がある。貯食の際に誰かに見られたと知ると、後で食物を回収し、食べず、再び隠すのである。アメリカカケスは、秘密裏に貯食する場合に比べ、監視されているのを知ると戻って来て再貯食する頻度が増えることを、クレイトンらは示した。このことも心的時間旅行を示唆するものである。というのも、泥棒が自分の食物を盗むという未来のエピソードを予期しているとも考えられるからだ。これらをはじめ関連実験からクレイトンは、これらの鳥は真の未来指向的な心的時間旅行をしているのだと示唆している[8]。

動物において、心的時間旅行の候補と目されるのはアメリカカケスのみではない。大型類人猿(チンパンジー、ボノボ、ゴリラ、オランウータン)に先見の明のようなものがあるかどうかを調べた研究がある。この問いに答えるひとつのアプローチは、ざっくり言えば大型類人猿がお金のうまい使い方ができるかを調べることだ。ある研究例では、トークンを食物に交換することを過去に学習した類人猿を用いて行われた。色つき塩ビ管の切れ端のような、特定のトークンを交換価値あり——他のトークンは価値なし——として、訓練者に渡せば食物がもらえることを学習した。「先見」実験では、多数のトークンが手に取り放題の後で、三〇分後に価値ありトークンを食物に交換する機会が来ることを類人猿が学習した。三〇分待ち続ける待合室に移動する前に、類人猿が価値ありトークンを何個手につかんだか、というのが実験の問いだ。八個体中で六個体では、トークンを交換できない統制条件での価値ありトークン個数に比べ、交換できる条件ではより多くの価値ありトークンを待合室にもってきた。オランウータンはボノボより成績がよいようで、ボノボはチンパンジーより成績がよかった。総括すれば、大型類人猿のうち少なくとも数例では、スーパーに出かける前に財布を握るに足るじゅうぶんな(とある日の筆者にも勝る）先見の明があるようだ[9]。

これらの結果は類人猿が心的時間旅行をしている証拠になるのか、疑問視する科学者もいる。もしかしたら類人猿は一連の動作を意識せず学習しているのかもしれない。はるかに複雑であるだけで、ラットがレバーを押して食物を得る学習をするのと同類だというわけだ。しかも、効果は弱いことが多かった。たとえば、鳥類でも類人猿でも研究対象の全個体が「ちゃんとできる」わけではないのが通例だった。とはいえ、これらの研究のデータから、動物種によっては未来の必要を充足するために自分の行動をフレキシブルに調整できるのは間違いないと言えそうだ。ただ、動物に真の心的時間旅行の能力があるかどうかは、心的時間旅行について見解の一致した定義または検証が示されるまで、議論が続くことは疑いない。

現在に生きる

現存する我々の最近縁種にも心的時間旅行の能力があるかどうかはともかく、未来について考え計画することに関して、ヒトと類人猿の間には間違いなく溝がある。霊長類学者ジェーン・グドールはこう言っている。「チンパンジーは手話を学習できても、野生では、私の知る限り、今存在しない物事について教えてやりとりすることはできません。一〇〇年前に何が起きたか、一〇年前に何が起きたかについて教鞭をとるなんてできません。何らかの場所では恐怖を示すというのがあるくらい。五年後の計画を立てるというのは明らかに無理」[10]。

ヒトは過去の出来事についてやりとりでき、未来の計画を立てられるだけでなく、メンタルタイムラインを行きつ戻りつして複雑な時間関係を表現する。この文はどうだろう。「先月、牧師様が三カ月以内に世界が終わると予言したので、来月には貯金をはたいて使っちゃうつもりです」。言語というぜいたくな能力と簡単な算数を行う能力なくして、いかなる動物であろうとも、このような時間的に複雑な観念の意味がわかるはずがあろうか？

言語と数と心的時間旅行の相互依存性の証拠が、隔絶した集落で狩猟採集生活をするアマゾン部族、ピダハンに見られる。ピダハン族の言語には単純過去と単純未来の時制があるが、「来月までには全部の貯金を使い尽くしているだろう」（未来完了「使い尽くしているだろう」というのは未来の一時点の視点から見た過去を指す）といったような埋め込まれた時間関係を表現する文法構造はない。

数に関しては、ピダハン族には「一・二・たくさん」の計数システムがあり、二を超える量は単に「たくさん」と呼ばれる。五と一〇のように個数の少ないものと多いものの区別はできるが、ふたつの異なる群の事物間で個数を同じにするという課題には苦労する。四本の単三乾電池を示され、乾電池と同じ数だけ落花生を机に置くことを求められると、それなりに正確に行う。しかし、個数が一〇個だと、一般にこの課題はうまくいかない。はたして、「一・二・たくさん」の計数システムゆえ、自分の年齢という観念はあまりないようである[11]。

言語学者にして元宣教師のダニエル・エヴェレットは、ピダハン族が現在に根差しているという考えの持ち主だ。「ピダハンは食料を保存しない。その日より先の計画は立てない。遠い将来や昔のことは話さない。どれも「いま」に注目し、直接的な体験に集中しているからではないか」[12]（ダニエル・L・

エヴェレット著、屋代通子訳『ピダハン――「言語本能」を超える文化と世界観』(二〇一二) みすず書房 より引用)。

エヴェレットのもともとの目論見は、彼らの言葉を習い、聖書をピダハン語に翻訳し、キリスト教に改宗させることだった。エヴェレットは言葉はこなせるようになったが、宣教師としての大志はというと、壮大な失敗に終わった。ピダハン族の導きで、自分の方が無神論者になってしまったのだ。自身によればこの不首尾の一因は、ピダハン族が自分の直接体験しないものあるいは少なくとも伝聞的知識しかもっていないものについて、興味がなく懐疑的でいるところにあったという。エヴェレットが本当はイエス・キリストに会ったことがないと知るや、イエス・キリストの物語にほとんど興味を示さなかったのだ。同様に、未来のことや、自分の死後に何が起こるか、そもそも何かが起こるか、ということに心奪われることはないようだった。ピダハン族のこうした限定的な時間的展望が、神経学的な何らかの遺伝的障害であるともエヴェレットは考えなかった。彼らは知的であり、密林でのサバイバルでは類いまれな技量を見せたからだ。「彼らは裸で道具も武器ももたずに密林に分け入り、三日間歩き回れば果物やナッツや小動物の獲物をかご一杯にして戻ってくる」[13]。むしろ、現在に根差したピダハン族の暮らしぶりは、彼らの文化の固有特徴なのだというのがエヴェレットの見方だ。そのような刹那的な存在でやっていけるのは彼らの生活環境ゆえのことで、また食物がほぼ常に手に入るおかげである。未来への無関心は、厳しい冬を生き抜くのにおびただしい予見と準備が投入される先住イヌイット文化では、生存に貢献しないだろう。

未来へメッセージを送る

未来にどれだけの思考や努力を注ぐか、どれくらい遠い未来へ心的時間旅行をするかには、劇的な個人差や文化差がある。ピダハン族よろしく、その日暮らしな感じの人というのはよくいる——身の丈を超えた金銭的、個人的問題に陥っているらしいのに、どこ吹く風というような人。スペクトラムの他方の端には、あらゆる思考や行動が、遠い未来の何らかの目標の達成を目指すものだという人もいる[14]。

そしてまた、数十年先、数百年先の未来を夢想する予言者までいる。いかなる個人の寿命をも超えて時間旅行するというこの能力は、人間文化の要かもしれない。民話、洞窟壁画、石碑や木碑、果てはパピルスや書物に記すことを通じ、ホモ・サピエンスは未来の世代との一方通行の会話に努めてきた。

二〇〇四年のインド洋津波では、一四カ国の沿岸地域にわたり二三万人が犠牲になった。タイのとある島の地域社会で、先住民族モカ（「海のジプシー」）の居住区が壊滅したが、犠牲者はいたとしてもわずかだった。長老たちが腹を空かせた海の魂についての物語を知っていたのだ。彼らは引き潮（津波の前兆）のことを海の空腹の警告だととらえ、この伝承のおかげでモカ族は大津波が海岸を襲う前に高台に駆け上がることができた。彼らにとっては、「長いこと人を食べていない大波が、また味わいたくなった」ために津波は起こる[15]。過去に起こった津波の生存者たちの語った話が、意味記憶の中の無味乾燥な事実（「引き潮になったら高台に走ること」）としてではなく、視覚的に豊かで情動的に引き込まれる、海に食べられるという物語として——そうして自分の体験談であるかのようにエピソード記憶の中に貯蔵するのに適した形で——何百年にも渡って語り継がれてきたに違いない。

我々の神経回路に貯蔵された意味記憶やエピソード記憶は、究極的には、生存のためのレシピである。でも個人の記憶だけではやはり容量と正確度に限界があり、また時間が経てば消えてなくなってしまう。心的時間旅行のおかげで、未来の世代がこうした記憶から得るものがあるだろうと予見でき、対面する機会があるはずもない人へと知識を語り伝えるための外付け保存デバイスを作り出せた。そんな未来指向の行動、そして世代を超えた記憶がなければ、現代の文化、技術、科学は存在していないだろう。

時間的近視眼

ヒトはこの惑星上で、はるかな未来のことを考えて計画を立てられる唯一の生き物である。ヒトのみが、収穫まで何年もかかる植物の種を蒔き、何百年先まで残る構造物を建てる。それでもなお、現代人（それに他の動物種も）の直面する非常に深刻な問題の多くは、ヒトが近視眼であるせいで起こっている。

個人のレベルで言えば、無数の経済的問題や健康問題が、時間的近視眼に関連している。クレジットカード債務や老後破産といった経済的問題は、もっていない額を使ってしまったり、いつか必要になるとわかっている額を貯蓄できなかったりといった、近視眼的な行いの結果であることが多い[16]。加えて、不健康な食事という短期的欲求充足に屈してしまったり、定常的なエクササイズをさぼって長い目で見たときの暮らしに悪影響が及んだり。社会のレベルで言えば、経済混乱は多くの場合、個人の経済的トラブルのもとになるのと同じ欠陥に端を発する。個人同様に行政も往々にして、欲求充足を遅らせることができなかったり短期的な犠牲を伴う政策実行ができなかったりして、増税や歳出削減よりも負債増大政策をとることがある。負債が持続不可能な額になれば、財政破綻が起きて、失業や年金制度崩壊などの深刻な長期的結果を迎える。財政破綻とは行かずとも、年金受給額は目減りしていく。これには多面的な理由があるが、結局のところはそれらすべてマーク・トウェインの格言の正しさに通じる。「明後日できることは明日まで延ばすべからず」[17]。

社会のレベルでの時間的近視眼のひとつの顕著な症状かもしれないのが、気候変動。この惑星の健康状態に対して人類がきちんとアクションをとることの長期的結果がたとえわかっても、そのアクションをとるのが難しい。未来を予見する能力があるというのに、自分の寿命を超えて広がる時間枠については、おいそれと手立てをとれないことが多い。

次の賭けで自分の長期的トラブルがすべて解決すると永遠に信じ続けるギャンブラーのように、我々の短期的思考は悪循環を引き起こし、近視眼的なアクションがさらに長期的問題を倍増させる。もしかしたら、我々の時間的近視眼で起こる深刻な結果の筆頭は、民主的プロセスそのものの効力を妨げるということかもしれない。経済学者の百人中百人が同じ意見で、長期的な経済健全性のための解決策は緊急の増税だと言っているシナリオを考えてみる。いざ投票というとき、当選する見込みが高いのはどっちだろう？　経済学者の助言を政策に掲げる方か、減税の綱領を掲げる方か？

ヒトはどの動物をもはるかにしのぐ長期的計画能力をもっているとはいえ、すごく得意とはいかないのが現実である。このことは驚くには当たらないだろう。ヒト脳は何億年をかけ展開してきた進化プロセスの所産である。だから我々の神経的装備の大方は、認知的に言って即時的現在に生きる動物から進化した。結果的に、人類種全体として、ヒトはまだまだ新規に得た技能を使いこなせておらず、即時の欲求充足の魅力と遅延後の欲求充足とのうまい釣り合いの見出し方を学んでいる途上なのである。

以下のふたつの選択肢のどちらを選びたいだろうか？　たった今一〇〇〇ドルを受け取るか、一年後に二〇〇〇ドル受け取るか。正答や誤答というものはない——そこらの資産運用プロには年利率一〇〇％は抜群にお得と言われそうだが。この問いは古典的な**異時点間**のトレードオフをとらえたものだ。即時にもらえる報酬での即時の欲求充足と、より大きな報酬での遅延後の欲求充足との勝負である。このような異時点間の意思決定は生活に溶け込んでいる。新機種のテレビを買うのに今日買ってクレジットカードの金利を払うか、現金がたまるまで数カ月だけ待つか？　もう一度ビデオゲームをするか、仕事に戻るか？　未来世代の幸せな暮らしにささやかな貢献をするために車の購入費用を積み増してエコカーにするか？

時間割引とは、物事の主観的価値が時間につれて目減りしていく事実を指す。今日一〇〇〇ドル受け取るのは、同じ額を今から一年後に受け取るのに比べて、ある非常に現実的な意味において、より「価値がある」のである。今から一年後にわたしは生きていない可能性がある、だから今から一年後に一〇〇〇ドル受け取るのはわたしにとって価値がゼロであるかもしれない。自然環境での例で言えば、サバンナ暮らしの我々の祖先にとっては、今から数えて月の満ち欠けのまるまる一周期分経ってからの大量の食事よりも、その間に餓死してしまう可能性があるのだったら、少量ながら即時の食事に必ずありつける方が、はるかに価値がある。進化の大部分を通じて、我々の祖先は非常に不確定な世界に暮らしていた——飢餓、捕食、疾病が常日頃の脅威だった世界だ。そのような危うい状況下では、短期的に生き抜くことが、未来のことを気にかけるなどという比較的ぜいたくなことよりも優先される。ヒトに即時の欲求充足への生得的な強いバイアスがあるのも無理からぬ話だ。

即時と遅延後の欲求充足の釣り合う点は、先の例のように、即時の小さな報酬と遅延後の大きな報酬のどちらかを選ぶよう求めることで定量化できる。そこでの報酬の大きさと遅延の長さを操作することで、特定文脈でのその人の**時間割引率**を計算することが可能である。当然のことながら、大きな個人差がある。たとえばある研究では、非常に辛抱強くて、即時に二〇ドル受け取る代わりに六カ月待ってから二五ドル受け取るのをいとわない人がいた一方で、はるかに衝動的であり、一カ月後の六八ドルよりも即時に二〇ドルの支払いがある方を選ぶ人もいた[18]。数多くの研究が示したこととして、これらの異時点間金銭選択課題で測定された時間割引率は、健康、経済的安定、薬物乱用傾向と負に相関する[19]。すなわち、遅延後の大きな報酬の代わりに即時の小さな報酬を選ぶ割合の高い人ほど、健康面や経済面の問題が若干大きいという関係がある。

今すぐにもらえる一〇〇ドルと今から一カ月後にもらえる一二〇ドルの選択をさせると、大方の人では即時の方を選択する。これを踏まえた上で、両方の選択肢が同じぶんだけ延期されて、すなわち、一カ月後の一〇〇ドルと二カ月後の一二〇ドルの選択をさせると、どちらが選ばれると思うだろうか？論理的には、一カ月後の一二〇ドルよりも即時の一〇〇ドルを選ぶのだとすれば、二カ月後の一二〇ドルより一カ月後の一〇〇ドルの方を選ぶはずだ――どちらの場合も三〇日間よけいに待つことが二〇ドルに値するのだから。しかし、実際はそうはならない[20]。両方の選択肢が未来に置かれると、もっと辛抱するようになるのだ。今すぐ一〇〇ドルもらえるなら追加の二〇ドルのために三〇日は待つに値しないが、どちらの報酬も未来に置かれるのならば同じ待ち時間が今度は待つに値するようになる。言い換えれば、即時の報酬を好むのは追加の二〇ドルのために三〇日待つのがいやだからではない。とにかく今すぐ絶対ほしいんだ！

即時の欲求充足への我々のバイアスは、金融機関やマーケティングによって目をつけられることも多い。たとえばクレジットカードの利用は、購買行為と汗水たらして得た現金を捨て去るという事実との間にベールをかける。現金払いよりもクレジットカード払いの方がお金を多く使いやすいことが研究で示されている。ある研究では、現金に比べ、クレジットカード払いでなければいけない場合、学生はスポーツ観戦チケットに二倍の額を払うのをよしとした[21]。しかも、クレジットカードの特典があると、さらに負債へと焚きつけられる。購入するたびに即時の「報酬」（マイレージ、ポイント、キャッシュバック）——「使ったぶんだけポイントをゲット！」——が与えられるからだ（もちろんこれらの「報酬」ぶんも巡り巡って顧客が自腹を切ることになるのだが）[22]。

我々人類が達成した目を見張るような科学的、技術的、文化的な偉業の多くは、我々が心的時間旅行をすることができ、長期的計画を実行できることの賜物である。しかし、我々の個人レベルや社会レベルの失敗の多くは、人間の意思決定の多くが即時の欲求充足に魅かれるという事実の反映である[23]。幸運なことに、短期的帰結と長期的帰結のトレードオフの釣り合いをとる仕組みは我々の遺伝子に組み込まれているわけではない。欲求充足を遅延させ、異時点間の意思決定を最適に行うプロセスには、経験、教育、熟慮、そして未来についてただ単純に立ち止まって考えることが大いなる助けになる。たとえば、意思決定を行う際に心的時間旅行をしてもらうと、時間割引率が時間方向に引き延ばせる——つまり、衝動的な意思決定から、辛抱強いものへの変更が起こる――ことが研究で示されている。ある研究例では、被験者に一連の異時点間の選択（たとえば、「今すぐの二〇ドルか一カ月後の六〇ドルか」）が与えられた。一部の試行では、選択肢とともに「パリでの休暇」といったような、未来の出来事の心的イメージを喚起させるフレーズが提示された。統制試行に比べて、心的時間旅行の試行では、実験参加者は衝動性が少なかった――すなわち、遅延後の大きな報酬を選択する割合が増えた[24]。ということは、心的時間旅行そのものが、我々の短期的欲求充足の性癖をデバッグする手段になってくれるのかもしれない。

脳内の心的時間旅行

人類のみに心的時間旅行を可能ならしめるものとは？　ヒトのニューロンが何らか異なっているのだろうか？　脳のサイズだろうか？　他の動物にはない脳領域がヒトにあって、という話になるのだろうか？

マウスのニューロンとヒトのニューロンを識別するのを、細胞の電気的活動の神経科学的測定で行うのは至難の業だろう。同様に、顕微鏡下ではあらゆる哺乳類のニューロンは互いに非常に似通っている。もちろんヒト脳は、サイズの点では抜きんでているが、動物界で最大というわけでもない。当然、大型の動物は大きな脳をもつ傾向があるから、ゾウやクジラはヒトよりはるかに大きな脳をもっている。体重を考慮して、体重に占める脳重の比を調べてみると、ヒトはやはり抜きんでているが、ここでも第一位というわけではない。小動物は身体サイズに対して大きな脳をもつ傾向があるから、体重と脳重の比で言えばマウスでさえヒトよりもわずかに大きい。第一位に輝くのはあのちっぽけなツパイ。〇・五ポンド足らずの体重の約一〇％を脳が占める。対してヒトでは約二％だ。脳重と体重の関係が線形でないという事実を考慮に入れ適切に調整した値――**脳化指数**――を見ることで、やっとヒトが第一位になる。ヒトの体重から考えてヒト脳は、あらゆる脊椎動物にわたる脳重と体重の関係から予想される値に比べて七倍以上も大きい。イルカの脳化指数は五をわずかに超えたところ。チンパンジーは大きく出遅れて大体二・五。マウスはたった〇・五にとどまるばかり[25]。

脳化指数で定量化される脳サイズが、ヒト固有の認知能力に寄与するのはほぼ間違いない。しかし、特定の脳領域の相対サイズないし、ある脳領域の内部での特殊化も、重要な役割をしている。たとえば、全脳に対する比で言って、聴覚皮質は霊長類でも齧歯(げっし)類でも同様のサイズだが、霊長類で割合が大きくなっている脳領域もある。そのうちのひとつが前頭前野だ。

前頭前野は額のすぐ後方に位置しており、結線が非常にうまくできている脳領域である――すなわち、多くの脳領域で起こっていることに聞き耳を立てて影響力を与えるのに格好の位置にある。前頭前野が霊長類で優先的に拡大を来した一方で、前頭前野の相対サイズについては、大型類人猿に比べてヒトで特に大きいというわけでもない[26]。しかし、ヒトの前頭前野が大きさ以外で際立っている証拠も若干ある――たとえば、ヒト前頭前野のニューロンの方がシナプス入力の個数が多いようである[27]。

では、前頭前野は何をするのか？　前頭前野に損傷を受けた人は、第一印象では完全に正常に感じられたりする。運動技能はおおむね正常であり、発話を理解してふつうにしゃべる。ただ、損傷の細かな位置と程度に依存して、高次認知機能に特異的障害をもつ。変容を来すものにはたとえば短期記憶、パーソナリティ、注意、意思決定、社会的に不適切な行動の抑制などがある。前頭前野損傷患者は教示に従って多くの課題を正常にこなすものの、複数段階を要する計画の実行や、状況変化へのフレキシブルな対応に苦労する[28]。

前頭前野はまた、長期的計画を立てる、欲求充足を遅延させる、心的時間旅行をするといった我々の能力にも寄与する——だから前頭前野損傷患者は、老後に備えて多額の蓄えをするタイプではない。ある研究例では、時間割引課題を用いて、前頭前野損傷患者がどのように即時的報酬と長期的報酬との釣り合いをとるかを調べた。健常統制群および脳の他の部位の損傷を来した患者群に比べて、前頭前野損傷患者では遅延後の大きな報酬の代わりに短期的な小さな報酬を選ぶ割合が有意に高かった[29]。同様に、時間割引課題において、前頭前野の複数部位の活動度合いが、遅延後の欲求充足で我慢できる遅延の長さと相関していることが、多数の脳イメージング研究で示されている[30]。

健常者の脳イメージング研究からは、心的時間旅行をするという能力への前頭前野の寄与も示唆されている。たとえば、知っている人や場所の名前に基づいて未来のシナリオを想像してもらうと、同じ語を用いて単に文章を生成してもらうときに比べて、前頭前野の活動が高かった。しかも、可能性のある未来の出来事を想像してもらうと、人生の過去のエピソードを思い出しているときに比べて、前頭前野の活動が高いことを示唆する研究もある[31]。

前頭前野が心的時間旅行に重要である一方で、その場所で心的時間旅行が生じているのだと言ってしまうのは単純すぎるだろう。当該課題を特定脳領域に帰属させることは、サッカーの試合を観戦していて、ゴールを決めるのは誰の働きかと問うのに少々似ている――ディフェンスやオフェンスの選手には確かに異なる役割があるが、点を取るのはチームの働きであり、突き詰めれば誰しもが得点にからむとも言える。未来指向的な心的時間旅行は、過去のエピソード記憶や意味記憶にアクセスし、そうした記憶を用いて未来のシナリオを作り出し、過去と未来の違いを理解し、シナリオをシミュレートした際の帰結が望ましいものか否かを判断できる能力など、多数の認知機能の協調作用を要する複雑な課題だ。さらには、単に未来のシナリオを想像するだけでは足りない。想像した内容を記憶しなければならず――言い換えれば、自らの心的シミュレーションから学ばなければならない。キャンプ旅行の計画中なら、どんな道具を持っていくべきかを決めるのに、過去の旅行の記憶を利用するのがよい。また、最悪のシナリオを新規に作ってシミュレートするのには、そうした記憶から外挿してやるのがよい。「足をくじいたら、ヘビにかまれたら、どうなるだろう?」こうしたシナリオをいったんシミュレートし終われば――そしてそれでもキャンプに行くつもりがあるなら――こうしたシミュレーションから学び、万一こうしたシナリオのひとつが現実化したときのために適切に備えておくことが重要となる。

こうした認知的複雑性ゆえ、心的時間旅行は多数の脳領域の協調的な働きで実現するものだと当然考えられる。実際、損傷やイメージングの研究から、多数の脳領域が心的時間旅行に関わるとされている。前述のように、健忘症患者KCは人生の過去のエピソードを思い出すことだけでなく、自分が未来に何をしているかについて考えることも苦労する。KCの主要な脳損傷は、海馬を含む構造である側頭葉にあった。ある研究例では内側側頭葉損傷患者に、可能性のある未来のシナリオ――たとえば、宝くじに当たるとどんなふうだろうかとか――をいくつも想像して言葉で説明してもらった。健常統制群に比べて、側頭葉損傷の健忘症患者では、どのような体験になるだろうかについて、細かいところが足りない曖昧な記述になった[32]。

ご多分に漏れず、心的時間旅行のような複雑な認知課題は、単一の脳領域ではなく、多くの脳領域からなる支援ネットワークが担っており、そこでは各領域がそれぞれ自分のできる寄与をしている。心的時間旅行の場合は、内側側頭葉では過去体験の基盤へのアクセス、前頭前野ではそうした記憶をフレキシブルに操作することでの新規のシナリオの作成と評価、という分担かもしれない。面白いことに、心的時間旅行にあえて必要とされないらしいのが、時間認識能力だ。カレンダーが時間を表現しながらも実際に今の時間を示しはしない（時計ではない）のと同じように、心的時間旅行を司る神経回路は過去、現在、未来を表現しなければならないが、時間経過をアクティブに測定する能力は必ずしも必要としない。

動物が自然の周期を予測して天敵、餌動物、交尾対象などの行動を予期する能力は、強力な進化的適応だった。心的時間旅行は次の一歩だった。これが出てくると、外界の事象をただ単に予期するのは時代遅れのテクノロジーへと成り下がった。ヒトは受動的に未来を予測することから能動的に未来を創造することへと歩を進めた。食べ物が足りない？　農業を興して食物が豊富にある未来を創り出せ。農業に必要な水が足りない？　ダム、水路、灌漑（かんがい）システムを創り出せ。

我々の祖先はどうやって、過去や未来へ心的に飛んでいく能力を身につけたのだろう？　心的時間旅行の能力があるから時間の概念を理解できるのか、過去、現在、未来の概念を把握できるから心的時間旅行ができるのか？　こうした問いへの答えは動物研究からは容易に出てこないだろう。それを心的時間旅行と呼ぼうが呼ぶまいが、アメリカカケスや大型類人猿は望ましい未来の帰結に向かうよう現在の動作をうまく行う能力を有するのは確かだ。しかしながらヒトと比べれば、未来指向的な思考能力には明らかに巨大な隔たりがある。そもそも最小限、日、月、年なるものの意味論的な理解なくして、あるいは時間という概念を把握する能力なくして、数日先、数カ月先、数年先について計画するのは難しい。心的時間旅行は多次元的な認知特性なのである。意味記憶、エピソード記憶、言語、数量概念、そして時間をメンタルタイムラインに空間化するなど、数多くの収束的な進化のステップの所産と思われる。

先に述べたように、心的時間旅行はありがたくもあり呪わしくもある。未来への旅行は一般に、今の自分を取り巻く状況に勝るとおぼしき場所へといざない、そのおかげで現在の状況を堂々と切り抜けられることも多々ある。けれども、東洋哲学で強調されているように、過去や未来に旅することは、幸せや喜びの主たる源泉としての今ここを悟ることの障害にもなる[33]。これにまつわるダニエル・エヴェレットの言はこうだ。「ピダハンはただたんに、自分たちの目を凝らす範囲をごく直近に絞っただけだが、そのほんのひとなぎで、不安や恐れ、絶望といった、西洋社会を席捲している災厄のほとんどを取り除いてしまっているのだ」〔ダニエル・L・エヴェレット 著、屋代通子 訳『ピダハン――「言語本能」を超える文化と世界観』（二〇一二）みすず書房 より引用〕。だが、現在に生きることが心配の少ない人生をもたらすとしても、それはやたら少ない人生をもたらす（ピダハン族の平均寿命は、乳児死亡を計算に入れない場合で約四五歳）[34]。食物の定常的供給の確立、定住できる住居の供給、科学的、芸術的な努力への没頭、疾病の予防と治療、こうしたものすべて、おびただしい予見と計画を要する。そしてそこにこそ、心的時間旅行のパラドックスがある。心的時間旅行はあらゆる問題点の解決策でもあり、原因でもあるように思われるのだ。

12:00

意識：過去と未来との結びつけ

一説によると、この宇宙がなんのためにあるのか、またなぜここにあるのか、それをだれかが正確に突き止めてしまったら、宇宙はたちまち消え失せて、いまよりもっと変てこでわけのわからないものに変わってしまうという。

また一説によると、それはもうすでに起こってしまったともいう。

——ダグラス・アダムス〔ダグラス・アダムス 著、安原和見 訳『宇宙の果てのレストラン』(二〇〇五) 河出書房新社 より引用〕

初めて眼を開けたとき、赤ちゃんは何を知覚するのか？　何らかが見えたとして、それは焦点の定まらないパターンやら線分やら光輪やらのごちゃまぜで、意味というものをもたず解釈するのが不可能なものであるのは間違いない。対照的に、この本の読者や筆者が世界を見やるならば、我々を取り巻く世界の整然とした見事な再構成が見える。波が砂浜に打ち寄せ、カワセミが水に飛び込み、水面には自分自身の姿見だってある。我々は一般的にこの再構成のことを、誤って、現実であるととらえている。でもひいき目に言って、我々が体験するものは外的な物理世界と相関しているものに過ぎない。たとえば我々に見える色は、電磁放射の波長のことを、アルファベットの文字とそれに当てはめた音との対応と同じくらい恣意的に、解釈したものに過ぎない。ともすれば、心が作り出した内因性の虚構が見える。

統合失調症患者のものの見えから、薬物の引き起こす幻覚から、我々が毎晩体験する夢まで。そして我々には見えないものもたくさんある。皮膚に生息するバクテリア、目に見えない空の銀河星雲、大気で作られるミュー粒子、我々を取り巻くさまざまのものからやってくる赤外線の熱信号。

時間の流れの感じ——変化の知覚——もまた心的構成概念である。神経科学者の観点からすれば、この構成概念は現実と相関している。波が打ち寄せ、鳥が水に飛び込むと知覚するのは、**時間が実際に流れているからなのだ**——ただ現在のみが実在する宇宙においてこうした事象は本当に時間的に展開しつつあるのだ、となる。多くの物理学者と哲学者にとっては、時間の流れはやはり心的構成概念ではあるのだが、物理世界に対応物をまったくもたない代物となる。永遠主義のブロック宇宙の内部では、時間の流れの感じというのは統合失調症患者のものの見えに近しく、内的にのみ存在するものとなる。

これらふたつの見方から、時間の本質についての相容れない考えが出るわけだが、どちらも時間の流れの感じというものを根本問題と位置づけている。しかし、この問題を解こうというのは無謀な課題だとわかるだろう。何しろ主観的な時間の感じ方というのは、未解決の科学の謎——意識、自由意思、相対性理論、量子力学、時間の本質——がひしめく中心に腰を据えているのだ。

時間の破片

現在のみが実在する現在主義的宇宙に我々が暮らすとしばし仮定してみよう。意識的な時間知覚は現在主義となら相容れる。意識は我々の周りで展開しゆく事象を間断なく実況報告してくれるようであるからだ。しかしこれもまた以下の意味で錯覚と言える。無意識の脳が、展開しゆく事象についての情報をたゆまずサンプリングして処理する一方、意識それ自体は非常に不連続的にしか生成されないのだ。無意識の脳は、意識的な心に対して、間欠的にしかストーリーを届けないのである。

演劇で女優の独白を聞くとき、発話の各音節のよどみない流れを意識的に認識するわけではない。むしろ、語や句の意味は完全に形成された状態で心の中に実体化する。

単体で聞けば「po」という音節はたやすく同定できても、「hippocampus（海馬）」という語を聞く際にはこの音節の意識的気づきが生じるわけではないし、「camp」という言葉が「hippocampus」の中に埋め込まれているという意識的気づきも生じない。明らかに我々の脳は、外界で展開しゆく感覚事象の生データを、線形に実況報告しているわけではない。

意識の時間構造は、実際には、高度に編集された後の現実（リアリティ）である。友達の眼をじっと見て、友達に眼を左右に動かしてもらうと、そうした運動が時間につれて生じている様子がたやすくわかる。今度は鏡の中での自分自身の眼をじっと見つめながら、眼を左右に動かしてみると、自分の眼が動くのが見えないことがわかる。このような素早い随意的な眼球運動をサッカードと呼び、鏡の中での自分自身の眼を見てみるよりもっと厳密な実験により、サッカード中は視覚が一部抑制されていることが示されている[1]。たとえば、眼を新しい位置に向けつつある間に画面上に画像が瞬間提示されて眼球運動終了前に消されると、瞬間提示された画像は意識として知覚されない見込みが高い。意識に関して言えば、眼球運動の最中に生じた画像フレームは脳内で削除（デリート）されることが多い。同様に、瞬きするごとに視覚系への画像入力には空白ができるが、脳が瞬き前後の画像フレームを接合（スプライシング）してギャップを埋めるため、空白は意識としては知覚されない。ある推定によれば、サッカードや瞬きの間、一日を通してまるまる一時間分の視覚情報が失われていることになるが、意識の視覚的流れの中には何らの空白も知覚されない[2]。

時間の再較正

雷鳴と稲光は同じ事象から引き起こされるが、よほど運が悪くない限り、別々のものとして知覚される。光速は音速の百万倍に近いからだ。稲光で生じた光子が眼に届いてからだいぶ経った後で、雷鳴の音が耳に届く。しかし他の多くの場合、脳では、眼と耳からの入力系列を並列処理するだけでなく、これらの感覚モダリティ両方からの入力を揃えて同期をとる作業が必要となる。前述した通り、オーケストラのシンバルがクラッシュするとき、光の波と音の波は眼と耳に異なる時刻に到着するが、別々の事象だとは知覚されない。そうではなく、シンバルのクラッシュした光景と音は、意識に「届けられる」前に、一体化したマルチメディア体感へと統合されるのである。発話も同じ。単語「baby（赤ちゃん）」を誰かが口にするとき、唇が合わさってから開くことで、音節「ba」を、そして「by」を放出する。この場合も、音が耳に届く少し前に、唇の開閉の姿が眼に届く。その遅延は無視できるものではなく、大教室では教授の声が後方まで届くのに五〇ミリ秒もかかったりする。同様に、野球でバットがボールを打つ音はショート内野手の守備位置では一〇〇ミリ秒あまり遅れる。それでも、一般に、話者の唇の動きと発話（や、バットがボールを打つ姿と音）は一体化した事象として知覚される。

脳は五〇ミリ秒とか一〇〇ミリ秒の違いを検出する時間解像度をもっていないため、視覚信号と聴覚信号の間の遅延は一般的に取り込まれないのだ、と思うかもしれない。それは違う。練習すれば、異なる周波数の二音のオンセット時刻間の遅延が約二〇ミリ秒でも、人は検出することができる[3]。視覚信号と聴覚信号の間の遅延を意識に取り込まないのは、事象の統合的解釈を意識に届けるために無意識の脳ががんばるからだ。視覚情報と聴覚情報を一体化した知覚像へと脳が統合する時間範囲のことを、いみじくも、**統合の時間窓**と呼ぶ。この窓の範囲内では、脳は聴覚的事象と視覚的事象を主観的に言って同時だとみなす。発話に関してはこの窓は一〇〇ミリ秒以上に及ぶ——たとえば、映画の音声トラックと画像トラックとの間に一〇〇ミリ秒未満のずれがあっても、ほぼ気づかない。しかし、時間窓は非対称的であり、聴覚信号が視覚信号に比べて五〇ミリ秒**先んじる**ならば、被験者は何かが変だと気づくかもしれないが、聴覚信号が視覚信号より五〇ミリ秒**遅れる**ならば気づかない[4]。聴覚モダリティと視覚モダリティからの信号を揃えるべく脳がアクティブに作業しているもうひとつのしるしとして、統合の時間窓は不変ではない——時間窓は視覚系における一定の時間遅れの結果生じるのではなく（ただし、眼は耳より遅いため、視覚情報が大脳皮質に届く方が実際に時間がかかるのだが[5]）、むしろ順応的なのである。光フラッシュの二〇〇ミリ秒後に聴覚刺激が後続提示されるのを数百回繰り返し観察した後では、フラッシュと音とが二〇ミリ秒離れているのを、同時に生じたと判断したりする。しかし、聴覚刺激をフラッシュよりも**先んじて**提示するのを数百回繰り返して観察した後では、先ほどと同じフラッシュと音の対を同時に生じたものではないと判断するだろう。言い換えれば、人工的に長くされた視覚・聴覚間の遅延に幾度もさらすことで、統合の時間窓をずらしたり拡張したりすることができる——

というわけで、主観的同時性は相対的なのである。先行経験に基づいて、そうした視覚信号と聴覚信号が新たに一個の事象へと統合されるような世界の記述を、脳が調節して作り上げるのだ[6]。

意識というものがいかに、現実について時間的に編集された世界の解釈であるのかをおそらく最も如実に示す例と言えるのが、先行事象の意識上での知覚が後続の感覚事象によって本当に変容されてしまうというものだ。ここでも発話がよい例となる。「マウスが壊れた」あるいは「マウスが死んだ」という文を聞いたとしてみよう。単語「マウス」の意味は各文の終わりになって初めて確定できる。でも、コンピュータマウスあるいは齧歯(げっし)類のいずれかであるという意識的気づきが生じて、しかる後に文を解釈するために最後の単語を待つ、ということはあまり起きない。

この**時間遡行的編集**の好例となるのが、いわゆる**皮膚ウサギ錯覚**である。手首近くの腕の表面を誰かに指で軽く二回タップしてもらい、それからすぐにまた、肘近くを二回タップしてもらうとしよう。多くの場合、何が起こったかの主観的報告は、本当に起こったことと異なる。知覚的には、手首近くで二回と肘近くで二回のタップでなく、四回のタップが腕伝いに跳ねていく。手首がスタート地点で肘がゴール地点、そしてその間にふたつの地点[7]。もし手首を二回タップされてそのままだったら、手首に二回のタップという触覚を正しく報告するだろう。しかし皮膚ウサギ錯覚では、三回目と四回目のタップが、二回目のタップの知覚的位置を変容させるのである。要するに、後続刺激の位置が先行刺激の位置の意識上の知覚を変容させるのであり、ゆえに意識とは時間の流れの均一で連続的な解釈ではありえない。むしろ、無意識の脳が入力の流れを連続的に処理しながらも、節目節目を待ってから、きれいな仕上がりの記述形態を意識へと送りこんでいるようなのだ[8]。

脳がこうした時間的な芸当をこなす仕組みはわかっていない。ましてや、脳が意識を生み出している仕組みなどわからない。しかし、**意識の神経相関**といったものを同定しようという試みが進行している。意識上の知覚の元となっている可能性のある神経活動パターンのことだ[9]。その典型的な実験では、脳波記録を用いて、頭皮上の電極で大脳皮質からの微弱な電気信号を拾う。意識の神経相関を探るのに用いられるひとつの方略は、意識上に知覚される刺激によって生じる電気活動と、同じ刺激が閾下(サブリミナル)でのみ取り込まれる――すなわち、脳では刺激が検出されるが、意識上には浮かび上がらない――ときに生じる電気活動とを比較するというやり方である。

実験室環境で、意識にのぼるかどうかぎりぎりの知覚の閾値(いきち)付近にするには、傾いた線分などといった刺激を、四分割したコンピュータ画面のどれかひとつの象限に一〇〇ミリ秒未満の短時間だけ提示する方法がある。ある研究例では、どの象限に刺激が提示されたと思うかを(わからないときはあてずっぽうで)素早く回答し、また、線分が実際に見えたかどうか――すなわち、意識として知覚したのかあてずっぽうだったのか――も回答することが被験者には求められた。あてずっぽうという回答の試行では、約二五%の割合で正答になるはずである。しかし面白いことに、それよりもはるかに多い割合で正答となったのだ。ということは、被験者は閾下で刺激を検出していたことになる――言い換えれば、無意識の脳は刺激がどこにあるか知っていながら、意識的な心へとこの情報をあえて運ぶことをしなかったということだ。ここで次の問いが浮かぶ。刺激が見えたと被験者が答えたときの正答試行(正答/気づき）において脳内で生じていることと、被験者が「あてずっぽう」だったときの正答試行（正答／気づかず）でのこととの間に、どんな違いがあったのか？　正答／気づき試行と正答／気づかず試行での電気活動は、刺激後二五〇ミリ秒までは本質的に同一であり――被験者が刺激に気づこうが気づくまいが脳活動には検出可能な違いはなかった。ところが約三〇〇ミリ秒のところで、気づき試行では脳全体にわたって皮質活動の明らかな増加が認められたのだ[10]。これをはじめ数多くの研究から、刺激が意識にのぼって知覚されることに対応する神経メカニズムは、刺激が脳で検出されてからけっこうな時間経過の後に初めて姿を現すということが示唆されている。フランスの神経科学者スタニスラス・ドゥアンヌはこう説明している。「私たちは、外界から押し寄せる感覚シグナルのわずかな部分を意識しているにすぎないだけでなく、意識された部分に関しても、少なくとも三分の一秒の遅れが生じる［……］意識上「現在のもの」と見なされる情報も、少なくとも三分の一秒は遅れている。この盲目の期間は、入力刺激が非常にかすかなために、意識的知覚の入り口に到達する前に十分な証拠の蓄積が必要なケースでは、〇・五秒に達することもある」[11]（スタニスラス・ドゥアンヌ 著、高橋洋 訳『意識と脳―思考はいかにコード化されるか』（二〇一五）紀伊國屋書店 より引用）。

このようなわけで、意識というのは頭蓋骨の外の世界で起こっている出来事の遅延つきの記述形態であるばかりでなく、その遅延は可変だということが見てとれる。誰かが「fire（撃て）」という言葉を叫ぶとすると、無意識の脳は意識に送り込むべき適切な記述形態を素早く見つけることができるため、おそらく比較的短時間で意識に届く。でも「the top stopped spinning（コマが回転をやめた）」あるいは「the top of the mountain（山の頂上）」を聞いたときは、おそらく、無意識の脳は単語「top」の曖昧性のない解釈ができるまで待ってから、意識としての知覚像をこしらえる。

脳は、現実という映画フィルムをカットしたりポーズしたりペーストしたりしてから、我々を取り巻く世界で展開しゆく事象群に関する都合のよい記述を、心へと送り込む。ただ、こんな考察をあえてしない限り、我々はただ、自らの意識的体験が瞬間瞬間の現実の実況的解釈になっているという印象を感じ続けるのみなのだ。

時間と自由意思

「時間」という言葉と同様、「自由意思」も例の面倒な概念であって、聖アウグスティヌスを再び引用すれば、「わたしは知っている。[……] だれか問う者に説明しようとすると、わたしは知らないのである」（聖アウグスティヌス 著、服部英次郎 訳『告白（下）』（一九七六）岩波書店 より引用）。

森で一本の木が倒れ、周りで誰もその音を聞かないとしたら、木は音を立てたと言えるだろうか？この謎かけの核心は「音」という言葉の曖昧性にある。「音」を大気分子の振動であると正しく定義するなら、倒木は音を立てることになるし、人間によってそうした大気分子の振動が意識上に知覚としてのぼったものを音と定義するつもりなら、答えはノーとなる。

自由意思が存在するか否かの謎かけも、「自由意思」を定義する際の曖昧性にまつわるものだ[12]。オックスフォード英語辞典での「自由意思」の定義のひとつは、「個人が自由選択を行う力であり、神学で言う予定や、物理的因果の法則や、運命その他によって決定されないもの」とある[13]。これはおそらく自由意思の意味としていちばんありふれたものだが、科学的に言えば、残念な定義である。なぜなら、「物理的因果」というのが物理法則を指すのであれば、自由意思とはもはや霊魂に近い何か神聖な実体やら実在やらの所産という可能性しか残されないからだ。いみじくも、神経科学者リード・モンタギューはこう述べている。「自由意思とは、霊魂なる観念の近しい従兄弟であり――『あなた』が、あなたの考えと感じが、あなたの身体を形作る物理的メカニズムから分離独立している何らかの実在に由来するという観念である」[14]。プラスの面で言えば、この定義にこだわるなら先ほどの謎かけに実際に答えが出せる。ノー。自由意思は存在しない。霊魂なる観念は人の心の創作物であって、人の心の源泉ではないから。

自由意思についてのより限定の緩い定義はこんな感じになるだろう。「異なる可能な行為の選択肢の中から選びとる能力」とか「入れ知恵や無理強いなしに行為をする能力」とか。でもこれらはどうしようもなく曖昧な定義であり――選びとるというのが意識的であるか否かを制約しておらず、また、コンピュータのチェスのプログラムがチェックメイトをかけるたびに自由意思を行使しているという可能性を許すかのようでもある。もう少しまともなのが、自由意思を予測不能性と同一視する定義である。たとえば、スティーヴン・ホーキングはこう言っている。「私たちは人が何をするかを予測できないのだから、人は自由な意思を持っているのだと言うこともできるでしょう」[15]〔スティーヴン・ホーキング、レナード・ムロディナウ 著、佐藤勝彦 訳『ホーキング、宇宙のすべてを語る』(二〇〇五) ランダムハウス講談社より引用〕。同様に、ロジャー・ペンローズの弁では、「自由意志の問題は物理学の決定論と関連して論じられる」[16]〔R・ペンローズ 著、林 一 訳『皇帝の新しい心―コンピュータ・心・物理法則』(一九九四) みすず書房より引用〕。言い換えると、ヒト脳を含めた任意のシステムの時刻tでの状態がそれ以前の時点群から予測可能であることが物理法則から成り立つなら、自由意思なるものは存在しない。哲学者マイケル・ロックウッドはこう説明している。というのも、普遍的決定論が自由意思の存在と相容れないという考えは非常に広く支持されている。「普遍的決定論で言う宇宙とは、任意の時刻での宇宙の状態に関連づけて任意の後続時刻での宇宙の状態を正確に規定する、一連の厳格な法則に従うものであるとされるからである。もし宇宙が本当にこうした意味で決定論的であるならば〔……〕あらゆる将来的帰結は——それゆえ、我々自身の未来のあらゆる選択や行動を含めて——すでに決まっているということになる」[17]。

この文脈では、量子力学は厄介な理論だ。確実性を扱う物理学からはみ出て、量子力学では確率を扱うからである。何らかの段階で量子的事象が脳状態に影響するはずであることは明らかであり——しょせん、網膜で検出される（あるいはされない）光子ひとつひとつにせよ、量子力学の確率的法則に則っている。だから、理論的と言ったところで、一〇〇%の正確度で人の行動を予測することはおそらく不可能である。とはいえ、量子力学は確率的決定論の一形態をなすのであって、各々に確率の付与された一連の選択肢が確定している以上、多くの哲学者の見るところでは自由意思の存在する余地はほぼない。

しかし、我々が四次元のブロック宇宙に暮らすと信じる者にとっては、物理法則が決定論的であるか否かは大した問題ではない。ブロック宇宙そのものに、自由意思の存在する余地がないからだ。過去、現在、未来がブロック宇宙内部にすべて共存するというなら、なされるべきあらゆる選択は「すでに」なされてしまっていることになる。

上述の定義はすべて、自由意思のひとつの根本的側面を未検討のままにしている。それは、自身の選択を御するのは自分自身なのだ、というなんとも抑えがたい気持ちである。実際に「選択の自由」があるか否かは論争の的になりえても、あるという**気持ち**が確かにするという点については誰しもうなずける[18]。だからもしかすると、自由意思のあるべき定義とは、まさに、気持ち、ということかもしれない。心理学者ダニエル・ウェグナーが二〇〇〇年代初めに述べた定義では、自由意思とは「人に生じる単なる気持ちである。自由意思というものと、行為との間の関係は、痛みの体験というものと、痛覚刺激の結果として起こる身体変化との間の関係と同じである」[19]。自由意思のことを、決定を下すことを司る神経プロセスに関連して感じる種類の意識であるとする定義は、目新しいものではない。ほぼ三百年前に、哲学者デーヴィッド・ヒュームは述べている。「意志ということで私が意味しているのは、われわれがなにか新たに身体の運動または心の知覚をそうと知って生じさせるときにわれわれが感じ、意識する内的な印象にほかならない」[20]（ヒューム著、土岐邦夫・小西嘉四郎訳『人性論』（二〇一〇）中央公論新社より引用）。トマス・ハクスリーも以下のように論じている。「意志という名前で我々の呼んでいる気持ちは、随意的な行為の原因なのではなく、その行為の直接の原因である脳の状態の象徴なのである。我々は意識をもつ自動機械（オートマトン）なのであり、自由意思という非常に乱用されている言葉の、唯一理解可能な意味のもののみを賦与されているのである」[21]。

自由意思というものを、脳が決定を下した後――すなわち、脳内の無意識の神経プロセスが決定作業をした後――に生じる気持ちであるとする定義を採用するならば、そうした決定のことを人間が意識化する前に、それらの神経的しるしを検出できるはずだ。それが実際に可能であることを幾多の研究が示唆している。この種の実験は、重篤なてんかんの標準的治療の一環としてのみ実施可能である。難治性てんかんを病む患者では、発作の引き金に関わる脳部位の切除を目的とする外科手術を受けることがある。てんかんの焦点部位を精細に見極めるため、神経外科医が脳に電極を刺入して患者に発作が生じるのを待つ。発作中の神経活動を記録することにより、外科的切除をするべき病巣領域を正確に定めることができる。この際に、実証科学への協力ということで、電極を留置してから発作活動を待つ間に、患者に実験協力してもらえることがよくある。UCLAの神経外科医イツァーク・フリードらの研究では、**補足運動野**という前頭葉の領域に電極が刺入され、患者にはごく簡単な課題を行ってもらった。いつでも好きなときに「自由意思」を行使してコンピュータのキーを押すという課題だ。ボタンが押されるはるか以前に、多くのニューロンが活動レベルを変化させた。何しろ、ニューロン集団の活動をもとに、キーが押される九〇〇ミリ秒も前に（そして、指を動かそうと決定したという気づきが生じたときであると患者が報告した時点より七〇〇ミリ秒前に）、患者が指を動かそうとしていることを八〇％以上の正確性で予測することができたのだ[22]。ちなみに、九〇〇ミリ秒といったら、脳の指令で指運動を実行するのにかかる時間よりはるかに長い。たとえば、フラッシュ光が見えたらすぐにコンピュータのキーを押すよう求められれば、フラッシュとキー押しの間の遅延は三〇〇ミリ秒近辺のはずだ。驚くべき話で、こうした研究から示唆されるのは、実験参加者がキー押しをする自らの意思に気づく前に、この人物がキーを押そうとしていることを実験者の側が知ることができた、ということだ。

少なくとも特定の状況下では、ヒトその他の動物がどんな動作を起こすかを、その動作が起こされる数百ミリ秒、場合によっては一秒も前に判別できることが、一連の関連研究で確認されている[23]。だがこうした結果から直ちに、神経活動パターンから人の行動を正確に予測可能だとか、意識は人の行う決定に寄与しないなどとなるわけではない。こうした研究で下されている決定なるものは非常に単純化されたものだ。指をいつ動かすか決めるというのは、もちかけられた仕事を引き受けるかを決めるのとはわけが違う。だから、指を曲げる時刻を選ぶのは無意識のプロセスで決定されてしかる後に自由意思の気持ちが意識にのぼるのかもしれないが、そもそも実験に参加しようという実験協力者の意思決定自体は、無意識的や意識的な神経プロセスのないまぜになったものに依っている。

コンピュータのキーが押されるに至る仕組みはどうなっているのだろう? 随意的なキー押しは指の筋肉の収縮を要し、それは正中神経を伝い降りる活動電位の連射を要し、それは脊髄の頚髄（けいずい）レベルにある運動ニューロンの活性化を要し、それは運動野での手の体部位地図上にある領域の活動によって引き起こされる。では、何がこれらの運動野ニューロンの発火を引き起こすのか? ここから先はなんともあやふやな話になっていくのだが、ほぼ確かに言えることとしては、いかなるニューロンにおいても活動が引き起こされるにはそのニューロンに対してシナプス入力している一群のニューロン（シナプス前ニューロン）がたくさん活動しないといけない。大ざっぱに言えば、このたくさんの活動というものの起こり方には、多数のシナプス前ニューロンが数ミリ秒という短い時間窓内で発火するか（これを**空間加重**と呼ぶ。同時に多くのバケツで水を入れて浴槽に短時間で水を張るみたいなもの）、少数のシナプス前ニューロンが数十ミリ秒あるいはもっと長い時間窓を通じて継続して発火するか（これを**時間加重**と呼ぶ。一個の蛇口を使って浴槽に水を張るみたいなもの）がある。いずれにせよ、これは当該の決定へと向かう**動因ないし証拠の漸進的蓄積**であると考えることができる――ある映画を見ようという決断を、いちどきに大勢の友人からあの映画を見に行けと言われたから（空間加重）、あるいは、非常にしつこい友人ひとりからあの映画を見ろ見ろと事あるごとに言われたから（時間加重）するみたいなものだ。この議論に関係するもうひとつの定説は、ニューロンというものには「ノイズが多い」ということ。ニューロン活動には自発的なゆらぎがあり、明白な理由もなしに上下している（もちろん、こうしたゆらぎにも原因というのがあるわけだが、ここでは単に、ランダムな背景ノイズのせいだということにしよう）。ボタン押しという単純な決定は、ふたつのニューロン群の間の「競争」だととらえることができる――指をコンピュータのキーへと下げるのを司る皮質運動ニューロン群と、指を上げるのを司るニューロン群だとしよう。ランダムなゆらぎのせいで、どちらか一方のニューロン群が幸先のよいスタートを切るかもしれない。任意の試行において、キーを押そう、あるいは押すまい、とする「意思」決定は、脳内の特定回路内部の無意識かつランダムなゆらぎで引き起こされうる――あるニューロン群が競争に勝ったところで、運動実行および、自由意思の意識的な気持ちが生成される。神経科学者が患者の指運動をあらかじめ数百ミリ秒前に予測できることのひとつの説明は、どちらのニューロン群が幸先よいスタートを切ったかを取り出しているから、となる。

自由意思の神経生理学的研究から最終結論を出すのは時期尚早だが、実験データというものを欠くことで知られるある学問分野においては、こうした実験は自由意思のあらゆる議論をするときの礎になってくれる。そして、神経科学者パトリック・ハガードが要約しているように、次のような考え方が徐々に受け入れられてきている。「自らの意識的な決定や思考が自らのアクションの原因になっているという心的体験があるものの、こうした体験は実際には、随意的なアクションを制御する脳領域ネットワークにおける脳活動の読み出しに基づいているのである」[24]。自由意思なるものの気持ちが意識上に芽生える前にはおそらく、決定を下すことを司る無意識的な神経計算があるのだ。というより、それ以外のあり方がおよそ思いつかない。脳について我々の知っていることはすべて、あらゆる心的状態は脳内の神経活動パターンによって生み出されるという事実と合っていて、またどんな神経パターンも、直前の神経状態（第6章で論じたアクティブ状態と隠れ状態の両方）と、現在の外界からの入力と、熱力学と量子のレベルで生じている確率的ゆらぎとの相互作用によって生み出されているのである。

自由意思とは意識的にアクセスできない回路が決定を下した後に生じる気持ちに過ぎない、という考え方は、何となく落ち着かないかもしれない。実際、そうであれば意識など無用であり、「無意識の活動を眺めている、自分では何もできない無用な観察者、すなわちバックシートドライバーだ」[25]（スタニスラス・ドゥアンヌ 著、高橋洋 訳『意識と脳―思考はいかにコード化されるか』（二〇一五）紀伊國屋書店 より引用）という議論がある。だが意識が、自由意思の気持ちと同じように、事が起こってからの心的な創造物だとしたところで、意識が意思決定に役割を果たしていないということにはならない！　友人の紹介で知らない相手とデートに行き、ディナーの最中、相手が急にフォークを取り上げてこちらの手に突き立てたとしたら、手をひゅっと引っ込める動作は意識に帰属させるには急速過ぎる――よってその動作は自分の意識的な痛み知覚とは独立でありそうだ。でも意識的な痛み知覚は、二度目のデートに行くかどうかといった、後続する意思決定には影響しそうだ。進化的に言うなら、主観的体験と自由意思は主として未来指向的な現象なのかもしれない。たとえば、自由意思の気持ちがあればこそ、自らの運命は自らが御しているという確信が生まれ、責任をもって、長期的で未来指向的で生存に必要なアクションをとろうという駆動力が生まれるのかもしれない。

罪と罰

自由意思なるものが存在するか否かの議論は、道義的責任と司法制度に関連した問題の核心にある[26]。我々の意思決定が自身の神経回路内部の決定論的で無意識的なプロセスに端を発するものであるなら、自分自身の行為には責任がないだろうと――言い換えれば、決定論は道義的責任と相容れないだろうと――いう考え方がある。たとえば、成長ブロック宇宙（過去は四次元の時空ブロックにフリーズしており、そして未来はいまだ存在しないという理論）の提案者である物理学者ジョージ・エリスは、永遠主義においては、道義的責任の発現が妨げられるとする。「もしも我々が確定済みの未来をただ過ごしてゆく機械に過ぎないのなら、アドルフ・ヒトラーには彼のしたこと以外をする選択肢がなかったことになる［……］私としては、大きな罪悪につながるこのような見方は支持できない。罪悪がなされるのを人々が傍観することになるではないか」[27]。まさにエリスの懸念するように、人間の意思決定はすべて決定論的で無意識的な事象の帰結だと言われた人は、他者の行為をその他者の責任であるとあまり思わなくなることが、調査研究から示唆されている[28]。

歩行者が自動車運転者によって傷害される三つの場合を見てみよう。（1）運転者は歩行者をはねるべく細心の計画を練っていた。（2）運転者は携帯メッセージをチェックしていて車の操作ができなかった。（3）運転者は生まれて初めててんかん発作を起こしてしまい車の操作ができなかった[29]。三つのシナリオはすべて究極的には運転者の脳内の闇の内部動作にまでたどりつくので、一般的な意味合いでの自由意思というものが存在しないのであれば、三つのシナリオとも運転者には「彼のしたこと以外をする選択肢がなかったことになる」と懸念する向きもあろう。けれどもこの懸念には、霊魂の存在を信じる考え方への回帰、すなわち一種の**隠れ二元論**――心が脳とは独立であることを暗黙の前提としている考え方――のような面がある。運転中に携帯メッセージをチェックするという意思決定を自分がするのであれば、その決定の引き金となった鍵となる神経的事象が無意識的だろうと意識的だろうと、予測可能だろうと予測不可能だろうと、既定路線だろうとなかろうと、関係あるだろうか？　決定は自分の脳によって下された、すなわち、自分によって下されたのであり――自分と自分の脳との間には区別などないのだ！　だからといって、上記三つのシナリオがいかなる意味でも等価だとは言っていないし、量刑を下すにあたって運転者の心的状態が関係しないとも言っていない。ただ、刑罰の問題と責任の問題は混同するべきではない。上記のシナリオすべてにおいて、運転者には責任がある――下された決定が意識的だろうと無意識的だろうと。実際、このことは現行の司法制度に反映されていて、三つの場合すべてにおいて運転者には責任が負わされる（たとえば、歩行者の治療費の賠償義務が課されるなど）。しかし、上記それぞれの場合における刑罰は当然異なる。刑罰とは、犯罪の計画性（罪を犯す意思を構成するもの——意思が生じた原因が無意識的プロセスか意識的プロセスかは問わない）、再犯や更生の見込みといった、さまざま複雑な要因を考慮に入れるべきだからである。

神経科学者、物理学者、哲学者、法律家は、道義的責任や決定論に関する問題、また、意思決定における意識的プロセスと無意識的プロセスの役割に関する問題を、今後も議論し続けるだろう。だが今や、「自由意思」という言葉に以下のような考え方を含めるべき時期に来ているかもしれない。すなわち、自由意思とは我々の決定の基盤となる神経プロセスに関連した意識上の気持ちであり、何人も無意識的自己および意識的自己の和である以上、そうした決定には完全に責任がある、という考え方である。

はかない「今」が次から次に、過去へと消え去りながら、無数に並び立った可能な未来への扉を開いているという感じほど、疑問の余地のない体験はそうそうない。この感じがあまりにありありとしているせいで、我々が現実というものを把握するにあたって、永遠主義の概念は横暴に映る。それでも、それがいかに直観に反すると言えども、過去と未来が現在と同等に実在するという考え方は、時間の本質として好まれている説である。だが、このブロック宇宙の考え方にしても弱点がなくはない。何しろ、時間の本質についての統一的見解が存在しないのである。物理法則の中で時間がいろいろ違った役割をもつことが広く認識されているのだ。たとえば、物理学での目下の取り組みでは、**時間問題**として知られる、一般相対性理論と量子力学における時間の役割の間に対立があるという問題の解決が目指されて

いる。一般相対性理論では、（時空を構成するものとしての）時間とは宇宙を織りなすものの一部であると考えることができるが、量子力学では、時間とは量子系の動特性に関わるパラメータである。しかし不可解なことに、一般相対性理論と量子力学とを融合させる数学的試みのうちでは、最終的に時間の役割がまったくなくなってしまうというものもある。時間パラメータが単に方程式から消えてしまい[30]、結局は空間三次元のみからなるブロック宇宙に我々は本当は暮らしているのだという印象が残るのみとなる。

永遠主義とブロック宇宙への異議は物理学の中からだけでなく、神経科学からも挙げられている。いちばんの点として、時間に流れがあると我々が知覚する事実がブロック宇宙では説明できない。だからして時間の流れの主観的体験は心的人工物（アーチファクト）なのだ、と言う人もいる。こんなにも強烈で万人共通の体験が、「錯覚」という言葉の最も深い意味における錯覚であるなどということがあるだろうか？　遺伝学者テオドシウス・ドブジャンスキーのこの言葉が有名である。「進化の観点を抜きにしては生物学は何ら意味をなさない」。この言明を深刻にとるとすれば、当然の理屈として、我々がどういう意識をもつか、あるいはもたないかは、進化的選択圧の所産だということになる[31]。だから、脳の発揮する何らかの機能が主観的体験を生じさせる理由は、意識の存在のおかげで、その機能のプロセスに選択優位性が賦与されるからかもしれない。我々が痛覚刺激に意識的気づきをもつのは、痛みの主観的体験をもつことが、受傷へのゾンビ的反応をするよりも、選択優位性をもたらすに決まっているからだ（ここでの優位性はおそらく未来の受傷からの保護という点にある）。この理屈で行けば、時間の流れの感じによっても何らかの選択優位性が賦与されてしかるべきである。だが、永遠主義の言うフリーズしたブロック宇宙に我々が暮らすのであれば、いったい何がここで言う選択優位性になるというのか？

物理学と神経科学とのさらなる対立として、もし時間の流れが心に生み出された錯覚だとするなら、ブロック宇宙の瞬間瞬間のスライスで意識の現象が保持されていなければならない。でも我々は瞬間瞬間の意識的気づきをもつわけではなく、有意味で解釈可能なさまざまな事象をとらえた時間的まとまり——「見かけの現在」——の気づきをもつ。さらに悩ましいのが、意識という現象そのものに何らかの時間的厚みが必要なのか否かという問題である。意識というのは進化と似て、静止フレーム内部に存在するなどとはとうてい言えない本質的に時間的なプロセスなのかもしれない。

物理学者と哲学者が物理学の枠内で時間の問題に奮闘するなか、時間の流れの知覚に関する神経科学研究も議論に取り込まれるべきである。時間の流れの主観的感じが物理学での説明を要する何らかの物理現象を反映しているものなのか、あるいは現実と何らの意味でも相関していないたぐいまれな主観的体験なのかを、判別しなくてはならない。神経科学者と心理学者の側では、脳はその根底において時間的な器官であるという事実を認めなくてはならない。脳の機能を浅はかにも三語で要約しようとするなら、「未来-予期-装置」になるかもしれない。脳は時間を知り、時間パターンを生成し、過去を記憶し、時間的前方へと心的に飛んでいく能力を賦与する——これらすべて、未来を予測して準備するためのものである。

時間は脳機能に本質的に重要であるため、時間を知る仕組みは神経オペレーティングシステムの最下層であるシナプス、ニューロン、回路といったところに組み込まれている。脳のどの部分で時間がわかるのかと問うのは意味がない。脳の大部分の回路で、何らかの形で時間がわかるからである。多重時計原理によれば、ミリ秒から年のスケールまで追える単一の腕時計とは異なり、脳には異なるスケールでの異なる計時メカニズムがたくさんあり――そのうちひとつの時間範囲の中でも、課題に応じて異なる回路が計時を司る。どうして、ヒト脳内部の時計はヒト脳の発明した時計とこんなにも極端に違っているのか？　その答えは、ひとつには、人工の時計と神経的な時計の構成要素にある。人工の時計では、一個の振動子の刻みの拍数を数え上げることで計時を行う――振動子の周期が速いほど、数え上げる拍数は多くなる。脳の構成要素は、現代の時計にあるデジタル部品に匹敵する精度もレンジの広さももたない――ニューロンには三万二七六八までの数え上げもできないし、ましてや九一億九二六三万一七七〇はお手上げである。

時間がわかるというのはヒトがあらゆる動物と共有する技能だが、ホモ・サピエンスを特別にしているものは、未来を垣間見て、自らのニーズに見合うように未来を創ることで、自然の気まぐれを超越する能力を身につけたことだ。けれども、心的時間旅行はありがたくもあり呪わしくもある。未来を垣間見ることで、我々の祖先は自力での対処のしようがあること以上を予見してしまったに違いない。避けることのできない、自らの死である。この憂慮すべき予見があってこそ、さらに遠くの未来へと、そして究極の心的時間旅行の発想へといざなわれたのかもしれない。死後の世界の予見である。

心的時間旅行は科学と芸術の絶妙なバランスを要する。記憶している過去の精密な外挿であるとともに、想定の範囲に収まらない夢見でもあるからだ。このバランスがまずくなることもある。夢見に時間をかけ過ぎるあまり、予見して回避することが完全に可能であるシナリオに考えが及ばなかったりする。今日、人類種に立ちはだかる長期的な経済問題、健康問題、環境問題を認識して対処するのさえ、容易にはいかない。この時間的近視眼は無理もない話で、進化的に言えば、心的時間旅行は獲得して間もない技能なのだ。幸運なことに、他の認知的技能と同様、心的時間旅行も経験と教育から莫大な恩恵を受けられる。

我々は「今」だけが実在する宇宙に暮らしているかもしれないし、あるいは、「今」は「ここ」と同じくらい恣意的であるのかもしれない。はたまた、時間の本質はおよそ我々が考えたこともないくらい奇怪で不可解なものなのかもしれない。しかし、時間の真の本質がどうあれ、言い訳をすることなく、心的時間旅行の技能を我々は磨き続けようではないか。不可能なことと不確実なことをもっとうまく切り分けられるようになるために。短期の欲求充足よりも長期の報酬に思いを致すために。将来的に現在に「なった」暁にそこに住みたい、と思う未来を創り出すための行動を、この「今」に起こすために。

謝辞

時計的時間は富の公平分配の最たるものだ。ひとりひとり、毎日八万六四〇〇秒を与えられている。こうして日々配給される秒数を有効利用できるようにと、おびただしい書籍が書かれている。心理学者フィル・ジンバルドーの示唆によれば、人は自分のもつ何がしかの時間、特にいわゆる自由時間を、大切に思う人や活動に対してギフトラッピングして贈り物にするためのものとして扱うそうだ。ご自分のお時間という贈り物を筆者にくださった多くの友人や同僚たちに深謝する。皆様の助けなしでは本書が日の目を見ることはなかった。

本書は、脳にどうやって時間がわかるのかについての積年の興味――筆者自身の研究者人生の多くを注いできた問い――の所産である。この長旅を通じて、時間分野における数多くの一流研究者の功績と激励から計り知れない恩恵を受けたが、特にリチャード・アイヴリー、マイケル・モーク、ウォーレン・メックの支えに感謝する。また、この分野の友人たちのご指導ご鞭撻にも記して謝する。ドメニカ・ブエティ、カタリン・ブフシ、ジェニー・クール、メルダッド・ジャザエリ、ウーゴ・メルチャント、マット・マテル、キア・ノーブル、ヴィルジニー・ファン・ワッセンホフ、ビヴァリー・ライト。

書籍執筆で得られる恩恵のひとつは、自分の狭い科学的ニッチでの安住から外に出てさまざまな分野を渉猟する面白さである。本書の執筆にあたっては、時間の物理学へと恐る恐る足を踏み入れるという意思決定を行った。その中で時間、相対性理論、量子力学についての素人的質問に辛抱強く答えてくださった数多くの物理学者と哲学者に恩義を感じる。幾人かお名前を挙げれば、リチャード・アーサー、ヴィンセント・ブオノマーノ、ショーン・キャロル、クレイグ・カレンダー、ペル・クラウス、デニス・レームクール、テリー・セジュノスキー、リー・スモーリン、そして特にハーヴェイ・ブラウン。

広大な科学分野を一般読者向けに解説するという体裁をとり、紙数の制約につき多くの同僚や研究者の貢献を語らずして過分に簡素としていることには、本当に気がとがめている。しかし最終的にはこうした不備は、筆者自身の研究者兼作家としての至らなさの顕れである。したがって、本書で割愛したり業績の正当な記載のなかったりした研究者諸賢にはあらかじめお詫びする次第である。

多くの友人、同僚、共同研究者が、個々の章を読んでくれたり本書で扱う内容の諸々について教示してくれた。特に、以下の方々に謝意を示したい。ジュディ・ブオノマーノ、デーヴィッド・バー、クリス・コルウェル、ジャック・フェルドマン、ポール・フランクランド、ダン・ゴールドレイチ、ジェイソン・ゴールドスミス、ヴィシュワ・ゴーダー、サム・ハリス、ニコラス・ハーディ、シーナ・ジョスリン、ロドリゴ・ラージェ、マイケル・ロング、ハークァン・ラウ、ヘレン・モタニス、ジョー・ピエロニ、カルロス・ポルテラ＝カイリュー、ラファエル・ヌニェス、アルシノ・シウヴァ。

脳にどうやって時間がわかるのかについての筆者自身の研究は、アメリカ国立精神衛生研究所、アメリカ国立科学財団、ＵＣＬＡ神経生物学・心理学部のサポートなしには成り立たなかった。アンナカ・ハリスとノートン社編集者トム・メイヤーには、助言と編集の力量に感謝する。最後に、妻アナには、彼女自身の多大な時間を贈り物として筆者にくれたことに感謝をしたい。

訳者あとがき

「時間とは何か?」これほど、答えが明らかに感じられながら本当に答えようとするとつかみどころなくぬらぬらと擦り抜けていく問いも、なかなかお目にかかるものではありません。意識とは何か？　自己とは何か？　現世とは？　物質とは？　人類文明の黎明期から現代に至るまで膨大な知的資源が投入されてきてなお完全には解けないこうした問いがあるからこそ、学問とは奥が深いのだと感じられます。解けないから面白い。

時間なんて、アーティスティックスイミングを観戦していて選手間のシンクロが微妙にずれたのに気づいたり、対向車の鳴らすクラクションが何秒続いたかわかったり、床に就いて部屋の電気を消してから何分経過したのか見積もれたり、あの事件が起きた後でこの事件が起きたと思い出せたり、この定期預金が満期になったときの自分の未来が想像できたりといったように、常日ごろいとも簡単に把握できているような気がします。だから、時間とは何かを問われても、「だってこうやってありありと感じたり思い描いたりできるじゃないか、どこに不思議があるというのか?」といぶかるかもしれません。

この、いぶかしい気持ちを覚えるという点では、私たちの空間把握の問題と似ているところがあるでしょう。視覚正常であれば、私たちは眼前に見晴るかす悠然たる風景をさも当然のものであるかのように常日ごろ楽しんでおり、すべてをいとも簡単に把握できている気がします。あたかも、自分の前に開けている三次元世界そのものを見ているかのように。そんなとき、わざわざ「視覚とは何か?」と問われても、「だって目の前に見えているじゃないか、どこに不思議があるというのか?」と反論したくなるでしょう。ところが、私たちが見ていると思っている視覚世界とは、結局のところ、脳の造り上げた幻影あるいは錯覚のようなものなのです(第4章「メタ錯覚」を参照)。脳というコンピュータが合成した像なので、言ってみれば、コンピュータグラフィクス(CG)。扱いやすい絵柄で世界の様子をユーザーである自分自身に提示してくれるという意味では、グラフィカルユーザーインタフェース(GUI)という言い方でもいいでしょう。外の世界の様子をできるだけ臨場感高く示しているという意味では、仮想現実(VR)と呼んでもよさそうです。

何でもいいですが、そのCGだかGUIだかVRだかがたまたまとてつもなく高性能な生成のされ方をして、外の世界に実際にある事物を私たちが生きていくうえで最も使い勝手のよい記述形態で心の上に映し出してくれるがゆえに、まるで私たちがそうと感じるつやを実際にもち私たちがそうと感じる鮮やかな赤色を実際にもった事物であるかのような記述形態で、たとえば「つやつやした真っ赤なイチゴ」なる視覚像が眼前に差し出されているというわけです。色なんていうものは物理的世界には存在しないのに(第9章)。そしてそのイチゴとそれを取り巻く事物、イチゴ畑やビニールハウス、その外の農道といった風景の遠近感は、何種類もの奥行き手がかりを駆使して計算した結果、最もありそうな奥行き関係が推定されたものとして心の上に提供されるわけです。数学的には解けないのに。（なぜ解けないかというと、入力信号である網膜像は面であり、二次元なので、奥行き次元の情報が最初から失われており、奥行き方向の解が不定になるから。でも解が不定になったままの視覚世界は使い勝手がものすごく悪い。もっと言えば、眼の動きに伴って網膜に映る像はずれていきますが、視野全体がそのつどいちいちずれていたらやっぱり使いものにならない。だから、たとえ網膜像が二次元でも、またたとえ眼が動くと網膜像がずれても、あくまで本当に見たいものを見るというか見ていることにした結果が、私たちが見ていると思っている視覚世界の正体となるわけです。）だから幻影と言えるのですが、それはとりもなおさず脳の資源の粋を結集して外の世界の様子を探ろうと最大限に努力した結果の幻影であって、私たちがこの世の中で生きていくためのアシストをするという目的のためにはじゅうぶん正しい視覚世界が見えていることにもなるのです。聴覚しかり。触覚しかり。

時間も同様です。私たちがありありと時間の流れを感じたり、早口で語られるアナウンサーの朗読を正しい語順で追うことができたり、過去から未来にかけて——少なくとも自分が誕生してから寿命を迎えるであろう日まで——連綿と月日が続いていたし、続いていくだろう、という認識をもったりすることは、そうすることがおそらく生存にとって有利だからということで進化の果てに培われたのでしょう。私たちが時間の流れを感じると言うとき、それは物理的な時間ではありえません。何しろ、時間はエネルギーや物質ですらないからです。視覚を生むための光のエネルギー、聴覚を生むための音波のエネルギー、触覚を生むための圧力のエネルギー、身体の平衡の感じを生むための慣性力のエネルギー、嗅覚・味覚を生むための化学分子、といったように、何らかの実体をもった感覚入力があるからこそ神経系はそれらを生体信号に変換することができるのであって、変換可能な物理的実体のない——いまだ物理学で定義することに成功していない——何物かを、生体信号に変換してくれるような感覚器官は存在しえません。

とはいえ、時間方向なるものが存在すると仮定して、時々刻々変化する光や音や圧力の時系列なるものをその時間軸上に物理的に定義できることにすれば、視覚や聴覚や触覚のシステムを介してそうした外界のエネルギーの時系列を生体信号に変換できることにはなります。だとしても、物理的な時間軸上の系列をそのまま認識することにはなりません。神経系は外の世界の時系列を映画撮影フィルムやマイクのようなものを使ってそのまま写し取って脳内に再現しているのでなく、自分のシステム内部で使いやすいような形式に書き換えています。これをコーディング（符号化）と言います。

コーディングを行って多段階の情報処理を経ることで、大きく分けて三種類のことが生じます。まず、物理的な時系列に比べて、外の世界の出来事をきっかけに脳内で生物学的な出来事——神経活性化パターン——が生じるのには、必ず時間遅れを伴います。次に、外の世界の時系列と脳の中の活性化パターンの時系列とは、書き換えの結果として似ても似つかないものになります。さらに、そうした脳内の状態を使って、外の世界の様子を心の上に展開するという目的を果たすために、何とかして——どうやって行われているかは今もって不明ですが——幻影としての時間の「感じ」が合成されます。この世界を生きていくために都合のよい記述形態としての時間の「感じ」が心の上に生み出されるのです。その「感じ」はあまりに滑らかで違和感ないものであり——神経的な時間遅れをものともせずに精密なタイミングで相手ボクサーの繰り出すパンチを避けることができたり、文末の語を聞き取って初めて文頭の語の意味がわかったはずなのにあらかじめわかっていたかのように感じたり、「皮膚ウサギ錯覚」（第12章で出てきます）と呼ばれる時間遡行的な錯覚現象が生じたりします。私たちの感じる時間とは、CGだかGUIだかVRだかの上に表現された、「そんな気がする」ものに過ぎず、しかしそのありありとした「感じ」を心にもつことが、生きていくために必須なのであるからこそ、脳が今この瞬間にも懸命になってそうした表現を紡ぎ出しているのです。

＊

著者ディーン・ブオノマーノは、こうした脳内の時間のコーディングのあり方を解明することをライフワークとしている最前線の研究者で、理論的な計算神経科学、生体標本を扱う神経生理学、ヒトその他の動物の行動を扱う心理物理学のすべてに通暁しています。「状態依存ネットワーク」（第6章）というモデルが彼自身の研究の特徴をよく表しており、これは脳内の計算を神経的なダイナミクス（力学、動態）の考え方で解明しようというものです。ギリシア哲学者のヘラクレイトスは、「最初に川に入ったときと二度目に川に入ったときとで川の流れは違うので、あなたは同じ川に二度入ることはできない」と言いました。また、鴨長明は『方丈記』で、「行く川のながれは絶えずして、しかも本の水にあらず。よどみに浮ぶうたかたは、かつ消えかつ結びて久しくとゞまることなし。」と書いています。神経ネットワークを動的な存在として考えるというのは、いわばこうした川の流れのようなものが脳の中にもあるという考え方です。直前の過去に生じた神経活性化パターンがどうであるかに依存して、現在の入力信号がどのようにコーディングされるかが変わるとか、神経ネットワークの相互結合のせいで「共鳴」のような出来事が一定時間持続するであるとか、あたかも池の水面に広がる波紋の織りなす時間変化パターンのように、神経ネットワークの活動の時間変化パターン——「神経軌跡」——によって有意味な情報表現がなされており、時間を表す仕組みはそうしたネットワークに属している膨大な数の神経細胞——「集団時計」——によって成り立っているのだ、とする立場です。

こう言っただけで終われば単なる脳科学の一般的な話になりますが、ブオノマーノ教授のすごいところは、この動的な仕組みというものを精緻な計算シミュレーションや神経生理学実験で実証し、そこから予測されるヒトや動物の行動を心理物理学実験で検証するといったように、時間認識の実証研究の最先端を走っていることです。その研究成果は『Science』誌や『Nature』姉妹誌、『米国科学アカデミー紀要(PNAS)』といったいわゆる高インパクト論文誌に多数掲載され、世界の脳科学・認知科学に多大な影響を与え続けています。ブオノマーノ教授のこうした功績と並んで、二一世紀にあってますます実証研究の技術革新が世界的に進んだことをも契機としてか、ここ数年のうちに時間認識の科学的解明に向けての実証研究の件数が加速度的に増加してきました。たとえば二〇一三年には計時と時間認識に関する専門論文誌である『Timing & Time Perception』誌が創刊され、計時と時間認識に関する国際シンポジウムとしては二〇一六年に『Time in Tokyo』が東京で、また二〇一七年には第一回『Timing Research Forum』がフランスのストラスブールで開催され、二〇一九年には第二回がメキシコのケレタロで開催予定です。二〇一八年には国際オープンアクセス誌『Frontiers in Psychology』で「こころの時間学と時間知覚実験」という特集号が刊行されています。ちなみに、我が国では文部科学省新学術領域研究「こころの時間学―現在・過去・未来の起源を求めて―」という枠組みで研究グループが組まれ、その分野横断的研究活動の成果として、二〇一八年までの五カ年で四〇〇件近くの国際論文が出されました。二〇一八年からの五カ年計画では、文部科学省新学術領域研究「時間生成学―時を生み出すこころの仕組み」という枠組みで、再び強力な研究グループが組まれて時間研究が加速していくことになっています。本書の内容と完全にオーバーラップしている視座をもったこれらの科学研究チームに私自身も参画しており、多重時計原理（第3、5章）、齧歯類のリプレイ軌跡（第4章）、鳴鳥のリズム生成（第5章）、時間の実在性（第8章）、時間と時制（第10章）、心的時間旅行（第11章）、時間の神経相関（第12章）といった分野に通じた専門家と勉強会を行いつつ、相互に連携した研究チームとして一丸となり、こころの時間の解明に挑んでいるところです。

＊

本書をまだ通読していない方のために、少しだけ内容を紹介することにします。著者の専門性に最も近いのが第5章と第6章で、そこでは脳内で時間を把握するための仕組み――多重時計原理、同期発火連鎖、短期的シナプス可塑性、神経軌跡、集団時計、カオス、ニューラルネット――が研究者モードで熱く語られています。それらを一定の頂きとしながらも、本書の各所では時間にまつわるさまざまなトピックスがわかりやすく紹介されています。第1章では、時間に関して人々の行ってきた論考を概括し、現在主義――現在のみが実在し、過去も未来も存在しない――という立場と、永遠主義――時間で言う「今」とは空間で言う「ここ」のことで、縦・横・高さの三次元に加えて四次元目の時間軸が張られた四次元空間のブロック宇宙に私たちは暮らす――という立場が最初に紹介されます。第2章では、ヒトその他の生物にとって時間とはどのように把握されているのかについて、さまざまな時間スケールにわたって概説され、第3章では、いわゆる時間生物学の核心部分である、概日リズムを刻む生物時計に関する話題が語られます。第4章では、感覚器官がないのに生じる時間の感覚というものが若干の奇怪さを帯びていることが章タイトルで示唆され、心的な時間が伸びたり縮んだりして感じられる不思議な現象が多数紹介されます。飛んで第7章から少しの間は、時間の心的側面でない部分に目が向けられ、第7章では時間を刻む工芸品である時計の歴史にまつわる蘊蓄(うんちく)が披露されます。第8章では、物理学において時間というものの立ち位置がけっこう面倒であること、少なくとも古典力学では時間方向が一方向に定まらないことが論じられ、第9章ではついにアインシュタインの相対性理論が導入されて、光の速度が絶対であることの代償として空間ならびに時間がいずれも物理的に伸び縮みしうることが、超高速で進む列車の思考実験とともに説かれます。第10章では、相対性理論と相性のよい永遠主義のブロック宇宙という世界観が、神経科学や心理学の世界とどれだけ相性がよいか悪いか、多数の研究例とともに議論され、第11章ではヒトが自在に発揮できる（また、限定的ながら一部の動物が有していると言われる）心的時間旅行という能力とはいったい何か、その能力をもつことの進化的優位性とは何か、が論じられます。最終の第12章では、物理的な時間と神経的な時間と意識的気づきの上での時間の間にある複雑玄妙な関係について、そもそも意識とは何か、自由意思とは何かという重大な哲学的問題をからめながらまとめあげられ、著者の熱いメッセージとともに本書は閉じられます。

＊

本書は、実証科学の現場の人間という研究者マインドをもった著者が、膨大な科学論文を丁寧に精査して、言えることと言えないことを正しく峻別して言葉を選びながら、それと同時に、じゅうぶんな予備知識をもたないであろう一般読者の視線としっかり向き合って、可能な限りわかりやすくそして科学的に正しい筆致で、随所にクールなユーモアを交えつつ、研究知見を解き明かすというスタイルを一貫してとっていて、そのことが何より素晴らしいと思います。そして必ずしも自分の専門分野ではないはずの多数の分野にわたっての著者の該博な知識といったら本当に恐ろしいまでで、この人はまったくもって時間のことを調べ尽くすのが大好きなのだなと思わせます。「楽しい時間は早く過ぎる」とよく言われますが、私としては、一気に読了した原書の読後感がまさにそうであり、翻訳作業完了後の感慨もまさに同様でした。読者の皆さんにもその思いを共有していただくべく、可能な限りブオノマーノ教授の人柄に憑依(ひょうい)して日本語化したつもりです。

ちなみに、著者が本書を出す前に刊行した書籍『Brain Bugs: How the Brain's Flaws Shape Our Lives』がすでに邦訳されています（柴田裕之訳『バグる脳──脳はけっこう頭が悪い』（二〇一二）河出書房新社）。実はこれには（本書巻末註に言及があるように）本書の中身のごく一部が少しだけかぶって載っているのですが、時間認識に関する話題以外の方がむしろたくさん載っていて、私たちの脳や思考の様式がいかに独特であるかが、さまざまな科学的事例をちりばめてわかりやすく紹介されています。また、「Dean Buonomano」を検索ワードに入れてYouTubeの検索をかけるとけっこうな件数の、一般視聴者向けに作られたと思われる平易な解説のビデオクリップがヒットしますので、著者の人柄を知りたい方は併せて視聴されてみることをお薦めします。

村上郁也

二〇一八年八月三日

Zeh, H. D. (1989/2007). *The physical basis of the direction of time*. Berlin: Springer.

Zhou, X., de Villers-Sidani, É., Panizzutti, R., Merzenich, M. M. (2010). Successive-signal biasing for a learned sound sequence. *Proceedings of the National Academy of Sciences, 107*, 14839-14844.

Zimbardo, P., Boyd, J. (2008). *The time paradox*. New York: Free Press.〔フィリップ・ジンバルド，ジョン・ボイド 著，栗木さつき 訳『迷いの晴れる時間術』（2009）ポプラ社〕

Zucker, R. S. (1989). Short-term synaptic plasticity. *Annual Review of Neuroscience, 12*, 13-31.

Zucker, R. S., Regehr, W. G. (2002). Short-term synaptic plasticity. *Annual Review of Physiology, 64*, 355-405.

and the world outside. In: *Subjective time: The philosophy, psychology, and neuroscience of temporality* (Arstila, V, Lloyd, D, eds.), 287-306. Cambridge, MA: MIT Press.

Weaver, D. R. (1998). The suprachiasmatic nucleus: A 25-year retrospective. *Journal of Biological Rhythms, 13*, 100-112.

Wegner, D. M. (2002). *The illusion of conscious will.* Cambridge, MA: MIT Press.

Weiner, J. (1999). *Time, love, memory: A great biologist and his quest for the origins of behavior.* New York: Vintage Books.

Wells, R. B. D. (1860). *Illustrated hand-book of phrenology, physiology, and physiognomy.* London: H. Vickers.

Welsh, D., Engle, E. R. A., Richardson, G., Dement, W. (1986). Precision of circadian wake and activity onset timing in the mouse. *Journal of Comparative Physiology A, 158*, 827-834.

Weyl, H. (1949/2009). *Philosophy of mathematics and natural science.* Princeton: Princeton University Press. 〔ヘルマン・ワイル 著, 菅原正夫・下村寅太郎・森繁雄 訳『数学と自然科学の哲学』(1959) 岩波書店〕

Whiting, A., Donthu N. (2009). Closing the gap between perceived and actual waiting times in a call center: Results from a field study. *Journal of Services Marketing, 23*, 279-288.

Wiener, M., Turkeltaub, P., Coslett, H. B. (2010). The image of time: A voxelwise meta-analysis. *Neuroimage, 49*, 1728-1740.

Wilson, M. A., McNaughton, B. L. (1994). Reactivation of hippocampal ensemble memories during sleep. *Science, 265*, 676-679.

Wise, S. P. (2008). Forward frontal fields: phylogeny and fundamental function. *Trends in Neurosciences, 31*, 599-608.

Wiskott, L., Sejnowski, T. J. (2002). Slow feature analysis: unsupervised learning of invariances. *Neural Computation, 14*, 715-770.

Wittmann, M., Paulus, M. P. (2007). Decision making, impulsivity and time perception. *Trends in Cognitive Sciences, 12*, 7-12.

Wood, J. N., Grafman, J. (2003). Human prefrontal cortex: processing and representational perspectives. *Nature Reviews Neuroscience, 4*, 139-147.

Wright, B. A., Buonomano, D. V., Mahncke, H. W., Merzenich, M. M. (1997). Learning and generalization of auditory temporal-interval discrimination in humans. *Journal of Neuroscience, 17*, 3956-3963.

Wright, B. A., Wilson, R. M., Sabin, A. T. (2010). Generalization lags behind learning on an auditory perceptual task. *Journal of Neuroscience, 30*, 11635-11639.

Xuan, B., Zhang, D., He, S., Chen, X. (2007). Larger stimuli are judged to last longer. *Journal of Vision, 7*, 1-5.

Yang, Y., Duguay, D., Bédard, N., Rachalski, A., Baquiran, G., Na, C. H., Fahrenkrug J., Storch, K.-F., Peng, J., Wing, S. S., Cermakian, N. (2012). Regulation of behavioral circadian rhythms and clock protein PER1 by the deubiquitinating enzyme USP2. *Biology Open 1*:789-801.

Yarrow, K., Haggard, P., Heal, R., Brown, P., Rothwell, J. C. (2001). Illusory perceptions of space and time preserve cross-saccadic perceptual continuity. *Nature, 414*, 302-305.

Zakay, D., Block, R. A. (1997). Temporal cognition. *Current Directions in Psychological Science, 6*, 12-16.

Zantke, J., Ishikawa-Fujiwara, T., Arboleda, E., Lohs, C., Schipany, K., Hallay, N., Straw, A. D., Todo, T., Tessmar-Raible, K. (2013). Circadian and circalunar clock interactions in a marine annelid. *Cell Reports.*

Zarco, W., Merchant, H., Prado, L., Mendez, J. C. (2009). Subsecond timing in primates: comparison of interval production between human subjects and rhesus monkeys. *Journal of Neurophysiology, 102*, 3191-3202.

prosody is impaired in Alzheimer's disease. *Neuropsychology, 22*, 188-195.

Taylor, M., Esbensen, B. M., Bennett, R. T. (1994). Children's understanding of knowledge acquisition: the tendency for children to report that they have always known what they have just learned. *Child Development, 65*, 1581-1604.

Terry, P., Doumas, M., Desai, R. I., Wing, A. M. (2008). Dissociations between motor timing, motor coordination, and time perception after the administration of alcohol or caffeine. *Psychopharmacology (Berl.)*.

Tessmar-Raible, K., Raible, F., Arboleda, E. (2011). Another place, another timer: Marine species and the rhythms of life. *BioEssays, 33*, 165-172.

Thorne, K. S. (1995). *Black holes and time warps: Einstein's outrageus legacy.* New York: W. W. Norton.〔キップ・S・ソーン 著，林一・塚原周信 訳『ブラックホールと時空の歪み―アインシュタインのとんでもない遺産』(1997) 白揚社〕

Tinklenberg, J. R., Roth, W. T., Kopell, B. S. (1976). Marijuana and ethanol: Differential effects on time perception, heart rate, and subjective response. *Psychopharmacology, 49*, 275-279.

Toh, K. L., Jones, C. R., He, Y., Eide, E. J., Hinz, W. A., Virshup, D. M., Ptáček, L. J., Fu, Y.-H. (2001). An hPer2 phosphorylation site mutation in familial advanced sleep phase syndrome. *Science, 291*, 1040-1043.

Toida, K., Ueno, K., Shimada, S. (2014). Recalibration of subjective simultaneity between self-generated movement and delayed auditory feedback. *Neuroreport, 25*, 284-288.

Tom, G., Burns, M., Zeng, Y. (1997). Your life on hold: The effect of telephone waiting time on customer perception. *Journal of Interactive Marketing, 11*, 25-31.

Treisman, M. (1963). Temporal discrimination and the indifference interval: implications for a model of the 'internal clock.' *Psychological Monographs, 77*, 1-31.

Tse, P. U., Intriligator, J., Rivest, J., Cavanagh, P. (2004). Attention and the subjective expansion of time. *Perception & Psychophysics, 66*, 1171-1189.

Tulving, E. (1985). Memory and consciousness. *Canadian Psychologist, 26*, 1-12.

——, ed. (2005). *Episodic memory and autonoesis: Uniquely human?* New York: Oxford University Press.

Van der Burg, E., Alais, D., Cass, J. (2015). Audiovisual temporal recalibration occurs independently at two different time scales. *Scientific Reports, 5*, 14526.

Van Wassenhove, V. (2009). Minding time in an amodal representational space. *Philosophical Transactions of the Royal Society of London B Biological Science, 364*, 1815-1830.

Van Wassenhove, V., Grant, K. W., Poeppel, D. (2007). Temporal window of integration in auditory-visual speech perception. *Neuropsychologia, 45*, 598-607.

Vitaterna, M. H., King, D. P., Chang, A.-M., Kornhauser, J. M., Lowrey, P. L., McDonald, J. D., Dove, W. F., Pinto, L. H., Turek, F. W., Takahashi, J. S. (1994). Mutagenesis and mapping of a mouse gene, clock, essential for circadian behavior. *Science* (New York), *264*, 719-725.

Walsh, V. (2003). A theory of magnitude: common cortical metrics of time, space and quantity. *Trends in Cognitive Sciences, 7*, 483-488.

Wearden, J. H. (2015). Passage of time judgments. *Consciousness and Cognition, 38*, 165-171.

Wearden, J. H., Edwards, H., Fakhri, M., Percival, A. (1998). Why "sounds are judged longer than lights": Application of a model of the internal clock in humans. *Quarterly Journal of Experimental Psychology Section B, 51*, 97-120.

Wearden, J. H., O'Donoghue, A., Ogden, R., Montgomery, C. (2014). Subjective duration in the laboratory quent cannabis users. *Psychopharmacology, 226*, 401-413.

Shariff, A. F., Vohs, K. D. (2014). The world without free will. *Scientific American*, June, 77-79.

Sharma, V. K. (2003). Adaptive significance of circadian clocks. *Chronobiology International, 20*, 901-919.

Shepherd, G. M. (1998). *The synaptic organization of the brain.* New York: Oxford University.

Shuler, M. G., Bear, M. F. (2006). Reward timing in the primary visual cortex. *Science, 311*, 1606-1609.

Siegler, R. S., Richards, D. D. (1979). Development of time, speed, and distance concepts. *Developmental Psychology, 15*, 288-298.

Smart, J. J. C., ed. (1964). *Problems of space and time.* New York: Macmillan.

Smith, K. (2011). Neuroscience vs philosophy: taking aim at free will. *Nature, 477*, 23-25.

Smolen, P., Hardin, P. E., Lo, B. S., Baxter, D. A., Byrne, J. H. (2004). Simulation of Drosophila circadian oscillations, mutations, and light responses by a model with VRI, PDP-1, and CLK. *Biophysical Journal, 86*, 2786-2802.

Smolin, L. (2013). *Time reborn: from the crises in physics to the future of the universe.* New York: Houghton Mifflin Harcourt.

Sompolinsky, H., Crisanti, A., Sommers, H. J. (1988). Chaos in random neural networks. *Physical Review Letters, 61*, 259-262.

Soon, C. S., Brass, M., Heinze, H.-J., Haynes, J.-D. (2008). Unconscious determinants of free decisions in the human brain. *Nature Neuroscience, 11*, 543-545.

Spalding, Kirsty L., Bergmann, O., Alkass, K., Bernard, S., Salehpour, M., Huttner, H. B., Boström, E., Westerlund, I., Vial, C., Buchholz, B. A., Possnert, G., Mash, D. C., Druid, H., Frisén, J. (2013). Dynamics of hippocampal neurogenesis in adult humans. *Cell, 153*, 1219-1227.

Stern, D. L. (2014). Reported Drosophila courtship song rhythms are artifacts of data analysis. *BMC Biology, 12*, 38.

Stetson, C., Fiesta, M. P., Eagleman, D. M. (2007). Does time really slow down during a frightening event? *PLoS ONE, 2*, e1295.

Stokes, Mark G., Kusunoki, M., Sigala N., Nili, H., Gaffan, D., Duncan, J. (2013). Dynamic coding for cognitive control in prefrontal cortex. *Neuron, 78*, 364-375.

Suddendorf, T. (2013). *The gap: the science of what separates us from other animals.* New York: Basic Books.〔トーマス・ズデンドルフ 著，寺町朋子 訳『現実を生きるサル 空想を語るヒト―人間と動物をへだてる、たった２つの違い』（2015）白揚社〕

Suddendorf, T., Corballis, M. C. (1997). Mental time travel and the evolution of the human mind. *Genetic, Social, and General Psychology Monographs, 123*, 133-167.

——. (2007). The evolution of foresight: What is mental time travel, and is it unique to humans? *Behavior and Brain Sciences, 30*, 299-313; discussion 313-351.

Summa, K. C., Turek, F. W. (2015). The clocks within us. *Scientific American*, January, 50-55.

Surowiecki, J. (2013). Deadbeat governments. *The New Yorker*, Dec. 23, 46.

Sussillo, D., Barak, O. (2013). Opening the black box: Low-dimensional dynamics in high-dimensional recurrent neural networks. *Neural Computation, 25*, 626-649.

Swann, A. C., Lijffijt, M., Lane, S. D., Cox, B., Steinberg, J. L., Moeller, F. G. (2013). Norepinephrine and impulsivity: effects of acute yohimbine. *Psychopharmacology, 229*, 83-94.

Taler, V., Baum, S. R., Chertkow, H., Saumier, D. (2008). Comprehension of grammatical and emotional

Rigotti, M., Barak, O., Warden, M. R., Wang, X.-J., Daw, N. D., Miller, E. K., Fusi, S. (2013). The importance of mixed selectivity in complex cognitive tasks. *Nature, 497*, 585-590.

Rose, G., Leary, C., Edwards, C. (2011). Interval-counting neurons in the anuran auditory midbrain: factors underlying diversity of interval tuning. *Journal of Comparative Physiology A: Neuroethology, Sensory, Neural, and Behavioral Physiology, 197*, 97-108.

Routtenberg, A., Kuznesof, A. W. (1967). Self-starvation of rats living in activity wheels on a restricted feeding schedule. *Journal of Comparative and Physiological Psychology, 64*, 414-421.

Rovelli, C. (2004). *Quantum gravity*. Cambridge: Cambridge University Press.

Sacks, O. (2004). Speed. *The New Yorker*, Aug. 23, 60-69.

Sadagopan, S., Wang, X. (2009). Nonlinear spectrotemporal interactions underlying selectivity for complex sounds in auditory cortex. *Journal of Neuroscience, 29*, 11192-11202.

Saj, A., Fuhrman, O., Vuilleumier, P., Boroditsky, L. (2014). Patients with left spatial neglect also neglect the "left side" of time. *Psychological Science, 25*, 207-214.

Salti, M., Monto, S., Charles, L., King, J.-R., Parkkonen, L., Dehaene, S. (2015). Distinct cortical codes and temporal dynamics for conscious and unconscious percepts. *eLife, 4*, e05652.

Sarrazin, J. C., Giraudo, M. D., Pailhous, J., Bootsma, R. J. (2004). Dynamics of balancing space and time in memory: tau and kappa effects revisited. *Journal of Experimental Psychology Human Perception and Performance, 30*, 411-430.

Sauer, T., ed. (2014). *Piaget, Einstein, and the concept of time*. Berlin: Edition Open Access.

Scarf, D., Smith, C., Stuart, M. (2014). A spoon full of studies helps the comparison go down: a comparative analysis of Tulving's spoon test. *Frontiers in Psychology, 5*, 893.

Schacter, D. L. (1996). *Searching for memory*. New York: Basic Books.

Schacter, D. L., Addis, D. R. (2007). Constructive memory: The ghosts of past and future. *Nature, 445*, 27.

Schacter, D. L., Addis D. R., Buckner R. L. (2007). Remembering the past to imagine the future: the prospective brain. *Nature Reviews Neuroscience, 8*, 657-661.

Scharnowski, F., Rüter, J., Jolij, J., Hermens, F., Kammer T., Herzog, M. H. (2009). Long-lasting modulation of feature integration by transcranial magnetic stimulation. *Journal of Vision, 9*, 1-10.

Schuster, S., Rossel, S., Schmidtmann, A., Jäger, I., Poralla, J. (2004). Archer fish learn to compensate for complex optical distortions to determine the absolute size of their aerial prey. *Current Biology, 14*, 1565-1568.

Schwab, S., Miller, J. L., Grosjean, F., Mondini, M. (2008). Effect of speaking rate on the identification of word boundaries. *Phonetica, 65*, 173-186.

Seeyave, D. M., Coleman, S., Appugliese, D., Corwyn, R. F., Bradley, R. H., Davidson, N. S., Kaciroti, N., Lumeng, J. C. (2009). ability to delay gratification at age 4 years and risk of overweight at age 11 years. *Archives of Pediatric & Adolescent Medicine, 163*, 303-308.

Sellitto, M., Ciaramelli, E., di Pellegrino, G. (2010). Myopic discounting of future rewards after medial orbitofrontal damage in humans. *Journal of Neuroscience, 30*, 16429-16436.

Sergent, C., Wyart, V., Babo-Rebelo, M., Cohen, L., Naccache, L., Tallon- Baudry, C. (2013). Cueing attention after the stimulus is gone can retrospectively trigger conscious perception. *Current Biology, 23*, 150-155.

Sewell, R. A., Schnakenberg, A., Elander, J., Radhakrishnan, R., Williams, A., Skosnik, P. D., Pittman,, B., Ranganathan, M., D'Souza, D. C. (2013). Acute effects of THC on time perception in frequent and infre-

Prigogine, I., Stengers, I. (1984). *Order out of chaos: man's new dialogue with nature*. Toronto: Bantam. 〔I. プリゴジン，I. スタンジェール 著，伏見康治 ほか訳『混沌からの秩序』（1987）みすず書房〕

Purdon, P. L., Pierce, E. T., Mukamel, E. A., Prerau, M. J., Walsh, J. L., Wong, K. F. K., Salazar-Gomez, A. F., Harrell, P. G., Sampson A. L., Cimenser, A., Ching, S., Kopell, N. J., Tavares-Stoeckel, C., Habeeb, K., Merhar, R., Brown, E. N. (2013). Electroencephalogram signatures of loss and recovery of consciousness from propofol. *Proceedings of the National Academy of Sciences, 110*, E1142-E1151.

Purves, D., Brannon, E. M., Cabeza, R., Huettel, S. A., LaBar, K. S., Platt, M. L., Woldorff, M. G. (2008). *Principles of Cognitive Neuroscience*. Sunderland, MA: Sinauer.

Putnam, H. (1967). Time and physical geometry. *Journal of Philosophy, 64*, 240-247.

Quintana, J., Fuster, J. M. (1992). Mnemonic and predictive functions of cortical neurons in a memory task. *Neuroreport, 3*, 721-724.

Raby, C. R., Alexis, D. M., Dickinson, A., Clayton, N. S. (2007). Planning for the future by western scrub-jays. *Nature, 445*, 919-921.

Race, E., Keane, M. M., Verfaellie, M. (2011). Medial temporal lobe damage causes deficits in episodic memory and episodic future thinking not attributable to deficits in narrative construction. *Journal of Neuroscience, 31*, 10262-10269.

Rae, A. (1986). *Quantum physics: illusion or reality?* Cambridge: Cambridge University Press.

Raghubir, P., Srivastava, J. (2008). Monopoly money: the effect of payment coupling and form on spending behavior. *Journal of Experimental Psychology Applied, 14*, 213-225.

Ralph, M. R., Foster, R. G., Davis, F. C., Menaker, M. (1990). Transplanted suprachiasmatic nucleus determines circadian period. *Science, 247*, 975-978.

Rammsayer, T. (1992). Effects of benzodiazepine-induced sedation on temporal processing. *Human Psychopharmacology, 7*, 311-318.

Rammsayer, T. H. (1999). Neuropharmacological evidence for different timing mechanisms in humans. *Quarterly Journal of Experimental Psychology B, 52*, 273-286.

Rammsayer, T. H., Vogel, W. H. (1992). Pharmacological properties of the internal clock underlying time perception in humans. *Neuropsychobiology, 26*, 71-80.

Rammsayer, T. H., Buttkus, F., Altenmuller, E. (2012). Musicians do better than nonmusicians in both auditory and visual timing tasks. *Music Perception, 30*, 85-96.

Raymond, J., Lisberger, S. G., Mauk, M. D. (1996). The cerebellum: a neuronal learning machine? *Science, 272*, 1126-1132.

Reddy, P., Zehring, W. A., Wheeler, D. A., Pirrotta, V., Hadfield, C., Hall, J. C., Rosbash, M. (1984). Molecular analysis of the period locus in Drosophila melanogaster and identification of a transcript involved in biological rhythms. *Cell, 38*, 701-710.

Rennaker, R. L., Carey, H. L., Anderson, S. E., Sloan, A. M., Kilgard, M. P. (2007). Anesthesia suppresses nonsynchronous responses to repetitive broadband stimuli. *Neuroscience, 145*, 357-369.

Reyes, A., Sakmann, B. (1999). Developmental switch in the short-term modification of unitary EPSPs evoked in layer 2/3/ and layer 5 pyramidal neurons of rat neocortex. *Journal of Neuroscience 19*, 3827-3835.

Richards, W. (1973). Time reproductions by H.M. *Acta Psychologica, 37*, 279-282.

Rietdijk, C. W. (1966). A rigorous proof of determinism derived from the special theory of relativity. *Philosophy of Science, 33*, 341-344.

future oriented behavior. *Frontiers in Psychology, 4*, 698.

Ouyang, Y., Andersson, C. R., Kondo, T., Golden, S. S., Johnson, C. H. (1998). Resonating circadian clocks enhance fitness in cyanobacteria. *Proceedings of the National Academy of Sciences, 95*, 8660-8664.

Panagiotaropoulos, T. I., Deco, G., Kapoor, V., Logothetis, N. K. (2012). Neuronal discharges and gamma oscillations explicitly reflect visual consciousness in the lateral prefrontal cortex. *Neuron, 74*, 924-935.

Papachristos, E. B., Jacobs, E. H., Elgersma, Y. (2011). Interval timing is intact in arrhythmic Cry1/Cry2-deficient mice. *Journal of Biological Rhythms, 26*, 305-313.

Papert, S. (1999). Child psychologist Jean Piaget. *Time*, March 29.

Pariyadath, V., Eagleman, D. M. (2007). The effect of predictability on subjective duration. *PLoS ONE, 2*, e1264.

Park, J., Schlag-Rey, M., Schlag, J. (2003). Voluntary action expands perceived duration of its sensory consequence. *Experimental Brain Research, 149*, 527-529.

Pastalkova, E., Itskov, V., Amarasingham, A., Buzsaki, G. (2008). Internally generated cell assembly sequences in the rat hippocampus. *Science, 321*, 1322-1327.

Patel, A. B., Loerwald, K. W., Huber, K. M., Gibson, J. R. (2014). Postsynaptic FMRP promotes the pruning of cell-to-cell connections among pyramidal neurons in the L5A neocortical network. *Journal of Neuroscience, 34*, 3413-3418.

Patel, A. D. (2006). Musical rhythm, linguistic rhythm, and human evolution. *Music Perception, 24*, 99-104.

Patel, A. D., Iversen, J. R., Bregman, M. R., Schulz, I. (2009). Studying synchronization to a musical beat in nonhuman animals. *Annals of the New York Academy of Sciences, 1169*, 459-469.

Penrose, R. (1989/1999). *The emperor's new mind.* Oxford: Oxford University Press.〔ロジャー・ペンローズ 著，林一 訳『皇帝の新しい心―コンピュータ・心・物理法則』(1994) みすず書房〕

Perrett, S. P., Ruiz, B. P., Mauk, M. D. (1993). Cerebellar cortex lesions disrupt learning-dependent timing of conditioned eyelid responses. *Journal of Neuroscience, 13*, 1708-1718.

Peters, J. (2011). The role of the medial orbitofrontal cortex in intertemporal choice: Prospection or valuation? *Journal of Neuroscience, 31*, 5889-5890.

Peters, J., Büchel, C. (2010). Episodic future thinking reduces reward delay discounting through an enhancement of prefrontal-mediotemporal interactions. *Neuron, 66*, 138-148.

Piaget, J. (1946/1969). *The child's conception of time.* New York: Basic Books.

――. (1972). *Psychology and epistemology: towards a theory of knowledge.* London: Penguin Press.

Pierce, W. D., Epling, W. F., Boer, D. P. (1986). Deprivation and satiation: The interrelations between food and wheel running. *Journal of the Experimental Analysis of Behavior, 46*, 199-210.

Pinker, S. (2007). *The stuff of thought: Language as a window into human nature.* New York: Penguin Books.〔スティーブン・ピンカー 著，幾島幸子・桜内篤子 訳『思考する言語―「ことばの意味」から人間性に迫る 上・中・下（NHK ブックス）』(2009) NHK 出版〕

――. (2014). *The sense of style: The thinking person's guide to writing in the 21st century.* New York: Penguin.

Popper, K. (1992). *Unended quest: An intellectual autobiography.* London: Routledge.〔カール・R・ポパー 著，森博 訳『果てしなき探求―知的自伝 上・下（岩波現代文庫）』(2004) 岩波書店〕

Prelec, D., Simester, D. (2001). Always leave home without it: A further investigation of the credit-card effect on willingness to pay. *Marketing Letters, 12*, 5-12.

Price-Williams, D. R. (1954). The kappa effect. *Nature, 173*, 363-364.

Annual Review of Neuroscience, 36, 313-336.

Meyer, L. (1961). *Emotion and meaning in music*. Chicago: University of Chicago Press.

Miall, C. (1989). The storage of time intervals using oscillating neurons. *Neural Computation, 1*, 359-371.

Milham, W. I. (1941) *Time & timekeepers: Including the history, construction, care, and accuracy of clocks and watches*. London: Macmillan, 37

Mita, A., Mushiake, H., Shima, K., Matsuzaka, Y., Tanji, J. (2009). Interval time coding by neurons in the presupplementary and supplementary motor areas. *Nature Neuroscience, 12*, 502-507.

Modi, M. N., Dhawale, A. K., Bhalla, U. S. (2014). CA1 cell activity sequences emerge after reorganization of network correlation structure during associative learning. *Elife, 3*, e01982.

Montague, P. R. (2008). Free will. *Current Biology, 18*, R584-R585.

Moorcroft, W. H., Kayser, K. H., Griggs, A. J. (1997). Subjective and objective confirmation of the ability to self-awaken at a self-predetermined time without using external means. *Sleep, 20*, 40-45.

Morrone, M. C., Ross, J., Burr, D. (2005). Saccadic eye movements cause compression of time as well as space. *Nature Neuroscience, 8*, 950-954.

Morrow, N. S., Schall, M., Grijalva, C. V., Geiselman, P. J., Garrick, T., Nuccion, S., Novin, D. (1997). Body temperature and wheel running predict survival times in rats exposed to activity-stress. *Physiology & Behavior, 62*, 815-825.

Muller, T., Nobre, A. C. (2014). Perceiving the passage of time: neural possibilities. *Annals of the New York Academy of Sciences, 1326*, 60-71.

Mumford, L. (2010/1934). *Technics & civilization*. Chicago: University of Chicago Press.

Murakami, M., Vicente, M. I., Costa, G. M., Mainen, Z. F. (2014). Neural antecedents of self-initiated actions in secondary motor cortex. *Nature Neuroscience, 17*, 1574-1582.

Nagarajan, S. S., Blake, D. T., Wright, B. A., Byl, N., Merzenich, M. M. (1998). Practice-related improvements in somatosensory interval discrimination are temporally specific but generalize across skin location, hemisphelre, and modality. *Journal of Neuroscience, 18*, 1559-1570.

Nichols, S. (2011). Experimental philosophy and the problem of free will. *Science, 331*, 1401-1403.

Nikolić, D., Häusler, S., Singer, W., Maass, W. (2009). Distributed fading memory for stimulus properties in the primary visual cortex. *PLoS Biol, 7*, e1000260.

Noyes, R., Kletti, R. (1972). The experience of dying from falls. *Omega, 3*, 45-52.

——. (1976). Depersonalization in face of life-threatening danger. *Psychiatry-Interpersonal and Biological Processes, 39*, 19-27.

Núñez, R., Cooperrider, K. (2013). The tangle of space and time in human cognition. *Trends in Cognitive Science, 17*, 220-229.

Núñez, R. E., Sweetser, E. (2006). With the future behind them: convergent evidence from Aymara language and gesture in the crosslinguistic comparison of spatial construals of time. *Cognitive Science, 30*, 401-450.

Ohyama, T., Nores, W. L., Murphy, M., Mauk, M. D. (2003). What the cerebellum computes. *Trends in Neurosciences, 26*, 222-227.

Oliveri, M., Vicario, C. M., Salerno, S., Koch, G., Turriziani, P., Mangano, R., Chillemi, G., Caltagirone, C. (2008). Perceiving numbers alters time perception. *Neuroscience Letters, 438*, 308-311.

Ornstein, R. E. (1969). *On the experience of time*. Harmondsworth: Penguin.

Osvath, M., Persson, T. (2013). Great apes can defer exchange: a replication with different results suggesting represent odor memories in immobilized rats. *Journal of Neuroscience, 33*, 14607-14616.

MacKillop, J., Amlung, M. T., Few, L. R., Ray, L. A., Sweet, L. H., Munafo, M. R. (2011). Delayed reward discounting and addictive behavior: a meta-analysis. *Psychopharmacology (Berl.), 216*, 305-321.

Mante, V., Sussillo, D., Shenoy, K. V., Newsome, W. T. (2013). Context-dependent computation by recurrent dynamics in prefrontal cortex. *Nature, 503*, 78-84.

Markram, H., Lubke, J., Frotscher, M., Sakmann, B. (1997). Regulation of synaptic efficacy by coincidence of postsynaptic APs and EPSPs. *Science, 275*, 213-215.

Martin, F. H., Garfield, J. (2006). Combined effects of alcohol and caffeine on the late components of the event-related potential and on reaction time. *Biological Psychology, 71*, 63-73.

Matell, M. S., Meck, W. H. (2004). Cortico-striatal circuits and interval timing: coincidence detection of oscillatory processes. *Cognitive Brain Research 21*, 139-170.

Matsuda, F. (1996). Duration, distance, and speed judgments of two moving objects by 4- to 11-year olds. *Journal of Experimental Child Psychology, 63*, 286-311.

Matthews, M. R. (2000). *Time for science education: how teaching the history and philosophy of pendulum motion can contribute to science literacy.* New York: Kluwer Academic.

Matthews, W. J. (2015). Time perception: The surprising effects of surprising stimuli. *Journal of Experimental Psychology: General, 144*, 172-197.

Matthews, W. J., Meck, W. H. (2016). Temporal cognition: Connecting subjective time to perception, attention, and memory. *Psychological Bulletin, 142*, 865-890.

Mauk, M. D., Donegan, N. H. (1997). A model of Pavlovian eyelid conditioning based on the synaptic organization of the cerebellum. *Learning & Memory, 3*, 130-158.

Mauk, M. D., Buonomano, D. V. (2004). The neural basis of temporal processing. *Annual Review of Neuroscience, 27*, 307-340.

McClure, G. Y., McMillan, D. E. (1997). Effects of drugs on response duration differentiation. VI: differential effects under differential reinforcement of low rates of responding schedules. *Journal of Pharmacology and Experimental Therapeutics, 281*, 1368-1380.

McClure, S. M., Laibson, D. I., Loewenstein, G., Cohen, J. D. (2004). Separate neural systems value immediate and delayed monetary rewards. *Science, 306*, 503-507.

McGlone, M. S., Harding, J. L. (1998). Back (or forward?) to the future: The role of perspective in temporal language comprehension. *Journal of Experimental Psychology: Learning, Memory, and Cognition, 24*, 1211-1223.

Meck, W. H. (1996). Neuropharmacology of timing and time perception. *Cognitive Brain Research, 3*, 227-242.

Medina, J. F., Garcia, K. S., Nores, W. L., Taylor, N. M., Mauk, M. D. (2000). Timing mechanisms in the cerebellum: testing predictions of a large-scale computer simulation. *Journal of Neuroscience, 20*, 5516-5525.

Mégevand, P., Molholm, S., Nayak, A., Foxe, J. J. (2013). Recalibration of the multisensory temporal window of integration results from changing task demands. *PLoS ONE, 8*, e71608.

Meijer, J. H., Robbers ,Y. (2014). Wheel running in the wild. *Proceedings of the Royal Society of London B: Biological Sciences, 281*, 20140210.

Mello, G. B. M., Soares, S., Paton, J. J. (2015). A scalable population code for time in the striatum. *Current Biology, 9*, 1113-1122.

Merchant, H., Harrington, D. L., Meck, W. H. (2013). Neural basis of the perception and estimation of time.

action execution. *Journal of Cognitive Neuroscience, 19*, 81-90.

Lavie, P. (2001). Sleep-wake as a biological rhythm. *Annual Review of Psychology, 52*, 277-303.

Lebedev, M. A., O'Doherty, J. E., Nicolelis, M. A. L. (2008). Decoding of temporal intervals from cortical ensemble activity. *Journal of Neurophysiology, 99*, 166-186.

Lee, T. P., Buonomano, D. V. (2012). Unsupervised formation of vocalizationsensitive neurons: a cortical model based on short-term and homeostatic plasticity. *Neural Computation, 24*, 2579-2603.

Lehiste, I. (1960). An acoustic-phonetic study of internal open juncture. *Phonetica, 5 (suppl. 1)*, 5-54.

Lehiste, I., Olive, J. P., Streeter, L. A. (1976). Role of duration in disambiguating syntactically ambiguous sentences. *Journal of the Acoustical Society of America, 60*, 1199-1202.

Leon, M. I., Shadlen, M. N. (2003). Representation of time by neurons in the posterior parietal cortex of the macaque. *Neuron, 38*, 317-327.

Levine, R. (1996). *The geography of time*. New York: Basic Books.

Levy, W. B., Steward, O. (1983). Temporal contiguity requirements for longterm associative potentiation/depression in the hippocampus. *Neuroscience, 8*, 791-797.

Lewis, P. A., Miall, R. C., Daan, S., Kacelnik, A. (2003). Interval timing in mice does not rely upon the circadian pacemaker. *Neuroscience Letters, 348*, 131-134.

Libet, B., Gleason, C. A., Wright, E. W., Pearl, D. K. (1983). Time of conscious intention to act in relation to onset of cerebral activity (readiness-potential). The unconscious initiation of a freely voluntary act. *Brain, 106 (Pt. 3)*, 623-642.

Lieving, L. M., Lane, S. D., Cherek, D. R., Tcheremissine, O. V. (2006). Effects of marijuana on temporal discriminations in humans. *Behavioral Pharmacology, 17*, 173-183.

Livesey, A. C., Wall, M. B., Smith, A. T. (2007). Time perception: Manipulation of task difficulty dissociates clock functions from other cognitive demands. *Neuropsychologia, 45*, 321-331.

Lockwood, M. (2005). *The labyrinth of time: Introducing the universe*. Oxford: Oxford University Press.

Loftus, E. F. (1996). *Eyewitness testimony*. Cambridge, MA: Harvard University Press. 〔エリザベス・F・ロフタス 著，西本武彦 訳『目撃者の証言』（1987）誠信書房〕

Loftus, E. F., Schooler, J. W., Boone, S. M., Kline, D. (1987). Time went by so slowly: overestimation of event duration by males and females. *Applied Cognitive Psychology, 1*, 3-13.

Loh, D. H., Navarro, J., Hagopian, A., Wang, L. M., Deboer, T., Colwell, C. S. (2010). Rapid changes in the light/dark cycle disrupt memory of conditioned fear in mice. *PLoS ONE, 5*, e12546.

Lombardi, M. A. (2002). Fundamentals of time and frequency. In: *Mechanotronics handbook* (Bishop, RH, ed.). New York: CRC Press.

Long, M. A., Fee, M. S. (2008). Using temperature to analyse temporal dynamics in the songbird motor pathway. *Nature, 456*, 189-194.

Long, M. A., Jin, D. Z., Fee, M. S. (2010). Support for a synaptic chain model of neuronal sequence generation. *Nature, 468*, 394-399.

Maass, W., Natschläger, T., Markram, H. (2002). Real-time computing without stable states: A new framework for neural computation based on perturbations. *Neural Computation, 14*, 2531-2560.

MacDonald, C. J., Lepage, K. Q., Eden, U. T., Eichenbaum, H. (2011). Hippocampal "time cells" bridge the gap in memory for discontiguous events. *Neuron, 71*, 737-749.

MacDonald, C. J., Carrow, S., Place, R., Eichenbaum, H. (2013). Distinct hippocampal time cell sequences

Karmarkar, U. R., Najarian, M. T., Buonomano, D. V. (2002). Mechanisms and significance of spike-timing dependent plasticity. *Biological Cybernetics, 87*, 373-382.

Keele, S. W., Pokorny, R. A., Corcos, D. M., Ivry, R. (1985). Do perception and motor production share common timing mechanisms: a correctional analysis. *Acta Psychologica (Amst.), 60*, 173-191.

Kiesel, A., Vierck, E. (2009). SNARC-like congruency based on number magnitude and response duration. *Journal of Experimental Psychology: Learning, Memory, and Cognition, 35*, 275-279.

Kilgard, M. P., Merzenich, M. M. (1995). Anticipated stimuli across skin. *Nature, 373*, 663.

——. (2002). Order-sensitive plasticity in adult primary auditory cortex. *Proceedings of the National Academy of Science USA, 99*, 3205-3209.

Killingsworth, M. A., Gilbert ,D. T. (2010). A wandering mind is an unhappy mind. *Science, 330*, 932.

Kim, J., Ghim, J.-W., Lee, J. H., Jung, M. W. (2013). Neural correlates of interval timing in rodent prefrontal cortex. *Journal of Neuroscience, 33*, 13834-13847.

Kivimäki, M., Batty, G. D., Hublin, C. (2011). Shift work as a risk factor for future type 2 diabetes: evidence, mechanisms, implications, and future research directions. *PLoS Med, 8*, e1001138.

Klampfl, S., David, S. V., Yin, P., Shamma, S. A., Maass, W. (2012). A quantitative analysis of information about past and present stimuli encoded by spikes of A1 neurons. *Journal of Neurophysiology, 108*, 1366-1380.

Knutsson, A. (2003). Health disorders of shift workers. *Occupational Medicine, 53*, 103-108.

Koch, C. (2004). *The quest for consciousness: A neurobiological approach*. Englewood, CO: Robers & Company.

Konopka, R. J., Benzer, S. (1971). Clock mutants of Drosophila melanogaster. *Proceedings of the National Academy of Science USA, 68*, 2112-2116.

Kording, K. (2007). Decision theory: What "should" the nervous system do? *Science, 318*, 606-610.

Kostarakos, K., Hedwig, B. (2012). Calling song recognition in female crickets: Temporal tuning of identified brain neurons matches behavior. *Journal of Neuroscience, 32*, 9601-9612.

Kraus, B. J., Robinson, R. J., White, J. A., Eichenbaum, H., Hasselmo, M. E. (2013). Hippocampal "time cells": Time versus path integration. *Neuron, 78*, 1090-1101.

Kwan, D., Craver, C. F., Green, L., Myerson, J., Boyer P., Rosenbaum, R. S. (2012). Future decision-making without episodic mental time travel. *Hippocampus, 22*, 1215-1219.

Kyriacou, C. P., Hall, J. C. (1980). Circadian rhythm mutations in Drosophila melanogaster affect short-term fluctuations in the male's courtship song. *Proceedings of the National Academy of Sciences of the USA, 77*, 6729-6733.

Laje, R., Buonomano, D. V. (2013). Robust timing and motor patterns by taming chaos in recurrent neural networks. *Nature Neuroscience 16*, 925-933.

Lakoff, G., Johnson, M. (1980/2003). *Metaphors we live by*. Chicago: University of Chicago Press.〔G. レイコフ，M. ジョンソン 著，渡部昇一 ほか訳『レトリックと人生』(1986) 大修館書店〕

Lamy, D., Salti, M., Bar-Haim ,Y. (2009). Neural correlates of subjective awareness and unconscious processing: an ERP study. *Journal of Cognitive Neuroscience, 21*, 1435-1446.

Landes, D. S. (1983). *Revolution in time: Clocks and the making of the modern world*. New York: Barnes & Noble.

Lashley, K. S., ed. (1951). *The problem of serial order in behavior.* New York: Wiley.

Lasky, R. (2012). Time and the twin paradox. *Scientific American, 21*, 30-33.

Lau, H. C., Rogers, R. D., Passingham R. E. (2007). Manipulating the experienced onset of intention after

Huxley, T. H. (1894/1911). *Collected essays: Method and results*. New York: D. Appleton.

Ikeda, H., Kubo, T., Kuriyama, K., Takahashi, M. (2014). Self-awakening improves alertness in the morning and during the day after partial sleep deprivation. *Journal of Sleep Research*, *23*, 673-680.

Ishihara, M., Keller, P. E., Rossetti, Y., Prinz, W. (2008). Horizontal spatial representations of time: Evidence for the STEARC effect. *Cortex*, *44*, 454-461.

Ishizawa, Y., Ahmed, O. J., Patel, S. R., Gale, J. T., Sierra-Mercado, D., Brown, E. N., Eskandar, E. N. (2016). Dynamics of propofol-induced loss of consciousness across primate neocortex. *Journal of Neuroscience*, *36*, 7718-7726.

Ivry, R. B., Schlerf, J. E. (2008). Dedicated and intrinsic models of time perception. *Trends in Cognitive Sciences*, *12*, 273-280.

Jacobs, B., Schall, M., Prather, M., Kapler, E., Driscoll, L., Baca, S., Jacobs, J., Ford, K., Wainwright, M., Treml, M. (2001). Regional dendritic and spine variation in human cerebral cortex: A quantitative golgi study. *Cerebral Cortex*, *11*, 558-571.

James, W. (1890). *The principles of psychology*. New York: Dover Publications.

Janssen, P., Shadlen, M. N. (2005). A representation of the hazard rate of elapsed time in the macaque area LIP. *Nature Neuroscience*, *8*, 234-241.

Jazayeri, M., Shadlen, M. N. (2010). Temporal context calibrates interval timing. *Nature Neuroscience*, *13*, 1020-1026.

——. (2015). A neural mechanism for sensing and reproducing a time interval. *Current Biology*, *25*, 2599-2609.

Jin, D. Z., Fujii, N., Graybiel, A. M. (2009). Neural representation of time in cortico-basal ganglia circuits. *Proceedings of the National Academy of Science USA*, *106*, 19156-19161.

Johnson, C. H., Golden, S. S., Kondo, T. (1998). Adaptive significance of circadian programs in cyanobacteria. *Trends in Microbiology*, *6*, 407-410.

Johnson, H. A., Goel, A., Buonomano, D. V. (2010). Neural dynamics of in vitro cortical networks reflects experienced temporal patterns. *Nature Neuroscience*, *13*, 917-919.

Jones, C. R., Campbell, S. S., Zone, S. E., Cooper, F., DeSano, A., Murphy, P. J., Jones, B., Czajkowski, L., Ptáček, L., J. (1999). Familial advanced sleepphase syndrome: A short-period circadian rhythm variant in humans. *Nature Medicine*, *5*, 1062-1065.

Jones, C. R., Huang, A. L., Ptáček, L. J., Fu, Y.-H. (2013). Genetic basis of human circadian rhythm disorders. *Experimental Neurology*, *243*, 28-33.

Kable, J. W., Glimcher, P. W. (2007). The neural correlates of subjective value during intertemporal choice. *Nature Neuroscience*, *10*, 1625-1633.

Kanabus, M., Szelag, E., Rojek, E., Poppel, E. (2002). Temporal order judgment for auditory and visual stimuli. *Acta Neurobiologiae Experimentalis*, *62*, 263-270.

Kandel, E. (2013). The new science of mind and the future of knowledge. *Neuron*, *80*, 546-560.

Kandel, E. R., Schartz, J., Jessel, T., Siegelbaum, S. A., Hudspeth, A. J. (2013). *Principles of neural science*, 5th ed. New York: McGraw-Hill Medical.〔エリック・カンデル ほか著，金澤一郎・宮下保司 監修『カンデル神経科学』（2014）メディカル・サイエンス・インターナショナル〕

Karlsson, M. P., Frank, L. M. (2009). Awake replay of remote experiences in the hippocampus. *Nature Neuroscience*, *12*, 913-918.

monetary temporal discounting. *Journal of Neuroscience, 35*, 13103-13109.

Hammond, C. (2012). *Time warped: Unlocking the mysteries of time perception.* New York: Harper-Perennial.〔クラウディア・ハモンド 著，渡会圭子 訳『脳の中の時間旅行―なぜ時間はワープするのか』(2014) インターシフト〕

Han, C. J., Robinson, J. K. (2001). Cannabinoid modulation of time estimation in the rat. *Behavioral Neuroscience 115*, 243-246.

Harrington, D. L., Castillo, G. N., Reed J. D., Song, D. D., Litvan I., Lee, R. R. (2014). Dissociation of neural mechanisms for intersensory timing deficits in Parkinson's disease. *Timing & Time Perception, 2*, 145-168.

Harris, S. (2012). *Free will.* New York: Free Press.

Hassabis, D., Kumaran, D., Vann, S. D., Maguire, E. A. (2007). Patients with hippocampal amnesia cannot imagine new experiences. *Proceedings of the National Academy of Sciences USA, 104*, 1726-1731.

Hawking, S. (1996). *A brief history of time.* New York: Bantam Books.〔スティーヴン・ホーキング，レナード・ムロディナウ 著，佐藤勝彦 訳『ホーキング、宇宙のすべてを語る』(2005) ランダムハウス講談社〕

Hayashi, M. J., Kanai, R., Tanabe, H. C., Yoshida, Y., Carlson, S., Walsh, V., Sadato, N. (2013). Interaction of numerosity and time in prefrontal and parietal cortex. *Journal of Neuroscience, 33*, 883-893.

Helson, H., King, S. M. (1931). The tau effect: an example of psychological relativity. *Journal of Experimental Psychology, 14*, 202-217.

Henderson, J., Hurly, T. A., Bateson, M., Healy, S. D. (2006). Timing in free-living rufous hummingbirds, Selasphorus rufus. *Current Biology, 16*, 512-515.

Herculano-Houzel, S. (2009). The human brain in numbers: a linearly scaled-up primate brain. *Frontiers in Human Neuroscience, 3.*

Herzog, E. D., Aton, S. J., Numano, R., Sakaki, Y., Tei H. (2004). Temporal precision in the mammalian circadian system: A reliable clock from less reliable neurons. *Journal of Biological Rhythms, 19*, 35-46.

Herzog M. H., Kammer T., Scharnowski F. (2016). Time slices: What is the duration of a percept? *PLoS Biol, 14*, e1002433.

Hicks, R. E., Miller, G. W., Kinsbourne, M. (1976). Prospective and retrospective judgments of time as a function of amount of information processed. *American Journal of Psychology, 89*, 719-730.

Hinkley, N., Sherman, J. A., Phillips, N. B., Schioppo, M., Lemke, N. D., Beloy, K., Pizzocaro, M., Oates, C. W., Ludlow, A. D. (2013). An atomic clock with 10-18 instability. *Science, 341*, 1215-1218.

Honing, H., Merchant, H., Háden, G. P., Prado, L., Bartolo, R. (2012). Rhesus monkeys (Macaca mulatta) detect rhythmic groups in music, but not the beat. *PLoS ONE, 7*, e51369.

Hoskins, J. (1993). *The play of time: Kodi perspectives on calendars, history, and exchange.* Berkeley: University of California Press.

Huang, Y., Jones, B. (1982). On the interdependence of temporal and spatial judgments. *Perception & Psychophysics, 32*, 7-14.

Hume, D. (1739/2000). *A treatise on human nature.* Oxford: Oxford University Press.〔ヒューム 著，土岐邦夫・小西嘉四郎 訳『人性論（中公クラシックス）』(2010) 中央公論新社〕

Hussain, F., Gupta, C., Hirning, A. J., Ott, W., Matthews, K. S., Josić K., Bennett, M. R. (2014). Engineered temperature compensation in a synthetic genetic clock. *Proceedings of the National Academy of Sciences, 111*, 972-977.

Geldard, F. A., Sherrick, C. E. (1972). The cutaneous "rabbit": A perceptual illusion. *Science*, *178*, 178-179.

Genovesio, A., Tsujimoto, S. (2014). From duration and distance comparisons to goal encoding in prefrontal cortex. In: *Neurobiology of Interval Timing* (Merchant, H., de Lafuente, V., eds.), 167-186. New York: Springer.

Gibbon, J. (1977). Scalar expectancy theory and Weber's law in animal timing. *Psychological Review*, *84*, 279-325.

Gibbon, J., Church, R. M., Meck, W. H. (1984). Scalar timing in memory. *Annals of the New York Academy of Science*, *423*, 52-77.

Gilbert, D. (2007). *Stumbling on happiness*. New York: Vintage Books.〔ダニエル・ギルバート 著，熊谷淳子 訳『幸せはいつもちょっと先にある―期待と妄想の心理学』（2007）早川書房〕

Goel, A., Buonomano, D. V. (2014). Timing as an intrinsic property of neural networks: evidence from in vivo and in vitro experiments. *Philosophical Transactions of the Royal Society of London B: Biological Science*, *369*, 20120460.

——. (2016). Temporal interval learning in cortical cultures is encoded in intrinsic network dynamics. *Neuron*, *91*, 320-327.

Goldreich, D. (2007). A Bayesian perceptual model replicates the cutaneous rabbit and other tactile spatiotemporal illusions. *PLoS ONE*, *2*, e333.

Goldreich, D., Tong, J. (2013). Prediction, postdiction, and perceptual length contraction: a Bayesian low-speed prior captures the cutaneous rabbit and related illusions. *Frontiers in Psychology*, *4*, 579.

Golombek, D. A., Bussi, I. L., Agostino, P. V. (2014). Minutes, days and years: molecular interactions among different scales of biological timing. *Philosophical Transactions of the Royal Society B: Biological Sciences*, *369*, 20120465.

Gordon, P. (2004). Numerical cognition without words: evidence from Amazonia. *Science*, *306*, 496-499.

Greene, B. (2004). *The fabric of the cosmos: Space, time, and the texture of reality*. New York: Vintage Books.〔ブライアン・グリーン 著，青木薫 訳『宇宙を織りなすもの―時間と空間の正体 上・下』（2009, 2016 文庫版）草思社〕

Grondin, S., Kuroda, T., Mitsudo, T. (2011). Spatial effects on tactile duration categorization. *Canadian Journal of Experimental Psychology/Revue canadienne de psychologie experimentale*, *65*, 163-167.

Gutierrez, E. (2013). A rat in the labyrinth of anorexia nervosa: Contributions of the activity-based anorexia rodent model to the understanding of anorexia nervosa. *International Journal of Eating Disorders*, *46*, 289-301.

Haeusler, S., Maass, W. (2007). A statistical analysis of information-processing properties of lamina-specific cortical microcircuit models. *Cerebral Cortex*, *17*, 149-162.

Hafele, J. C., Keating, R. E. (1972a). Around-the-world atomic clocks: Observed relativistic time gains. *Science*, *177*, 168-170.

——. (1972b). Around-the-world atomic clocks: Predicted relativistic time gains. *Science*, *177*, 166-168.

Haggard, P. (2008). Human volition: towards a neuroscience of will. *Nature Reviews Neuroscience*, *9*, 934-946.

——. (2011). Decision time for free will. *Neuron*, *69*, 404-406.

Hahnloser, R. H. R., Kozhevnikov, A. A., Fee M. S. (2002). An ultra-sparse code underlies the generation of neural sequence in a songbird. *Nature*, *419*, 65-70.

Hakimi, S., Hare, T. A. (2015). Enhanced neural responses to imagined primary rewards predict reduced

イン，インフェルト 著，石原純 訳『物理学はいかに創られたか 上・下』（1940/1963）岩波書店〕

Ellis, G. F. R. (2008). On the flow of time. *FXQi Essay*. https://fqxi.org/data/essay-contest-files/Ellis_Fqxi_essay_contest__E.pdf.

——. (2014). The evolving block universe and the meshing together of times. *Annals of the New York Academy of Sciences*, *1326*, 26-41.

Eriksson, P. S., Perfilieva, E., Bjork-Eriksson, T., Alborn, A. M., Nordborg, C., Peterson, D. A., Gage, F. H. (1998). Neurogenesis in the adult human hippocampus. *Nature Medicine*, *4*, 1313-1317.

Everett, D. (2008). *Don't sleep, there are snakes*. New York: Pantheon.〔ダニエル・L・エヴェレット 著，屋代通子 訳『ピダハン―「言語本能」を超える文化と世界観』（2012）みすず書房〕

Feldman, J. L., Del Negro, C. A. (2006). Looking for inspiration: new perspectives on respiratory rhythm. *Nature Reviews Neuroscience*, *7*, 232-241.

Feldmeyer, D., Lubke, J., Silver, R. A., Sakmann, B. (2002). Synaptic connections between layer 4 spiny neurone-layer 2/3 pyramidal cell pairs in juvenile rat barrel cortex: physiology and anatomy of interlaminar signalling within a cortical column. *Journal of Physiology*, *538*, 803-822.

Földiák, P. (1991). Learning invariance from transformation sequences. *Neural Computation*, *3*, 194-200.

Fortune, E. S., Rose, G. J. (2001). Short-term synaptic plasticity as a temporal filter. *Trends in Neurosciences*, *24*, 381-385.

Foster, K. R., Kokko, H. (2009). The evolution of superstitious and superstition-like behaviour. *Proceedings of the Royal Society B: Biological Sciences*, *276*, 31-37.

Foster, R. G., Wulff, K. (2005). The rhythm of rest and excess. *Nature Reviews Neuroscience*, *6*, 407-414.

Foster, R. G., Roenneberg, T. (2008). Human responses to the geophysical daily, annual and lunar cycles. *Current Biology*, *18*, R784-R794.

Fox, D. (2011). The limits of intelligence. *Scientific American*, July, 36-43.

Fraisse, P. (1963). *The psychology of time*. New York: Harper & Row.

Fraps, T. (2014). Time and magic-manipulating subjective temporality. In: *Subjective time: the philosophy, psychology, and neuroscience of temporality* (Arstila, V., Lloyd, D., eds.), 263-285. Cambridge, MA: MIT Press.

Frederick, S., Loewenstein, G., O'Donoghue, T. (2002). Time discounting and time preference: a critical review. *Journal of Economic Literature*, *45*, 351-401.

Fried, I., Mukamel, R., Kreiman G. (2011). Internally generated preactivation of single neurons in human medial frontal cortex predicts volition. *Neuron*, *69*, 548-562.

Fujisaki, W., Shimojo, S., Kashino, M., Nishida S. (2004). Recalibration of audiovisual simultaneity. *Nature Neuroscience*, *7*, 773-778.

Fuster, J. M., Bressler, S. L. (2014). Past makes future: Role of pFC in prediction. *Journal of Cognitive Neuroscience*, *27*, 639-654.

Galison, P. (2003). *Einstein's clocks and Poincare's maps: Empires of time*. New York: W. W. Norton.〔ピーター・ギャリソン 著，松浦俊輔 訳『アインシュタインの時計 ポアンカレの地図―鋳造される時間』（2015）名古屋大学出版会〕

Garcia, K. S., Mauk, M. D. (1998). Pharmacological analysis of cerebellar contributions to the timing and expression of conditioned eyelid responses. *Neuropharmacology*, *37*, 471-480.

Gazzaniga, M. S. (2011). Neuroscience in the courtroom. *Scientific American*, April, 54-59.

Gazzaniga, M. S., Steven, M. S. (2005). Neuroscience and the law. *Scientific American Mind*, *16*, 42-49.

Creelman, C. D. (1962). Human discrimination of auditory duration. *Journal of the Acoustical Society of America, 34*, 582-593.

Critchfield, T. S., Kollins, S. H. (2001). Temporal discounting: basic research and the analysis of socially important behavior. *Journal of Applied Behavior Analysis, 34*, 101-122.

Crowe, D. A., Averbeck, B. B., Chafee, M. V. (2010). Rapid sequences of population activity patterns dynamically encode task-critical spatial information in parietal cortex. *Journal of Neuroscience, 30*, 11640-11653.

Crowe, D. A., Zarco, W., Bartolo, R., Merchant, H. (2014). Dynamic representation of the temporal and sequential structure of rhythmic movements in the primate medial premotor cortex. *Journal of Neuroscience, 34*, 11972-11983.

Czeisler, C., Weitzman, E., Moore-Ede, M., Zimmerman, J., Knauer, R. (1980). Human sleep: its duration and organization depend on its circadian phase. *Science, 210*, 1264-1267.

Davidson, A. J., Sellix, M. T., Daniel, J., Yamazaki, S., Menaker, M., Block, G. D. (2006). Chronic jet-lag increases mortality in aged mice. *Current Biology, 16*, R914-916.

Davies, P. (1995). *About time: Einstein's unfinished revolution.* New York: Simon & Schuster.〔ポール・デイヴィス 著, 林一 訳『時間について―アインシュタインが残した謎とパラドックス』(1997) 早川書房〕

——. (2012). That mysterious flow. *Scientific American, 21*, 8-13.

Debanne, D., Gahwiler, B. H., Thompson, S. M. (1994). Asynchronous pre- and postsynaptic activity induces associative long-term depression in area CA1 of the rat hippocampus in vitro. *Proceedings of the National Academy of Science USA, 91*, 1148-1152.

Dehaene, S. (2014). *Consciousness and the brain: Deciphering how the brain codes our thoughts.* New York: Viking.〔スタニスラス・ドゥアンヌ 著, 高橋洋 訳『意識と脳―思考はいかにコード化されるか』(2015) 紀伊國屋書店〕

Dehaene, S., Changeux, J.-P. (2011). Experimental and theoretical approaches to conscious processing. *Neuron, 70*, 200-227.

Dennett, D. C. (1991). *Consciousness explained.* New York: Little, Brown and Company.〔ダニエル・C・デネット 著, 山口泰司 訳『解明される意識』(1998) 青土社〕

——. (2003). *Freedom evolves.* New York: Penguin Books.〔ダニエル・C・デネット 著, 山形浩生 訳『自由は進化する』(2005) NTT 出版〕

DiCarlo, J. J., Cox, D. D. (2007). Untangling invariant object recognition. *Trends in Cognitive Sciences, 11*, 333-341.

Doupe, A. J., Kuhl, P. K. (1999). Birdsong and human speech: common themes and mechanisms. *Annual Review of Neuroscience, 22*, 567-631.

Droit-Volet, S. (2003). Temporal experience and timing in children. In: *Functional and neural mechanisms of interval timing* (Meck, WH, ed.), 183-288. Boca Raton: CRC Press.

Dudai, Y., Carruthers, M. (2005). The Janus face of Mnemosyne. *Nature, 434*, 567.

Duncan, D. E. (1999). *Calendar: humanity's epic struggle to determine a true and accurate year.* New York: Avon Books.

Eichenbaum, H. (2014). Time cells in the hippocampus: a new dimension for mapping memories. *Nature Reviews Neuroscience, 15*, 732-744.

Einstein, A. (1905). On the electrodynamics of moving bodies. *Annalen der Physik, 17*, 891-921.

Einstein, A., Infeld, L. (1938/1966). *The evolution of physics.* New York: Simon & Schuster.〔アインシュタ

Cajochen, C., Altanay-Ekici, S., Münch, M., Frey, S., Knoblauch, V., Wirz-Justice, A. (2013). Evidence that the lunar cycle influences human sleep. *Current Biology, 23*, 1485-1488.

Calaprice, A. (2005). *The new quotable Einstein*. Princeton: Princeton University Press.〔アリス・カラプリス 編，林一・林大 訳『増補新版 アインシュタインは語る』(2006) 大月書店〕

Callender, C. (2010a). Is time an illusion? *Scientific American, June*, 59-65.

Callender, C., Edney, R. (2010b). *Introducing time: A graphic guide*. London: Icon Books.

Campbell, L. A., Bryant, R. A. (2007). How time flies: A study of novice skydivers. *Behaviour Research and Therapy, 45*, 1389-1392.

Carlson, B. A. (2009). Temporal-pattern recognition by single neurons in a sensory pathway devoted to social communication behavior. *Journal of Neuroscience, 29*, 9417-9428.

Carnevale, F., de Lafuente, V., Romo, R., Barak, O., Parga, N. (2015). Dynamic control of response criterion in premotor cortex during perceptual detection under temporal uncertainty. *Neuron, 86*, 1067-1077.

Carroll, S. (2010). *From eternity to here: The quest for the ultimate theory of time*. New York: Penguin.

Casasanto, D., Boroditsky, L. (2008). Time in the mind: using space to think about time. *Cognition, 106*, 579-593.

Chang, A. Y.-C., Tzeng, O. J. L., Hung, D. L., Wu, D. H. (2011). Big time is not always long: Numerical magnitude automatically affects time reproduction. *Psychological Science, 22*, 1567-1573.

Chubykin, Alexander A., Roach, Emma B., Bear, Mark F., Shuler, Marshall G. H. (2013). A cholinergic mechanism for reward timing within primary visual cortex. *Neuron, 77*, 723-735.

Cicchini, G. M., Arrighi, R., Cecchetti, L., Giusti, M., Burr, D. C. (2012). Optimal encoding of interval timing in expert percussionists. *Journal of Neuroscience, 32*, 1056-1060.

Clark, A. (2013). Whatever next? Predictive brains, situated agents, and the future of cognitive science. *Behavioral and Brain Sciences, 36*, 181-204.

Clayton, N. S., Dickinson, A. (1999). Scrub jays (Aphelocoma coerulescens) remember the relative time of caching as well as the location and content of their caches. *Journal of Comparative Psychology, 113*, 403-416.

Clayton, N. S., Russell, J., Dickinson, A. (2009). Are animals stuck in time or are they chronesthetic creatures? *Topics in Cognitive Science, 1*, 59-71.

Cohen, J., Hansel, C. E., Sylvester, J. D. (1953). A new phenomenon in time judgment. *Nature, 172*, 901.

Colapinto, J. (2007). The interpreter. *The New Yorker*, April 16, 118-137.

Collyer, C. E. (1976). The induced asynchrony effect: Its role in visual judgments of temporal order and its relation to other dynamic perceptual phenomena. *Perception & Psychophysics, 19*, 47-54.

Colwell, C. S. (2011). Linking neural activity and molecular oscillations in the SCN. *Nature Reviews Neuroscience, 12*, 553-569.

Corballis, M. C. (2011). *The recursive mind: the origins of human language thought and civilization*. Princeton, NJ: Princeton University Press.

Cordes, S., Gallistel, C. R. (2008). Intact interval timing in circadian CLOCK mutants. *Brain Research, 1227*, 120-127.

Coull, J. T., Cheng, R.-K., Meck, W. H. (2011). Neuroanatomical and neurochemical substrates of timing. *Neuropsychopharmacology, 36*, 3-25.

Coull, J. T., Charras, P., Donadieu, M., Droit-Volet, S., Vidal, F. (2015). SMA selectively codes the active accumulation of temporal, not spatial, magnitude. *Journal of Cognitive Neuroscience, 27*, 2281-2298.

neuroimaging evidence on the neural bases of mental time travel. *Brain and Cognition, 66*, 202-212.

Bourjade, M., Call, J., Pele, M., Maumy, M., Dufour, V. (2014). Bonobos and orangutans, but not chimpanzees, flexibly plan for the future in a tokenexchange task. *Animal Cognition, 17*, 1329-1340.

Bray, S., Rangel, A., Shimojo, S., Balleine, B., O'Doherty, J. P. (2008). The neural mechanisms underlying the influence of pavlovian cues on human decision making. *Journal of Neuroscience, 28*, 5861-5866.

Bregman, A. S. (1990). *Auditory scene analysis: The perceptual organization of sound.* Cambridge: MIT Press.

Breitenstein, C., Van Lancker, D., Daum, I. (2001a). The contribution of speech rate and pitch variation to the perception of vocal emotions in a German and an American sample. *Cognition and Emotion, 15*, 57-79.

Breitenstein, C., Van Lancker, D., Daum, I., Waters, C. H. (2001b). Impaired perception of vocal emotions in Parkinson's disease: influence of speech time processing and executive functioning. *Brain and Cognition, 45*, 277-314.

Brown, H. (2005). *Physical relativity: space-time structure from a dynamical perspective.* Oxford: Oxford University Press.

Brownell, H. H., Gardner, H. (1988). Neuropsychological insights into humour. In: *Laughing matters: A serious look at humour.* (Durant, J., Miller, J., eds). Essex: Longman Scientific & Technical.

Buckhout, R., Fox, P., Rabinowitz, M. (1989). Estimating the duration of an earthquake: Some shaky field observations. *Bulletin of the Psychonomic Society, 27*, 375-378.

Buckley, R. (2014). Slow time perception can be learned. *Frontiers in Psychology, 5.*

Bueti, D., Walsh, V. (2009). The parietal cortex and the representation of time, space, number and other magnitudes. *Philosophical Transactions of the Royal Society of London B: Biological Sciences, 364*, 1831-1840.

Bueti, D., Buonomano, D. V. (2014). Temporal perceptual learning. *Timing and Time Perception, 2*, 261-289.

Bueti, D., Lasaponara, S., Cercignani, M., Macaluso, E. (2012). Learning about time: Plastic changes and interindividual brain differences. *Neuron, 75*, 725-737.

Buhusi, C. V., Meck, W. H. (2005). What makes us tick? Functional and neural mechanisms of interval timing. *Nature Reviews Neuroscience, 6*, 755-765.

Buonomano, D. V. (2000). Decoding temporal information: a model based on short-term synaptic plasticity. *Journal of Neuroscience, 20*, 1129-1141.

——. (2011). *Brain bugs: How the brain's flaws shape our lives.* New York: W. W. Norton.〔ディーン・ブオノマーノ 著，柴田裕之 訳『バグる脳―脳はけっこう頭が悪い』(2012) 河出書房新社〕

Buonomano, D. V., Mauk, M. D. (1994). Neural network model of the cerebellum: temporal discrimination and the timing of motor responses. *Neural Computation, 6*, 38-55.

Buonomano, D. V., Merzenic, M. M. (1995). Temporal information transformed into a spatial code by a neural network with realistic properties. *Science, 267*, 1028-1030.

Buonomano, D. V., Maass, W. (2009). State-dependent computations: Spatiotemporal processing in cortical networks. *Nature Reviews Neuroscience, 10*, 113-125.

Burr, D. C., Morrone, M. C., Ross, J. (1994). Selective suppression of the magnocellular visual pathway during saccadic eye movements. *Nature, 371*, 511-513.

Cahill, L., McGaugh, J. L. (1996). Modulation of memory storage. *Current Opinion in Neurobiology, 6*, 237-242.

Cai, Z. G., Wang, R. (2014). Numerical magnitude affects temporal memories but not time encoding. *PLoS ONE, 9*, e83159.

参考文献

Aasland, W. A., Baum, S. R. (2003). Temporal parameters as cues to phrasal boundaries: A comparison of processing by left- and right-hemisphere brain-damaged individuals. *Brain and Language, 87*, 385-399.

Abbott, L. F., Nelson, S. B. (2000). Synaptic plasticity: Taming the beast. *Nature Neuroscience, 3*, 1178-1183.

Alais, D., Cass, J. (2010). Multisensory perceptual learning of temporal order: Audiovisual learning transfers to vision but not audition. *PLoS ONE, 5*, e11283.

Arstila, V. (2012). Time slows down during accidents. *Frontiers in Psychology, 3*, 196.

Aschoff, J. (1985). On the perception of time during prolonged temporal isolation. *Human Neurobiology, 4*, 41-52.

Atakan, Z., Morrison, P., Bossong, M. G., Martin-Santos, R., Crippa, J. A. (2012). The effect of cannabis on perception of time: A critical review. *Current Pharmaceutical Design, 18*, 4915-4922.

Atance, C. M., O'Neill, D. K. (2001). Episodic future thinking. *Trends in Cognitive Sciences, 5*, 533-539.

Baker, R., Gent, T. C., Yang, Q., Parker, S., Vyssotski, A. L., Wisden, W., Brickley, S. G., Franks, N. P. (2014). Altered activity in the central medial thalamus precedes changes in the neocortex during transitions into both sleep and propofol anesthesia. *Journal of Neuroscience, 34*, 13326-13335.

Barbour, J. (1999). *The end of time: The next revolution in physics*. New York: Oxford University Press.

Bargiello, T. A., Jackson, F. R., Young, M. W. (1984). Restoration of circadian behavioural rhythms by gene transfer in Drosophila. *Nature, 312*, 752-754.

Beaulieu, C., Kisvarday, Z., Somogyi, P., Cynader, M., Cowey, A. (1992). Quantitative distribution of GABA-immunopositive and -immunonegative neurons and synapses in the monkey striate cortex (area 17). *Cerebral Cortex, 2*, 295-309.

Bender, A., Beller, S. (2014). Mapping spatial frames of reference onto time: A review of theoretical accounts and empirical findings. *Cognition, 132*, 342-382.

Benoit, R. G., Schacter, D. L. (2015). Specifying the core network supporting episodic simulation and episodic memory by activation likelihood estimation. *Neuropsychologia, 75*, 450-457.

Bhardwaj, R. D., Curtis, M. A., Spalding, K. L., Buchholz, B. A., Fink, D., Björk-Eriksson, T., Nordborg, C., Gage, F. H., Druid, H., Eriksson, P. S., Frisén, J. (2006). Neocortical neurogenesis in humans is restricted to development. *Proceedings of the National Academy of Sciences, 103*, 12564-12568.

Bi, G. Q., Poo, M. M. (1998). Synaptic modifications in cultured hippocampal neurons: dependence on spike timing, synaptic strength, and postsynaptic cell type. *Journal of Neuroscience, 18*, 10464-10472.

Block, R. A., Hancock, P. A., Zakay, D. (2010). How cognitive load affects duration judgments: A meta-analytic review. *Acta Psychologica, 134*, 330-343.

Bloom, B. J., Nicholson, T. L., Williams, J. R., Campbell, S. L., Bishof, M., Zhang, X., Zhang, W., Bromley, S. L., Ye, J. (2014). An optical lattice clock with accuracy and stability at the 10-18 level. *Nature, 506*, 71-75.

Born, J., Hansen, K., Marshall, L., Molle, M., Fehm, H. L. (1999). Timing the end of nocturnal sleep. *Nature, 397*, 29-30.

Boroditsky, L., Ramscar, M. (2002). The roles of body and mind in abstract thought. *Psychological Science, 13*, 185-189.

Botzung, A., Denkova, E., Manning, L. (2008). Experiencing past and future personal events: Functional

との間の関係と同じである。曖昧で隠れた権力の起こす感情と意思決定について、それらの気まぐれで不合理な目的に事後だいぶ経ってから気づくものの、まずは合理化と筋の通った理由を見つけておくのだ」（The New Yorker, July 4, 2005）。

[26] Gazzaniga and Steven, 2005; Gazzaniga, 2011。

[27] Zeeya Merali 著『Tomorrow never was』（Discover, June 2015）からの引用。

[28] Nichols, 2011; Shariff and Vohs, 2014。

[29] 模範刑法典の文脈においては、これら3つのシナリオは以下の心的状態に大まかに対応する。故意、無謀／過失、無過失責任。

[30] ここではホイーラー－ドウィット方程式のことを言っている。これは一般相対性理論と量子力学の融合を図る方程式である。多くの人が当惑することに、この試みは時間パラメータのないひとつの方程式に帰着し、文字通りとらえれば時間というものは存在しないという結論――ジュリアン・バーバーやカルロ・ロヴェッリといった物理学者が推し進める考え方――が導かれる。量子力学における時間およびホイーラー－ドウィット方程式に関する秀逸な記載として、Barbour, 1999; Rovelli, 2004; Lockwood, 2005; Callender, 2010a; Smolin, 2013 を参照。

[31] Koch, 2004; Dehaene, 2014。

[2] Koch, 2004。

[3] Kanabus et al., 2002; Alais and Cass, 2010。

[4] Van Wassenhove et al., 2007; Mégevand et al., 2013。ここでは深追いしない別の要因としては、耳と眼で聴覚信号と視覚信号を処理する時間にも遅延がある。視覚は実際のところ聴覚に比べてかなり遅い。

[5] ここでは話を少々単純化している。現実には、視覚系には組み込みの遅延がある。網膜からの視覚情報が視覚皮質に届くのは、蝸牛からの情報が聴覚皮質に届いてからまるまる50ミリ秒経ってからだったりするのだ。この組み込みの遅延は、網膜の光電変換が蝸牛の機械電気変換よりもはるかに遅いことから生じている。

[6] Fujisaki et al., 2004; Toida et al., 2014; Van der Burg et al., 2015。

[7] Geldard and Sherrick, 1972; Kilgard and Merzenich, 1995; Goldreich and Tong, 2013。

[8] Dennett, 1991; Buonomano, 2011; Herzog et al., 2016。

[9] たとえば、Dehaene and Changeux, 2011; Kandel, 2013 を参照。

[10] Lamy et al., 2009。Salti et al., 2015 も参照。

[11] Dehaene, 2014, 126。刺激の400ミリ秒後という遅い時間帯の操作で刺激の意識的知覚がいかに変容するかの別例については、Scharnowski et al., 2009; Sergent et al., 2013 を参照。

[12] 哲学において、自由意思の話題に関して尊ぶべき長い歴史があるばかりか、近年では自由意思の神経科学という話題に関しても論じられている。入門としては以下の論文がお薦めである。Montague, 2008; Haggard, 2011; Nichols, 2011; Smith, 2011; また書籍では、Dennett, 2003; Harris, 2012。

[13] Definition #2, http://www.oed.com/view/Entry/74438（12/30/2015）。

[14] Montague, 2008。

[15] Hawking, 1996。

[16] Penrose, 1989, 558。

[17] Lockwood, 2005。

[18] ただし、この選択感にしても、詳細の分析の結果として崩壊してしまう錯覚であるという議論はなされている（Harris, 2012）。

[19] Wegner, 2002。

[20] Hume, 1739/2000。

[21] Huxley, 1894/1911, 244。

[22] Fried et al., 2011。

[23] Libet et al., 1983; Lau et al., 2007; Haggard, 2008; Soon et al., 2008; Murakami et al., 2014。

[24] Haggard, 2011。

[25] Dehaene, 2014, 91。作家アダム・ゴプニックはこの考え方を、報道官のメタファーで表している。「意識と呼ばれるものは錯覚に過ぎず、意識と実際の心の内情との間の関係は、ホワイトハウスの報道官とブッシュ政権のホワイトハウスの内情

[14] 心理学において、人の時間的展望の分類法を作成する試みがなされている。たとえばジンバルドー時間展望目録では、「物事は変わるので、将来の計画を立てるのは実際には不可能だ」「昔のことを考えるのは楽しい」「物事が期待通りにうまくいくことはめったにない」〔下島裕美・佐藤浩一・越智啓太『日本語版 Zimbardo Time Perspective Inventory (ZTPI) の因子構造の検討』パーソナリティ研究, 21, 74-83, 2012 より引用〕といった言明がどれだけ自分に当てはまるかの程度を 5 点尺度で答えてもらい、回答に基づいて、過去否定、過去肯定、現在運命、現在快楽、未来という展望に振り分ける (Zimbardo and Boyd, 2008)。

[15] http://www.cbsnews.com/news/sea-gypsies-saw-signs-in-the-waves/ (5/15/2015)。

[16] http://money.usnews.com/money/blogs/the-best-life/2013/06/20/retirement-shortfall-may-top-14-trillion (12/9/2015)。

[17] ジェームズ・スロウィッキによる年金受給の長期的問題についての小論は、Surowiecki, 2013。マーク・トウェインからの引用もこの記事からとったもの。

[18] Kable and Glimcher, 2007。

[19] Critchfield and Kollins, 2001; Wittmann and Paulus, 2007; Seeyave et al., 2009; MacKillop et al., 2011.

[20] Frederick et al., 2002。

[21] Prelec and Simester, 2001; Raghubir and Srivastava, 2008。

[22] 筆者がこう述べる理由は、巡り巡ってこうした報酬ぶんは小売店舗の支払うクレジットカード手数料から支払われ、小売店舗はこうした手数料を考慮に入れた価格設定をしないといけないからである。

[23] Buonomano, 2011, 第 4 章。

[24] Peters and Büchel, 2010。Hakimi and Hare, 2015 も参照。

[25] Herculano-Houzel, 2009; Fox, 2011。

[26] Purves et al., 2008。

[27] Jacobs et al., 2001; Wood and Grafman, 2003; Wise, 2008; Fuster and Bressler, 2014。

[28] Atance and O'Neill, 2001; Fuster and Bressler, 2014。

[29] Sellitto et al., 2010; Peters, 2011。ここでは少々単純化して述べているが、前頭前野は実際には多数の下位区分からなっていて、そのうちのいくつかで短期的報酬への選好があるという仮説が提案されている。

[30] McClure et al., 2004。

[31] Botzung et al., 2008; Benoit and Schacter, 2015。

[32] Hassabis et al., 2007; Race et al., 2011; Kwan et al., 2012。

[33] Gilbert, 2007; Killingsworth and Gilbert, 2010。

[34] Everett, 2008, 273。

12:00 意識：過去と未来との結びつけ

[1] Burr et al., 1994; Yarrow et al., 2001。

は子供の直観での個別時間と局所時間に関係するのである」。Sauer, 2014 より引用。また、「しかしながら、巨視的宇宙において時間が速度の下位に位置することはやはり重要である。高速では相対論的時間が、幼児の時間概念と同様、困難に瀕し、そしてまた、特定の速度に関して時間関係が下位に置かれることを前提とするからである」(Piaget, 1972)。

[23] このことは、前章で筆者が時間の流れの主観的感じに関連づけて語ったのとはまったく異なる点であることに注意。数多の時間錯覚の所産であるゆがみとは独立に、時間の流れの主観的感じには、物理学と神経科学の両方と相容れるような説明が必要である。

[24] 事前の経験を現在の最良の推定と組み合わせる一般的方略を、ベイズ的決定理論と言い(Kording, 2007)、時間判断をする場合などをはじめ、知覚や意思決定の多くの側面を説明できるものと考えられている(Collyer, 1976; Goldreich, 2007; Jazayeri and Shadlen, 2010)。

[25] Smolin, 2013。

[26] この点は、現在のみが実在すると思えるから現在主義を直観的に好むという事実とは少し異なる。ここで言いたいのは、空間で使うのとそっくりの1次元として時間の抽象的数学的表現がある以上、永遠主義へと偏るおそらくの理由はヒトが時間を空間の用語で概念化するようだからだ、ということ。

11:00　心的時間旅行

[1] http://www.nytimes.com/2011/04/21/world/asia/21stones.html(5/15/2015)。

[2] Suddendorf and Corballis, 1997, 2007。

[3] Tulving, 2005。

[4] Taylor et al., 1994。

[5] Hassabis et al., 2007; Race et al., 2011; Kwan et al., 2012。

[6] Tulving, 1985。

[7] Gilbert, 2007。

[8] Clayton and Dickinson, 1999; Raby et al., 2007; Clayton et al., 2009。

[9] Osvath and Persson, 2013; Bourjade et al., 2014; Scarf et al., 2014。動物における心的時間旅行の話題を論じている一般向け科学書2冊として、Corballis, 2011; Suddendorf, 2013を参照。

[10] http://www.spectator.co.uk/features/5896113/if-we-have-souls-then-so-do-chimps/(5/15/2015)。

[11] Gordon, 2004。「ピダハン族には自分の年齢の観念がなく、『いつの頃から……を知っていたのか』といったような時間概念もない」。Daniel Everettからの私信(3/4/2009)。

[12] Everett, 2008, 132。

[13] Colapinto, 2007。

と現在との通信となろう。

[25] Greene, 2004。

10:00 神経科学における時間の空間化

[1] Papert, 1999 からの引用。この引用の裏づけは筆者には見つけられず。

[2] Droit-Volet, 2003 からの引用。

[3] Piaget, 1946/1969。

[4] Siegler and Richards, 1979。Matsuda, 1996 も参照。

[5] Piaget, 1946/1969, 279。

[6] Walsh, 2003; Núñez and Cooperrider, 2013; Bender and Beller, 2014。

[7] Núñez and Cooperrider, 2013。

[8] Lakoff and Johnson, 1980/2003。

[9] Núñez and Sweetser, 2006。

[10] McGlone and Harding, 1998; Boroditsky and Ramscar, 2002。

[11] Lakoff and Johnson, 1980/2003。

[12] Price-Williams, 1954。

[13] Huang and Jones, 1982。カッパ効果、タウ効果は多くの研究で、しかも視覚と体性感覚の両方のモダリティで示されている（Helson and King, 1931; Cohen et al., 1953; Sarrazin et al., 2004; Goldreich, 2007; Grondin et al., 2011）。

[14] Casasanto and Boroditsky, 2008。距離が時間判断に影響する様子、またその逆の関係について、非対称性を明らかにした同様の研究については、Coull et al., 2015 を参照。

[15] Walsh, 2003; Bueti and Walsh, 2009。

[16] Xuan et al., 2007; Hayashi et al., 2013; Cai and Wang, 2014。

[17] Ishihara et al., 2008; Kiesel and Vierck, 2009。

[18] Saj et al., 2014。

[19] Pastalkova et al., 2008; Kraus et al., 2013; Genovesio and Tsujimoto, 2014。

[20] Calaprice, 2005 を参照。

[21] カッパ効果には、ある意味で、特殊相対性理論と対応しているという指摘がなされている。というのは、カッパ効果の実験の被験者が、異なる基準系において高速で動く対象を観察しているとすれば、被験者の時計は実効的には速くなる——すなわち、双子のパラドックスでの静止している方と同様、この被験者はより長い時間が経過したと測定してしまうはず、というわけだ（Goldreich, 2007）。しかしその一方で、特殊相対性理論では距離と時間との絶対的なトレードオフがある。局所的には、速さと経過時間は互いに逆の関係があるのだが、カッパ効果では知覚される時間長と速さは互いに比例関係にある。

[22] たとえば、ピアジェはこう言った。「逆説に思えるとしても、アインシュタインの理論で言う相対的時間長と固有時が絶対時間に関係するのと同様に、絶対時間

ば、先頭と最後尾の窓が異なる時刻に壊れたことがわかるだろう。

[10] 同時性の相対性についてのより技術的、歴史的な議論は、Brown, 2005 を参照。

[11] Rietdijk, 1966; Putnam, 1967。

[12] 絶対的同時性の喪失がブロック宇宙の考えの論拠になるという指摘は重要——だが、それだけの話である。特殊相対性理論から学ぶべき本当の教訓とは、我々がブロック宇宙に暮らすということではなく、同時性なる概念がニュートンの絶対時間の考えからの名残だということだと言えるかもしれない。もしかするとふたつの離れた事象が同時か否かを問うこと自体が無意味なのかもしれない。結局のところ、ふたつの離れた事象が同時か否かを測る唯一の方法は時計を用いることであり、時計とは局所空間において変化を測る装置に過ぎないのである。

[13] カール・ポパーは、ある議論の中でアインシュタインがブロック宇宙の見方を受け入れようと認めたこと（Popper, 1992）、その会話の中で自分がアインシュタインのことをパルメニデスになぞらえたことを述懐している。

[14] Prigogine and Stengers, 1984, 214 で引用されている。

[15] Penrose, 1989, 394。

[16] Davies, 1995, 283。

[17] Barbour, 1999, 267。

[18] Greene, 2004。

[19] Schuster et al., 2004。

[20] Panagiotaropoulos et al., 2012; Kandel et al., 2013; Purdon et al., 2013; Baker et al., 2014; Ishizawa et al., 2016。

[21] 生命、温度、素粒子の速度など、多くの物理過程は、系が時間変化する様子によって定義される。だが重要なことに、これらいずれも永遠主義への反論たりえない。永遠主義の立場でも、時空の時間軸に沿って変化が起こっていること自体は許すのだから！　ここで筆者の言いたいことは、意識はそれらとは根本的に異なるということだ。Barbour and Greene の「ある瞬間の中に別のいくつもの瞬間がある」仮説に従えば、単一「フレーム」の内部でのみ意識がなくてはならないからである。

[22] ピンカーの全引用はこうである。「意識から時間を取り除き、最後の思考がまるで鳴りっ放しのクラクションのように静止したまま、なおかつ心が存在しつづけるなどというのは、まず想像できない。デカルトにとって、物理的世界と心的世界の区別はここにあった。物質は空間のなかで拡張するが、意識は時間とともに存在する。『われ考える』から『われあり』にいたるまでに、まさに時間の経過があるのだ。」〔スティーブン・ピンカー 著、幾島幸子・桜内篤子 訳『思考する言語（中）』（2009）NHK 出版 より引用〕（Pinker, 2007）

[23] Lockwood, 2005。

[24] 特殊相対性理論の方程式からすれば、仮に光速より速く進む素粒子（タキオン）が存在すれば、信号を時間的に逆向きに送ることが可能であり——可能性としては過去を変容しうる。厳密に言えば、これは時間**旅行**の一形態というよりは過去

の速さとたいへんよく合致する。後者の速さは時速 399.99999999989 キロメートル。

[5] この方程式は、ふたりとも $t = 0$ のときに同じ場所にいて腕時計を時刻合わせしたことと、自分の座標系内部での自分の位置を $x^{you} = x^{me} = 0$ と定義することを前提とする。

[6] ここまで来たところでこんなふうに考え込んでいるかもしれない。「ちょっと待てよ、ふたりの人物の速さの違いはどちらの視点から見ても同じなのだから、列車の人の立場ならやっぱり、わたしなる人物の時間での 1 年が列車の人にとっての 22 年に相当すると計算しそうなものじゃないか」。この問題はいわゆる双子のパラドックスの核心部分である。空間内の異なる点にある時計同士を比べるというのは無謀な話なので、両観察者が空間内の同じ点に戻った後で——あなたが駅のホームに戻った後で——時計（あるいは年齢）同士を比べる方がしやすい。戻ったとき、列車の人がホームの人よりもはるかに若いとわかるだろう。この非対称性の原因は、列車の人が基準系を変えなくてはならなかったのに対して、ホームの人は同じ基準系にとどまっていたことにある。要点としては、ホームの人が進んだ時空間隔は列車の人が進んだ時空間隔よりも**大きい**のであり——この時空間隔こそが時計的時間（いわゆる固有時）に相当する。双子のパラドックスの議論は、Lockwood, 2005; Lasky, 2012 を参照。

[7] Hafele and Keating, 1972b, a。地球はもちろん静止天体ではない。たとえば、太陽と相対的に地球は動いている。しかしここでの議論では、地球の中心をもって有効な静止基準系と考えてよい。けれども地球は自転しているため、東回りフライトの速さは地球の自転の速さと足し合わされるはずであり、したがって東回りフライトの時計は地上の時計より速く移動していたため、時計の進みが遅くなった。Hafele and Keating は西回りフライトにも時計を置いてみたが、そうすると西回りフライトが地球の自転の速さに対抗するので、特殊相対性理論により生じるはずの時計の進みの早まりが実際に見られた。飛行機の中の時計はまた、より弱い重力場にあるので、一般相対性理論の予測も考慮に入れなければならないが、この研究ではそれも確認された。

[8] 特殊相対性理論では、高速では時間が伸長して空間が圧縮するというのだから、列車の長さは実際にはわたしの視点から見る方がより長いことになる。この思考実験では単純のためにこの事実は無視している。しかし空間圧縮によってこの結果が変わることはない。わたしの基準系からしたらあなたはやはり列車の中央に立っているのであり、後方と前方の弾丸は列車のそれぞれ最後尾と先頭からの距離が同じところから運動を開始するからである。

[9] この例では、両方の観察者を列車の先頭と最後尾から等距離のところに置いている。先頭と最後尾からの伝送遅延が同じになるようにという配慮からである。だが、同期のとれた時計で、直近の窓が壊れたらストップするようにしてあるものを、ホームの全長にわたって一列に配置しておくとしてみよう。これらの時計があれ

として、Callender, 2010b を参照。

[3] Smolin, 2013。

[4] Ellis, 2014。

[5] Barbour, 1999, 67。

[6] Muller and Nobre, 2014。

[7] Callender, 2010a。

[8] Penrose, 1989。

[9] 電磁場と量子力学の世界において変化方向を逆転するには、他のパラメータも逆転する必要がある。

[10] 宇宙と時間の矢の起源に関連する謎や学説についての優れた紹介として、Carroll, 2010 を参照。

[11] ジョージ・エリスは、量子測定によって時間の矢が規定されると主張するひとりである（Ellis, 2008）。量子力学における測定の問題およびこうした測定が逆転可能か否かについての秀逸な議論として、Penrose, 1989 と Greene, 2004 を参照。

[12] これは有名な二重スリット実験、電子が本当に両方のスリットを通るのだということを示唆する実験を、非常に簡略化した記述である。これは具体的には、たとえ一度に電子1個だけを衝立に向かって撃っても、検出器スクリーン上には干渉パターンが観察されるというものだ。たとえば、1本のスリットだけが開いている場合、スクリーン上の点PにはX%の割合の電子が当たるとする。いま、両方のスリットを開けたら、当然、同じX%かそれ以上の割合の電子がその点にやはり当たるはずだろう。しかし奇妙なことに、干渉パターンが形成される、つまり両方のスリットが開くと、点PではX%未満の電子しか検出されなくなる。したがって、測定の行為——波動関数の崩壊——までは電子は互いに干渉する波として振る舞っているようである。にもかかわらず、検出器を両方のスリットのところに据えつけていたとしたら、電子はどちらか一方でだけ検出される。量子の世界の奇妙な性質についてわかりやすく述べている秀逸な一般向け科学書は多数ある。たとえば、Rae, 1986; Greene, 2004; Carroll, 2010。

[13] さらにひどい話として、ホイーラー－ドウィット方程式——量子力学と一般相対性理論を組み合わせて導かれたもの——はもっともっと先を行き、時間がまったく存在しない宇宙というものをほのめかしている（Barbour, 1999）。

9:00 物理学における時間の空間化

[1] Zeh, 1989/2007, 199。

[2] これは思考実験なので、細部にはこだわらない方がいい——たとえば、ここで定義しようとしている宇宙船の速さに関わることとして地球自体が動いているとか、バスケットボールの試合は一般に露天スタジアムでは行われないとか。

[3] より厳密には、ある慣性系に相対的に等速で動くあらゆる観察者にとって。

[4] 低速であれば、このような線形加算の結果は、特殊相対性理論を考慮に入れた真

[20] Mante et al., 2013; Rigotti et al., 2013; Sussillo and Barak, 2013; Carnevale et al., 2015。

7:00 時間を管理する

[1] Bhardwaj et al., 2006; Spalding et al., 2013。別種の方法で実施された研究も、ヒト成人でのニューロン新生が起こりうることを実証した点で重要である（Eriksson et al., 1998）。

[2] この場合の半減期は、$t_{50} = \ln(2) \times 2^{10}$ 時間単位で与えられる。

[3] Duncan, 1999。

[4] Matthews, 2000, 53。

[5] Mumford, 1934/2010, 4。

[6] 英語では歌詞の 3 行目は一般に「朝の鐘が鳴っている」の意だが、オリジナルのフランス語では「朝の鐘を鳴らせ」の意。1 行目と 2 行目の順序も英語では違っている。

[7] Matthews, 2000。

[8] Matthews, 2000。

[9] 齧歯類の概日時計の周期の標準偏差は 5 ～ 15 分と推定されている（Welsh et al., 1986; Herzog et al., 2004）。

[10] Landes, 1983, 149-157。

[11] Galison, 2003。

[12] たとえば、原子時計 NIST-F2 で 1 秒ずれるには 3 億年はかかる。しかし新世代の光格子時計でははるかに優れた性能が出る（Hinkley et al., 2013; Bloom et al., 2014）。

[13] http://www.bipm.org/en/publications/si-brochure/second.html（2/10/2015）。

[14] こう疑問に思うかもしれない。GPS 受信機が 30 ナノ秒の遅延を拾い出さないといけないのなら、衛星からの信号の遅延を比較するためには受信機内部にも原子時計がなければいけないのでは？　原理的にはそうだが、GPS 受信機の方はありふれた水晶時計でかまわない。複数の衛星から送られる高精度時刻のデータを用いて、自身の時計を常に較正すればいいからだ。

[15] Levine, 1996, 68。

[16] Mumford, 1934/2010, 14。

[17] http://www.chicagotribune.com/news/chi-yellow-light-standard-change-20141010-story.html（2/17/2015）。

[18] Lombardi, 2002。

8:00 時間とはいったい何物か？

[1] この例および関連事項のことを前著『バグる脳』で論じている（Buonomano, 2011）。

[2] 時間の本質についての異なる視点の多くについて素晴らしい要約をしているもの

(SET）と呼ばれる。ペースメーカ－アキュムレータでの計時メカニズムに加えて時間長の保持部と比較部、また計時への注意の効果を取り入れる目的でゲーティングメカニズムを備えている（Gibbon, 1977; Gibbon et al., 1984）。

[3] Feldman and Del Negro, 2006。

[4] Miall, 1989; Matell and Meck, 2004; Buhusi and Meck, 2005。

[5] Zucker, 1989; Zucker and Regehr, 2002。

[6] Buonomano and Merzenich, 1995; Buonomano, 2000。Fortune and Rose, 2001 も参照。

[7] Buonomano, 2000。

[8] Carlson, 2009; Rose et al., 2011; Kostarakos and Hedwig, 2012。哺乳類における時間間隔選択性（より正確には、時間間隔感受性）のあるニューロンの例としては、Kilgard and Merzenich, 2002; Bray et al., 2008; Sadagopan and Wang, 2009; Zhou et al., 2010 を参照。

[9] Beaulieu et al., 1992。

[10] Buonomano and Merzenich, 1995; Maass et al., 2002; Buonomano and Maass, 2009。

[11] Kilgard and Merzenich, 2002; Rennaker et al., 2007; Nikolić et al., 2009; Sadagopan and Wang, 2009; Zhou et al., 2010; Klampfl et al., 2012。

[12] Haeusler and Maass, 2007; Buonomano and Maass, 2009; Lee and Buonomano, 2012。

[13] Buonomano and Mauk, 1994; Mauk and Donegan, 1997; Medina et al., 2000。

[14] Perrett et al., 1993; Raymond et al., 1996; Ohyama et al., 2003。

[15] Mello et al., 2015。

[16] Pastalkova et al., 2008; MacDonald et al., 2011; Kraus et al., 2013; MacDonald et al., 2013; Modi et al., 2014。

[17] Lebedev et al., 2008; Jin et al., 2009; Crowe et al., 2010; Kim et al., 2013; Stokes et al., 2013; Crowe et al., 2014; Carnevale et al., 2015。

[18] タイミング運動課題——刺激が一定時間提示された後で反応を起こすという課題——の最中に時間につれて発火率がほぼ線形に増大することが、多くの研究で報告されている（Quintana and Fuster, 1992; Leon and Shadlen, 2003; Mita et al., 2009; Jazayeri and Shadlen, 2015）。しかし、マイケル・シャドレンらの研究の示唆するところでは、こうした漸増型の活動パターンはタイマー自体というよりは運動反応の準備として解釈するのが妥当かもしれない（これら二者は多くの場合高く相関しているが）。徒競走の最初の 3 つの指令、「位置について、用意、どん」の例を挙げよう。「用意」の指令で、走者は出発時刻の期待を作り始めるかもしれない。時々刻々、「どん」信号の出現見込みが高まっていくわけだ。漸増型ニューロンはそうした時間依存性の期待を符号化している可能性がある。それは実際の時間を把握することとは少々異なる。訓練を受けて期待する「どん」信号が約 0.15 秒か 1.8 秒かによって、漸増型ニューロンの活動は期待に従って上下するのであって、絶対時間に従っているのではないからだ（Janssen and Shadlen, 2005）。

[19] Sompolinsky et al., 1988。

[8] www.arrl.org/files/file/Technology/x9004008.pdf（7/8/15）。

[9] Wright et al., 1997。この実験の別の条件では、被験者は「空間」条件でも向上した。間隔境界を1キロヘルツの2音で区切った100ミリ秒の間隔で訓練したら、4キロヘルツの2音で区切った100ミリ秒の間隔での弁別もやはり向上したのだ。そして後続研究の示したこととして、ある間隔での訓練は、異なる感覚モダリティで提示した同じ間隔にまで般化する——たとえば、体性感覚モダリティでの訓練が聴覚モダリティでの向上につながる（Nagarajan et al., 1998）。ここではこれらの結果を詳細に論じることはしていないが、その理由は、異なる空間チャネルへのこの般化はどうやら学習とは別物らしいからだ。どういうことかと言えば、聴覚モダリティ内部における異なる周波数への般化は、訓練した時間間隔での学習が成立した後になってからでないと起こらない（Wright et al., 2010）。

[10] 間隔弁別学習が間隔特異的であると報告している研究例の要約は、Bueti and Buonomano, 2014を参照。

[11] Keele et al., 1985。

[12] 50ミリ秒と1000ミリ秒の研究は、Rammsayer et al., 2012。打楽器奏者の研究は、Cicchini et al., 2012。

[13] https://www.youtube.com/watch?v=utkb1nOJnD4（7/14/15）。

[14] Patel et al., 2009。

[15] Zarco et al., 2009。Honing et al., 2012も参照。

[16] Patel, 2006; Patel et al., 2014。

[17] Meyer, 1961。

[18] Doupe and Kuhl, 1999。

[19] Hahnloser et al., 2002; Long et al., 2010。

[20] Long and Fee, 2008。

[21] Garcia and Mauk, 1998; Mauk and Buonomano, 2004; Shuler and Bear, 2006; Livesey et al., 2007; Coull et al., 2011; Bueti et al., 2012; Kim et al., 2013; Merchant et al., 2013; Crowe et al., 2014; Eichenbaum, 2014; Goel and Buonomano, 2014; Mello et al., 2015。

[22] Wiener et al., 2010; Coull et al., 2011; Merchant et al., 2013; Coull et al., 2015。

[23] Johnson et al., 2010; Goel and Buonomano, 2016。

[24] 正確性のために指摘しておくが、眼の光受容器は光によって活性化されはしない。光が当たるとスイッチオフし、暗黒中で通常「オン」状態である。

[25] Chubykin et al., 2013。

[26] Richards, 1973。

6:00 時間、神経ダイナミクス、カオス

[1] Einstein and Infeld, 1938/1966, 180。

[2] Creelman, 1962; Treisman, 1963。1970～80年代に、精巧度合いを増した内部クロックモデルの亜種が作られている。そのいちばん有力なものは**スカラー期待理論**

シナプス前ニューロンの軸索終末から放出される神経伝達物質の量を増やす。(4) 抑制性ニューロンは興奮性ニューロンの応答を弱めて遅くすることが多いので、その働きを抑制する。血流量を高めて脳内の局所体温を上昇させることにより神経情報処理を速められる可能性すら検討されうる。

[23] Martin and Garfield, 2006; Terry et al., 2008; Swann et al., 2013。オーバークロック仮説のさらなる問題点として、仮に脳に高速モードが必要に応じて使用できたとしても、生命を脅かす状況の一瞬に使用可能になるほど瞬間起動できるものかはまったく定かではない。脳が仮想的なオーバークロック・モードに移行するには、物事が悪い方向へと今まさに悪手の舵を切ったことを知らせる感覚信号がまず感覚器官から伝えられてから脳内で処理されなければならず、そうして初めて一斉警報が鳴って脳内と血中に「闘争か逃走か」反応の神経調節因子——ノルアドレナリンとアドレナリンのような——が溢れることになる。完全オーバークロック・モードに移行するためだけでも、1 秒はかかる可能性がある。

[24] Buckley, 2014。

[25] Arstila, 2012 より引用。

[26] Loftus, 1996; Buonomano, 2011。

[27] Cahill and McGaugh, 1996; Schacter, 1996。

[28] 幻肢症候群の解明の重要性を過少視するつもりはない。これは非常に深刻な病態で、四肢切断患者にとって堪え難い苦痛をもたらしうるものである。

[29] Arstila, 2012。

[30] Wearden, 2015。

[31] Noyes and Kletti, 1976。

[32] リプレイ現象は多数の論文に記述がある。たとえば、Wilson and McNaughton, 1994; Foster and Kokko, 2009; Karlsson and Frank, 2009。

5:00 時間におけるパターン

[1] 発話には高度に冗長性があり、一般に、曖昧語句の曖昧性解決のためには多くの種類の手がかりがある。そして、自然な発話においてタイミングはこうした手がかりのひとつであるに過ぎない。文脈やイントネーションも手がかりである。発話における時間的手がかりの役割を調べた論文として、Lehiste, 1960; Lehiste et al., 1976; Aasland and Baum, 2003; Schwab et al., 2008 を参照。

[2] Breitenstein et al., 2001a; Breitenstein et al., 2001b; Taler et al., 2008。

[3] Brownell and Gardner, 1988。

[4] Aasland and Baum, 2003。

[5] Grieser and Kuhl, 1988; Bryant and Barrett, 2007; Broesch and Bryant, 2015。

[6] Bregman, 1990。

[7] http://www.washingtonpost.com/national/jeremiah-a-denton-jr-vietnam-pow-and-us-senator-dies/2014/03/28/1a15343e-b500-11e3-b899-20667de76985_story.html。

[3] Loftus et al., 1987; Buckhout et al., 1989; Campbell and Bryant, 2007; Stetson et al., 2007; Buckley, 2014。

[4] Matthews and Meck, 2016。

[5] Hammond, 2012。

[6] James, 1890, 624。

[7] 記憶の中の出来事の個数が回顧的計時の判断の決め手になるという考え方を、「貯蔵サイズ」仮説と言う（Ornstein, 1969）。関連する見方として、ある期間内の「文脈的変化」の程度に応じて回顧的計時の推定値が増加するというものがある（Zakay and Block, 1997）。感覚刺激や環境や課題の変化といった文脈変化があればこそ、出来事が記憶に留まりやすくなるわけなので、これらふたつの仮説は非常に相互補完的である。

[8] Hicks et al., 1976; Block et al., 2010。

[9] Tom et al., 1997; Whiting and Donthu, 2009。

[10] Van Wassenhove, 2009。本文では実験を単純化して説明している。実際には、標準刺激を 4 回提示してから、「オドボール」刺激〔ある同じ刺激を反復提示した後、それと異なる刺激を突然提示することをオドボール事態と言い、異なる刺激のことをオドボール刺激と呼ぶ〕として比較刺激を提示した。

[11] 聴覚刺激と視覚刺激の比較（Wearden et al., 1998; Harrington et al., 2014）。新奇性と親近性の比較（Tse et al., 2004; Pariyadath and Eagleman, 2007; Matthews, 2015）。強度、サイズ、量（Oliveri et al., 2008; Chang et al., 2011; Cai and Wang, 2014）。

[12] Yarrow et al., 2001; Park et al., 2003; Morrone et al., 2005。

[13] James, 1890。

[14] Sacks, 2004。ただし、この記事の中でオリジナルの出典は L. J. West（『*Psychotomimetic Drugs*』所収）となっている。

[15] Wearden et al., 2014; Wearden, 2015。

[16] Wearden, 2015。

[17] Tinklenberg et al., 1976。

[18] 大方の動物研究の現場では、定間隔強化スケジュールの亜流でピークインターバル法と言い、時間が来ても強化されない試行を挿入して調べる方法が用いられている。ここでのラット研究に関しては、Han and Robinson, 2001。これに肯定的あるいは否定的な別の研究例に関しては、McClure and McMillan, 1997; Lieving et al., 2006; Atakan et al., 2012; Sewell et al., 2013 を参照。

[19] Meck, 1996; Coull et al., 2011。

[20] Rammsayer, 1992; Rammsayer and Vogel, 1992; Rammsayer, 1999; Coull et al., 2011。

[21] Loftus et al., 1987; Sacks, 2004; Stetson et al., 2007; Arstila, 2012。

[22] これを達成するには多くの方法がある。例を挙げれば、(1) ニューロンを数ミリボルト脱分極することで、活動電位の閾値に近い状態にする。(2) カリウムのリークチャネルを閉じることで、ニューロンの時定数を実効的に小さくする。(3)

(Bargiello et al., 1984)。

[14] 化学反応の温度依存的な変化のバランスにより温度の補償がなされるという考えに加え（Smolen et al., 2004）、タンパク質内の特定のアミノ酸が温度依存性に結合性質を変えることによって温度の補償がなされるという可能性もある（Hussain et al., 2014）。

[15] *Drosophila* には *Period* 遺伝子は 1 種類しかないが、哺乳類では *Period* 遺伝子の異型が 3 種類ある。

[16] Colwell, 2011。

[17] Davidson et al., 2006。

[18] Jones et al., 1999; Toh et al., 2001; Jones et al., 2013。

[19] Knutsson, 2003; Kivimäki et al., 2011。

[20] Summa and Turek, 2015。

[21] Sharma, 2003。

[22] Aschoff, 1985。

[23] 概日と秒オーダーの計時との独立性を支持する証拠は以下のように多くある。時計遺伝子の変異は特に時間間隔の計時に影響しない（Cordes and Gallistel, 2008; Papachristos et al., 2011）。ヒトの観察事例の示唆するところでは、概日周期の伸長（これにより 1 時間という時間間隔の判断が変容する）は秒レベルの計時課題の成績と相関しない（Aschoff, 1985）。視交叉上核を切除すると概日周期は劇的に変容するが、ピークインターバル法〔第 4 章の註 18 参照〕でのタイミングは変容しない（Lewis et al., 2003）。ハエが正しいタイミングをとって求愛歌を奏でる能力に *Period* 遺伝子が影響することを示唆するデータがあるが（Kyriacou and Hall, 1980）、この結果には議論の余地があり（Stern, 2014）、概日時計の仕組みについての現状の理解とも合わない。見込みは低いものの、概日時計遺伝子が直接作用して、より短い時間スケールの計時に重要であるような神経機能の何らかの側面が影響される可能性はある。Golombek et al., 2014 も参照。

[24] Foster and Wulff, 2005; Loh et al., 2010。

[25] Foster and Roenneberg, 2008。月相にヒトの生理状態が同調しないことを示唆する証拠はあまたあるが、例外もある。たとえば、入眠に要する時間などといった睡眠の何らかの生理的側面が月相に同調すると示唆する研究がある（Cajochen et al., 2013）。

[26] Hoskins, 1993。

[27] Tessmar-Raible et al., 2011; Zantke et al., 2013。

4:00 シックス・センス

[1] http://www.worldsciencefestival.com/2014/07/brains-twist-time-watch-deceptive-watchman/ (4/18/15)。

[2] Noyes and Kletti, 1972。

らの勝ちとなり、ディーラーの手札も21だったとしても関係ない。もちろん、手札がちょうど21になる確率は手札が21を超える確率よりは低い。この話も前著『バグる脳』で語っている（Buonomano, 2011）。

[12] Beaulieu et al., 1992; Shepherd, 1998; Herculano-Houzel, 2009。

[13] ここでは少々話を単純化している。脳内のニューロン間結合とシナプス強度の中には、遺伝子によって直接決められるものもある。ただ大脳皮質では通例として、大部分のシナプスの強度はシナプス学習則と経験との相互作用によって決まる。

[14] スパイクタイミング依存可塑性の記述がある初期の論文としては、Debanne et al., 1994; Markram et al., 1997; Bi and Poo, 1998。ただし、1980年代の先行研究でも同様の原理の考案がある（Levy and Steward, 1983）。実際のところ、STDP学習則にはたくさんのバージョンがある。しかし一般に、単位時間あたりの増強と抑圧の程度には大幅な違いが見られ、また一般に非対称性がある。そのため、同じ絶対的な経過時間での増強と抑圧の程度は異なる（Abbott and Nelson, 2000; Karmarkar et al., 2002）。

3:00 昼も夜も

[1] Meijer and Robbers, 2014。

[2] Pierce et al., 1986。

[3] Routtenberg and Kuznesof, 1967; Morrow et al., 1997; Gutierrez, 2013。

[4] Vitaterna et al., 1994。

[5] Welsh et al., 1986; Herzog et al., 2004。

[6] James, 1890。自発的起床の実験室的研究に関しては、Moorcroft et al., 1997; Born et al., 1999; Ikeda et al., 2014を参照。

[7] http://www.nytimes.com/1989/05/17/us/isolation-researcher-loses-track-of-time-in-cave.html。『San Francisco Chronicle』の記事「111日間洞穴に一人暮らしした女性」1988年12月1日。http://www.telegraph.co.uk/news/obituaries/science-obituaries/6216073/Maurizio-Montalbini.html。

[8] Aschoff, 1985。Czeisler et al., 1980; Lavie, 2001も参照。

[9] Ralph et al., 1990; Weaver, 1998。

[10] Johnson et al., 1998; Ouyang et al., 1998。Summa and Turek, 2015も参照。

[11] Nikaido and Johnson, 2000; Sharma, 2003; Rosbash, 2009。概日時計の進化の初期の駆動力は細胞分裂をUV放射の有害効果の最も少ない時間帯に最適化することだった、という見方を支持する証拠のひとつとして、昆虫のもつ概日周期の照明検出器として働く**クリプトクロム**は、UVが原因で起こるDNA損傷を修復する酵素と高い相同性がある。

[12] Konopka and Benzer, 1971。概日時計の解明に向けての研究をまとめた秀逸な一般向け科学記事は、Reddy et al., 1984; Weiner, 1999を参照。

[13] Reddy et al., 1984。この遺伝子は同時に別のグループによっても同定された

義に対するひとつの強い反証になるということに同意するだろう。ここの箇所では、時間旅行（詳しく言えば、時空における時間的閉曲線）は現在主義の考えと相容れないとかなり言い切ってしまっている。しかし、曖昧な場合もある。たとえば、円環的時間では、現在が一回りして戻ってくるため、現在主義および過去へのある種の時間旅行との両方と相容れるという見方もあるかもしれない（これだと時間旅行という言葉の一般的な意味からは外れるが）。ただ一般論としては、哲学者マイケル・ロックウッドの述べる通り、「時間旅行と、時間に関する時制的で常識的な見方は……端的に言って、交わらない。時間旅行という概念そのものが、時間に関する無時制的な見方という文脈においてのみ意味をもつのである」（Lockwood, 2005）。ロックウッドの用いる**時制的**、**無時制的**（**非時制的**）時間という用語が、筆者の用いる**現在主義**と**永遠主義**という用語にそれぞれ対応する。

[14] Davies, 1995, 253 からの引用。Smart, 1964 も参照。

[15] Weyl, 1949/2009。

[16] Einstein, 1905。

2:00 タイムマシンとして最高の逸品

[1] 『タイムマシン』に先立つ真の時間旅行の物語は、スペイン人作家エンリケ・ガスパールの本『時間遡行機』など、何冊か存在するようだ。筆者の文学知識が非常に限られているのは間違いないし、フィクションにおける時間旅行の歴史を悉皆探索していないのも確かである。したがって、19 世紀後期になってようやく真の時間旅行が姿を現した、という言明にも例外はありそうである。

[2] 過去と未来が現在と同様に実在し、物理法則によって時間旅行が直ちに禁じられることがないとしても、物理法則全体を束ねれば、実際問題としては不可能であると言えそうだ——スティーヴン・ホーキングの言う「時間順序保護仮説」の考えである。時間旅行の可能性と物理学について書いている多くの秀逸な一般向け科学書や記事がある。たとえば、Davies, 1995; Thorne, 1995; Carroll, 2010; Davies, 2012。

[3] Dennett, 1991, 177; Clark, 2013。

[4] Henderson et al., 2006。

[5] Tulving, 2005。

[6] Hume, 1739/2000, 116。

[7] Földiák, 1991; Wiskott and Sejnowski, 2002; DiCarlo and Cox, 2007。

[8] 古典的条件づけの文脈では、ひとつ例外がある。ヒトその他の動物で、食物摂取と体調不良との間で味覚嫌悪条件づけが起き、摂食と体調不良との間に数時間の遅延があっても成立する（Buonomano, 2011）。

[9] Pinker, 2014。

[10] Fraps, 2014。

[11] 実際には客に有利に働く非対称性もある。こちらがちょうど 21 になれば、こち

原註

1:00　時間の特色

[1]　http://oxforddictionaries.com/words/the-oec-facts-about-the-language。〔リンク切れ。類似の内容の記事が、https://en.oxforddictionaries.com/explore/what-can-corpus-tell-us-about-language/ にある（2018 年 7 月閲覧）〕。

[2]　正確に言えば、空間内に分散配置された物体を見るのだが。

[3]　一部の動物種の網膜には、運動——すなわち、ある物体が時間的（そして空間的）に「動いている」かどうか——を検出する細胞がある。また指摘しておくべき点として、蝸牛(かぎゅう)ではある意味で時間がわかると言えなくもない。蝸牛の感覚細胞（内有毛細胞）は大気分子の振動周波数に同調性があり、周波数とは振動が一周期するのにかかる時間に関連する測度だからだ。ただしここで言う周波数は、何しろ速過ぎて、大部分のニューロンにとっては応答が追いつかず、周期ごとの知覚が意識にのぼるなども無理である。

[4]　オックスフォード英語辞典より。

[5]　振り子の研究史に関する詳細な考察については、Matthews, 2000 を参照。

[6]　数学と物理学の研究史における進歩の足跡について、数多くの一般向け科学書で素晴らしい概説をしてくれている。たとえば、Penrose, 1989。

[7]　Barbour, 1999。

[8]　Wells, 1860。

[9]　ここでは話を単純化し過ぎているが、20 世紀中葉に刊行された少数の重要な書籍や論文に、ある程度、時間の試練に耐えたものはある——たとえば、Lashley（1951）、Fraisse（1963）。

[10]　Kandel et al., 2013〔エリック・カンデル ほか著、金澤一郎・宮下保司 監修『カンデル神経科学』(2014) メディカル・サイエンス・インターナショナル〕。「timing（計時）」という語も見つからない。「temporal」という語は見つかるが、そうした見出し語は大体が「temporal lobe（側頭葉）」に関するものだ（「temporal」とは temple（側頭）を指すこともあれば time（時間）に関連するものを指すこともある——このことは少なからざる人々に、時間を知る能力が側頭葉にあるかのような誤解を招いた）。この例を持ち出したのは、この教科書に遺漏ありと吹聴するためなどではなく、神経科学一般において時間の問題が相対的に無視されていることの代表例としてである。

[11]　Ivry and Schlerf, 2008。

[12]　Dudai and Carruthers, 2005; Tulving, 2005; Schacter and Addis, 2007; Schacter et al., 2007。

[13]　大方の哲学者と物理学者は、タイムマシンを作り上げることができれば現在主

わ

ま

や

ら

は

た

さ

か

索引　（末尾のnは原註ページ）

著　者　**ディーン・ブオノマーノ**（Dean Buonomano）

カリフォルニア大学ロサンゼルス校（UCLA）神経生物学・心理学部教授。脳の時間処理機構をテーマに、実験動物を使った電気生理学実験・ヒトを対象とした心理実験・コンピュータシミュレーションによる理論構築など、多角的なアプローチから研究を行っている。著書に“Brain Bugs: How the Brain's Flaws Shape Our Lives”（柴田裕之 訳『バグる脳—脳はけっこう頭が悪い』，河出書房新社，2012）がある。

訳　者　**村上 郁也**（むらかみ・いくや）

東京大学大学院人文社会系研究科教授。ヒトを対象とした視覚心理物理学、特に主観的現在での時間知覚が専門。編著書に『イラストレクチャー認知神経科学—心理学と脳科学が解くこころの仕組み—』（オーム社，2010)、『心理学研究法 1 感覚・知覚』（誠信書房，2011)、訳書に『カラー版 マイヤーズ 心理学』（西村書店，2015）がある。

編集担当　丸山隆一（森北出版）
編集責任　石田昇司（森北出版）
組　　版　コーヤマ
印　　刷　丸井工文社
製　　本　ブックアート

脳と時間
神経科学と物理学で解き明かす〈時間〉の謎　版権取得　*2017*

2018年10月11日　第1版第1刷発行
2021年9月6日　第1版第4刷発行

訳　　者　村上郁也
発 行 者　森北博巳
発 行 所　**森北出版株式会社**
東京都千代田区富士見1-4-11（〒102-0071）
電話03-3265-8341／FAX 03-3264-8709
https://www.morikita.co.jp/
日本書籍出版協会・自然科学書協会　会員
JCOPY　<（一社）出版者著作権管理機構 委託出版物>

Printed in Japan／ISBN978-4-627-88051-1